AF853622

Retiré des collections
de la Médiathèque Municipale
du Blanc Mesnil (93150)
le : 23 JAN. 2026

LA SIXIÈME EXTINCTION

Dans la même collection

Richard Leakey, Roger Lewin, *Les Origines de l'homme.*

RICHARD LEAKEY
ROGER LEWIN

LA SIXIÈME EXTINCTION

Évolution et catastrophes

Traduit de l'anglais
par
Vincent Fleury

(Origines de la vie)
576.
8
LEA

Traduit avec le concours
du Centre national du Livre

Médiathèque municipale
93 - BLANC-MESNIL

FLAMMARION

Titre original : *The Sixth Extinction*
Patterns of Life and the Future of Humankind
Doubleday Dell, 1995.
© 1995 by Sherma B.V.
© 1997, Flammarion, Paris, pour la traduction française.
ISBN : 2-08-081426-5
Printed in France.

Remerciements

Nous sommes tous deux redevables à un grand nombre de personnes, venues d'horizons très différents, qui ont enrichi nos vies professionnelles. Ces personnes, trop nombreuses pour être toutes citées, se reconnaîtront sans peine.

L'un d'entre nous, Richard Leakey, souhaite plus particulièrement associer à ces remerciements le personnel du Kenya Wildlife Service qui a soutenu ses efforts et cru en sa vision lorsqu'il en était le directeur. Il souhaite également exprimer sa gratitude à son épouse, Meave, qui l'a aidé à marcher de nouveau après qu'il eut perdu l'usage de ses jambes dans un accident d'avion. Il lui doit la vie.

Lewin exprime sa reconnaissance à ceux qui l'ont particulièrement encouragé et inspiré dans sa recherche des structures du vivant et de leur sens. Cette liste de noms sera nécessairement incomplète. On y trouvera, entre autres : Stephen Jay Gould, David Jablonski, Thomas Lovejoy, Robert May, Stuart Pimm, David Raup et Edward O. Wilson.

CHAPITRE I

UN POINT DE VUE PERSONNEL

Quelle ne fut pas ma surprise, un après-midi d'avril 1989, lorsqu'un collègue entra dans mon bureau du muséum de Nairobi en s'exclamant surexcité : « Félicitations ! » Interloqué, je lui répondis : « Mais pourquoi donc ? » Mon collègue m'apprit qu'il venait d'entendre à la radio ma nomination comme directeur de l'ensemble des parcs nationaux du Kenya *. La décision émanait du Président Daniel Arap Moi, on l'annonçait à l'instant à la radio. « Première nouvelle », dis-je, avant de quitter rapidement le muséum – en laissant mon travail en plan – pour rentrer à la maison. Le lendemain matin, j'eus avec le Président une conversation téléphonique. Il m'invitait à le rencontrer afin d'étudier le moyen de lancer un effort national visant à changer l'approche de la conservation de la nature dans notre pays, en mettant fin, entre autres, au massacre des éléphants. Le déluge de balles des braconniers pouvait entraîner l'extinction de cette espèce animale.

Ainsi débuta l'une des périodes les plus passionnantes et les plus exigeantes de ma vie. J'allais devoir quitter le poste de directeur des muséums du Kenya, que j'avais occupé pendant vingt ans, et renoncer à mon amour de la paléoanthropologie – la recherche de l'origine de l'homme – à laquelle je m'étais consacré pendant tout ce temps, arpentant le nord du Kenya, et ses sédiments

* *Wildlife Conservation and Management Department. (N. d. T.)*

riches en fossiles, ainsi que les rives est et ouest du lac Turkana. J'allais également revenir à mes racines.

Dans mon enfance, j'ai respiré cet air si doux du Kenya, j'ai vu tous ces paysages et ces animaux sauvages, j'ai entendu le feulement d'animaux invisibles, et c'est ainsi que s'est gravé en moi l'amour de l'Afrique, l'amour de la nature. À l'époque, je m'intéressais bien davantage aux êtres vivants qu'aux vieux ossements qui, en revanche, passionnaient mes parents, Louis et Mary, ce qui suscitait mon étonnement et souvent ma colère. Leurs découvertes sont légendaires. Elles figurent en bonne place dans les annales de la recherche sur les origines de l'homme parce qu'elles ont révélé l'Afrique de l'Est comme une région cruciale, essentielle dans la recherche de nos plus lointains ancêtres. Mais, à côté de son obsession pour le passé, mon père était un naturaliste passionné. Il a d'ailleurs écrit plusieurs ouvrages consacrés aux animaux de la région. Il a également fondé la Société africaine pour la conservation de la Nature, en 1958, qui joue encore un rôle important pour la recherche en écologie, et qui œuvre pour la conservation de la nature de ce pays. Lorsque nous étions enfants, mes frères, Jonathan et Philip, et moi écoutions notre père, Louis, nous raconter des histoires sans fin, tandis que nous traversions le maquis africain voisin de la gorge de l'Olduvai. Il espérait y trouver de nouveaux signes de la présence de fossiles, quand nous espérions apercevoir un lion en chasse, ou bien un léopard aux aguets. Nous avions souvent droit à des spectacles dignes des récits d'aventures. La nuit, au campement, nous étions suspendus à ses lèvres lorsqu'il nous racontait des histoires. L'air était immobile et plein des mille bruits de la nature. Je devins moi aussi un fervent naturaliste. Au début, je m'enthousiasmai surtout pour les scarabées et les papillons. Plus tard, les grandes créatures me révélèrent toutes leurs merveilles. Je méditais sur la diversité de la vie et les liens intimes qui relient toujours chacune de ses composantes à beaucoup d'autres. En 1969, je fondai les Clubs sauvages du Kenya, dont la vocation est d'apprendre aux enfants du pays à connaître l'environnement naturel du Kenya.

J'aime le Kenya. C'est le pays où je suis né. Les contrastes y sont saisissants. On y passe des habitats côtiers torrides et humides – au niveau de la mer – au sommet couvert de neige du mont Kenya (la montagne la plus haute d'Afrique après le Kilimandjaro). On part d'un désert aride et l'on monte les pentes humides de la montagne.

La diversité de la vie qui prospère dans ces différents habitats reflète la variété de la géographie, c'est une des plus riches du monde. Quand j'étais enfant, je ne savais rien de « l'équilibre de la nature » en tant que tel, mais l'expression décrit bien les sentiments que j'éprouvais au contact de cette nature.

J'essayais autant que possible de satisfaire ce besoin impérieux d'être dans la nature sauvage. Je suis encore ce penchant, car la nature me stimule, me réconforte et apporte un apaisement, en ce que, faute de mieux, j'appellerais mon âme. La nature sauvage n'est cependant pas sans danger. Mes frères et moi avons souvent eu des crises de malaria, et parfois des accès de bilharziose, une infection causée par un parasite que l'on contracte en se baignant dans des eaux où l'on trouve des escargots (qui sont le vecteur du *Schistosomiasis mansoni*). On a parfois été mordu par des serpents, ce qui provoque en général plus de peur que de mal, mais pas toujours. J'ai même dû, une fois, honte à moi, m'emprisonner moi-même dans la cage que j'avais mise en place pour attraper un léopard, qui paraissait s'intéresser à ma personne d'un peu trop près. Malgré l'humiliation, il semblait plus prudent de me mettre moi-même dans la cage, plutôt que de finir dans la gueule du félin.

Pendant mon adolescence, je rêvais de devenir un jour gardien de réserve, mais je devais me contenter de capturer des animaux pour les réalisateurs de documentaires animaliers, Armond et Michaela Denis, qui vivaient non loin de chez mes parents, dans la banlieue de Nairobi. Les films des Denis ont révélé la faune africaine à de très nombreux spectateurs britanniques. En fait, les Denis prenaient souvent des gros plans d'animaux que j'avais capturés pour eux, et qu'on mettait en situation. À l'époque, et compte tenu des difficultés d'approche des animaux sauvages en liberté, on trouvait cela normal. En capturant les animaux, j'ai beaucoup appris sur leur comportement. En outre, on me payait pour la capture des animaux, de sorte que mon éducation de naturaliste s'accompagna de petits revenus qui, à l'âge de treize ans, constituaient un joli compte en banque. J'aimais le début d'indépendance que ces économies me procuraient.

La nature et les affaires, une fois de plus, se mirent d'accord pour faire mon éducation, mais cette fois sous la forme d'une très sévère sécheresse qui s'abattit dans les années 1960 et 1961. Des animaux périrent par dizaines de milliers. Les plaines étaient jonchées de cadavres dont les charognards ne venaient même pas à bout. Certains étaient encore en parfait état, sans la moindre trace de croc ni de bec. Ayant décidé d'acquérir mon indépendance financière vis-à-vis de mes parents (j'avais alors dix-sept ans), je découvris dans la dureté même de la nature l'occasion d'une bonne affaire. J'empruntai de l'argent pour acheter une vieille Land Rover, et je partis ramasser des animaux morts, grands et petits. Je les fis bouillir dans un ancien tonneau à essence afin d'éliminer les tissus mous. Je nettoyai et disloquai les squelettes et les envoyai à des muséums et à des universités du monde entier, pour mon meilleur profit. Par ce biais, l'anatomie comparative me révéla tous ses secrets, parce que je devais étiqueter et numéroter tous les os pour que les squelettes pussent être correctement reconstitués à leur arrivée à destination. Je ne peux guère imaginer de façon plus efficace d'apprendre l'anatomie. En paléontologie, on doit fréquemment identifier un animal à partir de quelques débris d'os fossilisés, de sorte que, bien qu'à l'époque je n'en fusse pas conscient, ma brève carrière de trafiquant d'ossements me permit d'acquérir une base solide pour ma carrière ultérieure, bien plus longue, de paléoanthropologue.

Cependant, avant de me plonger dans la recherche de l'origine de l'homme, je devais déjà fonder ma propre entreprise de Safari. Ce fut une merveilleuse occasion d'explorer des endroits reculés et sauvages, et d'être payé pour le faire. Je recevais des visiteurs européens et américains, à qui je faisais découvrir la nature de mon pays et sa grande diversité, du plus petit détail d'une orchidée aux grandes migrations des animaux sauvages entre le Serengeti, en Tanzanie, et le Amsai Mara, au Kenya. J'en étais moi-même transporté. J'étais dans mon élément et m'y trouvais incroyablement heureux. Mais je n'étais pas complètement serein. Je savais que je voulais faire autre chose, sans trop savoir encore quoi. Finalement, après avoir souvent proclamé que je ne suivrais jamais mes parents dans leur profession (ou, pour être plus précis, que je ne vivrais pas dans leur ombre), je devins paléoanthropologue. J'entrepris ma première grande expédition sur la rive est du lac Turkana en 1968. Je n'ai jamais regretté cette décision, car j'ai eu la chance de travailler avec d'excellents scientifiques et de trouver quelques précieuses reliques de l'histoire de notre évolution. De nombreuses personnes ressentent ce besoin impérieux et quasiment primordial de comprendre la naissance de notre espèce. La recherche de ces reliques dans les sédiments anciens nous met directement en contact avec l'histoire de notre espèce. Ceux d'entre nous qui cherchent dans cette voie sont réellement privilégiés.

Pendant vingt ans, j'ai réussi à combiner mon travail comme directeur des muséums nationaux du Kenya – c'est-à-dire dix muséums dispersés à travers le pays – et mes recherches sur le terrain. J'ai toujours essayé d'y passer le plus de temps possible à chercher et dégager de nouveaux fossiles. Les rives est et ouest du lac Turkana se sont avérées merveilleusement riches en restes fossiles humains très anciens, qui ont permis de reconstituer notre évolution depuis quatre millions d'années, et jusqu'à des temps assez récents. La trame de notre évolution est maintenant bien plus complète qu'elle ne l'était il y a seulement vingt ans, et je suis fier d'avoir pu contribuer, dans une certaine mesure, à ces progrès, grâce aux spectaculaires découvertes que nous avons faites sur les deux rives du lac. Quand vous foulez le sol de ces anciens sédiments, que vous recherchez et dégagez des fossiles, vous faites davantage que de simplement ramasser de vieux ossements, aussi importants que ceux-ci puissent paraître. Vous faites également davantage que de recréer l'arbre de l'évolution d'une espèce particulière, fût-elle *Homo sapiens*. En fait, vous regardez à travers une fenêtre paléontologique dans des mondes passés, et vous voyez leur destin se dérouler sous vos propres yeux.

S'il est un sentiment que l'on ressent en regardant par cette fenêtre, c'est bien celui de *changement*. Le flot constant et perpétuellement mouvant de la vie. Parfois, c'est un changement climatique qui provoque le mouvement, de sorte qu'un sol jadis aride devient humide et engendre avec lui une modification des caractères des espèces qui leur permettaient de survivre à cet endroit. Parfois, c'est un sursaut désordonné de l'évolution, de sorte que des individus ayant jadis existé disparaissent soudainement, et d'autres prennent leur place. Le flot perpétuellement changeant de la vie est emporté par ces accès périodiques d'extinction et de spéciation qui engendrent des formes en constante évolution. La vie apparaît à travers cette fenêtre paléontologique comme une image digne d'un kaléidoscope. Le changement n'y est pas seulement naturel, il paraît inévitable. La mort devient partie intégrante de la vie, l'extinction inhérente au flot de la vie.

Ayant accepté la proposition insistante du Président Moi de devenir directeur des parcs nationaux du Kenya, je me retrouvai immédiatement face à des contraintes matérielles urgentes. Et ce n'était pas une des moindres, comme je l'ai dit plus haut, que de mettre sans tarder un terme au terrible braconnage des éléphants. Il fallait également réconcilier les besoins antagonistes d'une population en expansion, prétendant à davantage de terre, avec la protection de la nature, dont l'habitat se rétrécissait inévitablement. Mais j'étais à même de comprendre la diversité de la nature, et la place de *Homo sapiens* au sein de cette diversité, en la replaçant dans la perspective de ce changement perpétuel, qui constitue l'un des aspects contingents de l'histoire de la Terre. Je ne prétends pas qu'une telle perspective soit d'un grand secours lorsqu'il s'agit, par exemple, de résoudre le problème des dégâts parfois causés aux récoltes par le passage d'éléphants errant à travers des communautés agricoles. Mais elle aide à se forger une philosophie qui peut servir à formuler une réponse au problème de l'interaction entre les populations d'éléphants et l'habitat qu'ils semblent détruire. J'ai acquis la conviction que, souvent, il vaut mieux laisser la nature suivre son cours et que, dans ce genre de circonstances, nous sommes les témoins d'un changement qui est inhérent à la nature. Il est futile – parfois même dangereux – d'essayer de s'y opposer. Je reviendrai sur cette question plus loin. L'essentiel est que cette mise en perspective du changement (comme composante d'une longue histoire de la vie) nous offre le moyen de juger quels sont nos propres droits et responsabilités en tant qu'espèce, et quels sont les droits des autres espèces avec qui nous partageons la Terre.

Quand j'ai commencé à réfléchir au type d'ouvrage que je souhaitais écrire, j'ai pensé que mon expérience en tant que paléontologue et conservateur m'offrait un point de vue inégalé sur la situation actuelle et les inquiétudes qu'elle suscite. Ce n'est pas la première fois qu'on trouvera dans un livre l'affirmation que *Homo sapiens* (espèce dominante, s'il en fut) pourrait bien être en train de provoquer une catastrophe écologique aux proportions gigantesques, compte tenu du rythme inquiétant auquel il porte atteinte à la diversité du vivant. Ainsi, la déforestation tropicale et la réduction des habitats sauvages causées par le développement économique provoqueront bientôt l'extinction de 100 000 espèces animales par an. Mais ce livre est le premier qui tentera d'envisager le phénomène en gardant comme point de repère que *Homo sapiens* n'est qu'une espèce parmi d'autres dans le flot du vivant. Ce flot a un long passé et un non moins long futur.

Pour nous comprendre nous-mêmes en tant qu'espèce, et pour nous situer parmi tout ce qui est, il faut nous détacher de notre expérience personnelle, aussi bien dans le temps que dans l'espace. Ce n'est pas un exercice facile, mais il est essentiel si l'on souhaite véritablement accéder à une réalité plus large. Dans cette perspective, prenons garde de rester humbles, compte tenu, en particulier, de ce pouvoir colossal que, de diverses manières, nous exerçons maintenant sur notre planète.

Plusieurs idées jalonnent ce livre. La notion de changement en est le thème central, car c'est à travers cette notion que nous touchons du doigt combien les hommes ne représentent qu'un bref instant dans le flot incessant de la vie, et non son point d'arrêt. Mais il y a davantage à apprendre de ce changement que simplement la place de l'homme dans le monde. C'est en observant les formes que prend ce changement que nous découvrons de quelle nature est le cours de la vie. Ces formes constituent les manifestations visibles des phénomènes fondamentaux qui régissent ce flot. J'entends par formes les images qui émergent lorsque nous analysons en détail, et dans leur ensemble, les diverses communautés écologiques. Chacune de ces images est composée d'entités individuelles, bien entendu : les restes fossilisés de certaines espèces, par exemple, et les espèces vivantes particulières qui composent les écosystèmes. Mais les relations entre ces espèces, dans les communautés présentes aussi bien que passées, nous révèlent la véritable nature du monde dans lequel nous vivons.

S'escrimer à découvrir ces images, c'est un peu comme regarder les formes tridimensionnelles qui émergent de l'ensemble de points apparemment dénué de structure qui constituent les autostéréogrammes. On peut contempler ces images pendant longtemps, sans rien y voir de plus que des points. Mais soudain, si votre cerveau devient plus réceptif et si vous cessez de vous concentrer sur l'image telle qu'elle est, là, sous vos yeux, si vous regardez au-delà, vous découvrez une autre réalité, dans la profondeur du champ visuel. Les sciences de l'évolution et de l'écologie sont sur le point de découvrir cette profondeur mal perçue du flot de la vie. Les images en sont encore incomplètes, mais elles sont assez nettes pour que, pour la première fois, nous puissions distinguer une réalité nouvelle. Cela ne constitue rien moins qu'une révolution intellectuelle : notre monde est très différent de l'idée que nous nous en faisions il y a seulement quelques années.

Il nous est maintenant possible d'observer des extinctions massives grâce au matériel paléontologique et de voir dans ces événements une des forces créatives majeures poussant et façonnant le flot de la vie : ce ne sont pas de simples suspensions de son cours. Voilà qui est nouveau. Nous pouvons regarder à présent le processus de l'évolution dans toute sa profondeur et voir que la vie, sous toutes ses formes, y compris *Homo sapiens*, est une sorte de grande loterie. Voilà qui est également nouveau. Nous pouvons, enfin, observer les structures des communautés écologiques et voir comment elles s'assemblent, découvrir toutes les surprises que nous réserve la dynamique de leur organisation. Encore du nouveau. Ces découvertes, qui sont le fruit de la biologie de l'évolution et de l'écologie, se combinent pour mettre à bas toute interprétation simpliste des phénomènes complexes qui nous entourent et qui constituent le vivant.

En général on est enclin à penser que, en science, les défis intellectuels les plus élevés se trouvent dans les sciences physiques : la physique, c'est de la science « dure » ; quant à la biologie c'est une science « molle », entend-on dire souvent. En réalité, le monde vivant et son histoire, tels qu'ils sont révélés par le matériel paléontologique, sont incroyablement complexes. On est encore loin de les avoir vraiment compris. Plus haut, j'ai utilisé l'expression « équilibre de la nature », expression assez galvaudée qui évoque la simplicité et l'harmonie. Elle est erronée, comme nous allons le voir au fil des chapitres. La nature n'est pas simple, et cette supposée harmonie est un trompe-l'œil.

Homo sapiens partage ce monde avec des millions d'autres créatures. Ces espèces nous révèlent globalement une diversité et une complexité du vivant qui inspirent davantage que du respect ou de l'admiration. Mon but, dans les pages qui suivent, est de mesurer plus justement la diversité de la vie et son destin, à l'aune des nouvelles découvertes effectuées en biologie de l'évolution et en écologie. Il nous faut comprendre l'origine de cette diversité, et son étendue. Pourquoi, par exemple, devrait-il y avoir, mettons, cinquante millions d'espèces vivantes aujourd'hui dans le monde, et non un ou cinq millions ? Nous devons comprendre la place de l'humanité au sein de cette diversité. Sommes-nous le produit inévitable de ce flot de la vie, sommes-nous son point culminant ? Il nous faut comprendre l'impact de l'homme sur la diversité. Notre espèce est-elle capable de détruire des millions d'espèces ? Si oui, pourquoi ? Il nous faut enfin comprendre ce qu'il adviendra de cette diversité. Connaissant le passé, peut-on prévoir ce qui se produira ?

Lorsque je donne des conférences sur les origines de l'homme, on me pose le plus souvent la question : « Que va-t-il se passer maintenant ? » Je comprends l'inquiétude qui est à l'origine de cette question. Une incertitude concernant l'avenir de l'homme se répand partout, et ceux qui posent la question cherchent en général à être rassurés.

Ce livre, comme d'autres livres avant lui, est le fruit d'une collaboration avec Roger Lewin. Nous confrontons et marions nos points de vue de manière à construire ce voyage à travers l'histoire de la vie, à la recherche des figures qui révèlent sa nature et son avenir. J'y contribue grâce à mon expérience de paléoanthropologue et de conservateur, et Roger, grâce à ses compétences en biologie de l'évolution et en écologie. Nous avons fait ce voyage ensemble, mais, comme dans nos précédents ouvrages, le narrateur parle par ma voix. Le choix qui est le nôtre de procéder ainsi reflète, une fois encore, mon rôle personnel dans la mise en avant des enjeux de la conservation des espèces sur le plan international. C'est également, en partie, une commodité littéraire. Le fait que nous parlions d'une seule voix symbolise aussi notre communauté d'idées, notre vision commune du monde naturel et notre inquiétude également commune à l'égard de nos frères du vivant.

LE TEMPS ET LE CHANGEMENT

Nous sommes à tel point emprisonnés dans le monde présent qu'il nous est extrêmement difficile de percevoir le flot de processus évolutifs qui a façonné le monde dans lequel nous vivons.

Homo sapiens n'est qu'une espèce parmi d'autres, le produit de relations compliquées et imprévisibles entre les processus de création qui constituent l'évolution, auxquels s'ajoute, parfois, la main capricieuse de l'extinction.

Dans cette partie, nous allons entrevoir quelques caractères fondamentaux de cette créativité – et certains de ses mystères. Nous constaterons l'importance cruciale de certaines grandes crises qui se produisent épisodiquement dans l'histoire de la vie.

CHAPITRE II

LE GRAND MYSTÈRE DE LA VIE

Sur la rive ouest du lac Turkana, non loin de là où, en 1984, nous avons dégagé le squelette d'un tout jeune homme, mort il y a 1,6 million d'années, on découvre un paysage étrange. Des centaines de stromatolites fossiles, aux allures d'hippopotames vautrés dans les sédiments d'un lac asséché, sont disposés de façon régulière, en damier. Ils trahissent la présence ancienne d'un lagon peu profond. J'ai vu ces étranges « créatures » pour la première fois, alors que je faisais une pause, au début des fouilles qui allaient dégager le squelette auquel nous donnerions bientôt le nom de « garçon du Turkana * ». Frank Brown, Alan Walker et moi-même avions laissé nos collègues sur le chantier, où l'on travaillait sous la chaleur d'un soleil tropical. Nous avions roulé vers l'ouest, en nous éloignant du lac d'environ un kilomètre et demi. Alan est anthropologue à l'université Johns Hopkins. C'est un ami, et nous travaillons ensemble depuis des années. Nous avons dégagé ensemble de nombreux restes humains très anciens. Frank est géologue à l'université d'Utah. Il a passé dix ans à remonter le fil de l'histoire géologique du bassin où se trouve le lac, révélant par là les forces nombreuses qui ont marqué toute la région. Il venait de découvrir les stromatolites et voulait nous les montrer. C'est pourquoi nous avions formé cette petite expédition hors du chantier des fouilles. Pour finir, nous

* *The Turkana boy. (N. d. T.)*

arrivâmes sur un cours d'eau voisin de la rivière Nariokotome, où se trouvait le squelette de l'enfant. On chercherait en vain de l'eau dans ces rivières en cette période de l'année, août.

Nous étions maintenant à un peu plus de quatre kilomètres de la rive du lac et je pouvais deviner, s'étirant dans le lointain, la forme arrondie, et étonnamment régulière de la rangée de stromatolites. Ils reposent, hauts et desséchés, dans une plaine rigoureusement nue, sous une crête jonchée de rochers basaltiques. Mais un million d'années auparavant, ainsi que Frank nous l'apprit, ils étaient recouverts par des eaux stagnantes et peu profondes. De toute évidence, le lac, à l'époque, était beaucoup plus grand. De leur vivant, les stromatolites sont des colonies composées d'algues unicellulaires et d'autres micro-organismes, qui participent ensemble à une microécologie complexe. Les colonies sont faites de minces tapis de micro-organismes, d'abord situés vers le centre, accrochés, pour commencer, à un grain de sable, par exemple. Au fur et à mesure que de fins sédiments recouvrent la partie périphérique, vivante, et que les organismes, peu à peu enfouis, luttent pour revenir vers la surface, la colonie croît, en formant des couches fines successives où se retrouve, à plat, une communauté microbienne complexe. Dans les stromatolites, la vie est toujours *à la limite.* Au bout du compte, on observe la formation de sortes de sphères aplaties, dont certaines peuvent atteindre la hauteur d'une table basse, et un diamètre de un mètre.

Certains stromatolites du lac Turkana s'étaient ouverts en deux, découvrant leur structure interne en couches minces, signatures des colonies successives. La vie à l'échelle microscopique. Leur présence sur ce sol nous renseigne sur les conditions qui régnaient dans le bassin du lac Turkana il y a un million d'années. On devine que les eaux du lac venaient clapoter dans une zone où l'on ne trouve plus aujourd'hui qu'un désert aride. Les stromatolites nous permettent également de plonger plus loin dans le passé, aussi loin qu'il est possible, en fait, de plonger et d'y voir encore de la vie. Bien que les stromatolites vivants soient rares dans le monde d'aujourd'hui – on en trouve encore dans les eaux salées et hostiles de la Shark Bay, en Australie de l'Ouest, c'est un des rares endroits où ils prospèrent encore –, ils sont assez fréquents dans les couches fossilifères. Ils représentent l'une des premières formes de vie sur Terre.

Un des faits les plus étonnants de l'histoire de la Terre est que la vie soit apparue si tôt. La planète a été créée par la condensation de débris issus de la naissance du système solaire, il y a 4,6 milliards d'années : un conglomérat brûlant de roches fondues, radioactives, très hostile à toutes formes de vie. Lentement, la chaleur produite par cette naissance incandescente s'est dissipée, de sorte que, il y a un peu moins de quatre milliards d'années, la vie devint en théorie possible. C'est-à-dire que les fragiles molécules organiques n'étaient plus disloquées aussitôt qu'elles se formaient. L'eau ne se vaporisait plus instantanément, et des mares commençaient à apparaître. Ces deux conditions étaient nécessaires à l'émergence de la vie. Cette possibilité théorique a été rapidement suivie d'effet. L'aube de la vie, sous la forme d'êtres unicellulaires simples, les fantômes de ceux qu'on a retrouvés dans les roches continentales les plus anciennes connues, s'est levée il y a environ 3 milliards et 750 millions d'années. Maîtrisant l'énergie solaire et tirant parti de leur environnement chimique, ces organismes très simples, des cellules sans noyaux – ou procaryotes – proliférèrent et se diversifièrent. Ils forment les couches minces de micro-organismes qui, à travers les époques, ont sculpté la forme caractéristique des colonies de micro-organismes que sont les stromatolites.

On aurait pu penser que, après un départ si précoce, la vie allait immédiatement se lancer dans une progression régulière vers des organismes de plus en plus complexes : d'abord des cellules plus complexes, ou eucaryotes, dans lesquelles le matériel génétique est emballé dans un noyau, puis des organelles spécialisées – mitochondries et chloroplastes – qui remplissent des fonctions spécifiques, puis l'évolution se serait poursuivie régulièrement vers les organismes pluricellulaires, organismes simples, au début, puis passant des invertébrés aux vertébrés, des amphibiens aux reptiles et aux mammifères, pour arriver, à la fin, à nous, *Homo sapiens*. Nous pouvons, de là où nous nous trouvons, constater que les événements que je viens de décrire se sont bien produits, mais d'une façon qu'il faut bien qualifier de désordonnée, d'erratique et d'imprévisible. S'il y a une leçon à tirer de l'étude de l'histoire de la Terre, c'est qu'elle n'est ni progressive ni régulière (cela est vrai à toutes les échelles, du global au local, un peu comme des formes fractales).

Après un début tonitruant, la vie resta pendant deux milliards d'années, dût-on s'en étonner, au stade de la cellule procaryote. Sa structure microécologique la plus complexe demeura la colonie de stromatolites. La vie, semble-t-il, n'était pas pressée d'aller où que ce fût. Lorsque apparurent les cellules eucaryotes, il y a 1,8 milliard d'années, on aurait pu penser que la scène était prête pour une course vers les organismes multicellulaires. Mais non. Encore un milliard d'années passèrent avant l'apparition de ces organismes. Et, pour tout dire, l'évolution créa d'abord des êtres pluricellulaires assez énigmatiques (c'est un euphémisme) et non des êtres annonciateurs des interactions et des organisations complexes, auxquelles nous pensons lorsque nous imaginons des organismes multicellulaires. L'apparition d'organismes multicellulaires complexes – je veux dire d'invertébrés marins relativement modestes, sinon étranges – a dû attendre encore quelque 530 millions d'années, soit 85 % de la « bobine du film » traçant l'histoire de la Terre. Mais lorsque celle-ci commença, ce fut de façon spectaculaire, au cours de ce que les paléontologues nomment l'explosion du Cambrien.

En l'espace de quelques millions d'années, l'évolution fut prise d'une frénésie créative qui établit les principales architectures des organismes, ce qu'on appelle les embranchements, qui constituent aujourd'hui toutes les formes de vie sur notre planète. Parmi ces organismes, on pouvait trouver un minuscule ver qui a reçu le nom scientifique de *Pikaia*, et qui devait ressembler au ver marin *amphioxus* qui existe encore à notre époque. Il fut probablement le fondateur de l'ordre des chordés, qui regroupe la totalité des vertébrés qui ont suivi, y compris *Homo sapiens*. Vu de notre superbe point de vue, c'est un début d'une modestie inouïe.

La diversité biologique a évolué rapidement au cours de l'explosion du Cambrien, il y a 530 millions d'années. La figure reconstitue la vie telle qu'elle apparaît dans les schistes du Burgess. On y trouve des formes connues (comme les éponges et les brachiopodes) qui ont survécu jusqu'à nos jours. Mais un grand nombre de ces formes (comme, en bas à droite, le géant Anomalocaris*) n'ont pas eu de descendants, ils représentent des embranchements qui n'existent plus. (D'après* L'Évolution de la vie sur Terre, *Stephen Jay Gould, Scientific American (1994).)*

Amphioxus, *une créature marine que l'on trouve encore aujourd'hui ressemble beaucoup à* Pikaia, *au moins au niveau de l'organisation anatomique.*

James Valentine, qui est paléontologue à l'université de Californie, à Berkeley, a décrit l'explosion du Cambrien en ces termes : « sans précédent, et inégalée ». L'expression est certes appropriée, mais trop faible. En outre, l'explosion du Cambrien fut bien davantage, comme nous le verrons au chapitre suivant, qu'une simple explosion de vie.

Même tardive, l'apparition d'êtres multicellulaires complexes aurait pu, une nouvelle fois, laisser présager une progression régulière à travers les mondes préhistoriques que nous découvrons dans les couches géologiques, et conduire, pour finir, et sans plus de surprise, au monde naturel tel que nous le connaissons aujourd'hui. Mais, une fois encore, cette idée se heurte à la réalité. Depuis le Cambrien, la vie est passée par des booms et des ruptures. Les espèces se sont extraordinairement diversifiées, pour être simplement éliminées en quantités énormes au cours de formidables extinctions. Cinq extinctions en tout. L'épigramme suivante, qui est censée décrire la guerre, convient aussi à la vie sur Terre, dans son déroulement sinon dans ses manifestations : *de longues phases d'ennui, interrompues par de brefs moments de terreur.*

La révolution darwinienne, qui, il y a un siècle, a remplacé les explications traditionnelles de la vie en termes de dessein divin par une perspective naturaliste, a imposé à la pensée occidentale une vision du monde assez particulière. Selon cette perspective, les espèces qui prospèrent sont supérieures, d'une façon ou d'une autre, à celles sur lesquelles elles l'emportent ; elles sortent gagnantes de la lutte pour la survie, le « *struggle for life* » de Darwin. D'autre part, les espèces s'éteignent lorsqu'elles succombent à cette compétition ; ce sont les perdants de la course pour la vie. C'est une lecture assez simpliste du principal coup de génie de Darwin, la théorie de l'évolution par la sélection naturelle. Néanmoins, elle avait l'avantage de conforter la pseudo-éthique occidentale de la réussite par l'effort. On retrouve cette croyance, parfois explicitement, parfois implicitement, dans les ouvrages de biologie, et souvent plus nettement encore dans les textes d'anthropologie, tout particulièrement ceux qui remontent à une dizaine d'années.

La diversité biologique de la vie aujourd'hui (le nombre d'espèces dans leurs différents habitats) avoisine un maximum historique. Nous sommes une espèce parmi d'innombrables millions d'espèces : le tableau le plus riche que la Terre eût jamais présenté. Restant dans la perspective du « succès par la supériorité » que je viens d'évoquer, il y aurait de quoi se donner des tapes dans le dos et se féliciter puisque *Homo sapiens* ne serait rien moins que le produit collectif des victoires continues d'espèces de mieux en mieux adaptées à leur environnement. Mais un des développements les plus récents de la biologie montre que la chance, et non la supériorité, joue un rôle crucial dans la sélection des organismes qui survivent, en particulier lors des extinctions massives d'espèces. Il faut accepter l'idée que l'homme s'est retrouvé en compagnie des heureux survivants des cataclysmes qui se sont produits au cours de l'histoire de la Terre, et non avec les successeurs des animaux les plus doués.

Les biologistes s'intéressent aux formes de la vie sur Terre, et recherchent les forces qui les façonnent. En clair, comment de nouvelles espèces apparaissent, et dans quelles circonstances disparaissent-elles ? En d'autres termes, comment ces formes sont-elles créées ? À tout moment de l'histoire de la Terre, c'est le jeu subtil entre la dynamique d'apparition et de disparition des espèces qui détermine la diversité de la vie. La diversité observée à un moment donné est le résultat du passé et la condition de la diversité future. Cette partie de notre livre, « Le temps et le changement », va explorer l'origine de la richesse actuelle de cette biodiversité, en un mot, l'explosion du Cambrien. Nous décrirons la poignée d'extinctions massives que la vie a dû traverser pour perdurer jusqu'à nos jours. Nous nous concentrerons sur la place que nous-mêmes, *Homo sapiens*, occupons au sein de la richesse présente de la biodiversité.

L'explosion du Cambrien intriguait, mais embarrassait Charles Darwin, parce que, selon lui, l'apparition soudaine de nombreux groupes d'espèces posait un défi sérieux à sa toute nouvelle théorie de l'évolution par la sélection naturelle (laquelle était encore embryonnaire). Pour Darwin, la sélection naturelle procède essentiellement par de minuscules modifications du comportement ou de l'anatomie, en réponse aux circonstances et à l'environnement du moment. Sur de très longues périodes, on peut obtenir un changement significatif, aboutissant parfois à de nouvelles espèces. Mais, selon Darwin, le trajet doit être long. Aussi, comment était-il possible qu'une explosion apparente de vie fût observée dans les parties les plus anciennes des couches fossilifères ?

Ères géologiques			
Ère	*Période*	*Époque*	*Nombre approximatif d'années (millions d'années)*
Cénozoïque	Quaternaire	Holocène (Récente) Pléistocène	
	Tertiaire	Pliocène Miocène Oligocène Éocène Paléocène	65
Mésozoïque	Crétacé Jurassique Triassique		225
Paléozoïque	Permien Carbonifère (Pennsylvanien et Mississippien) Dévonien Silurien Ordovicien Cambrien		570
Précambrien			

L'échelle des temps géologiques

Darwin se consolait en songeant combien les gisements fossiles étaient imparfaits. Il consacra à cette question un chapitre entier de l'*Origine des espèces.* Il défendit la thèse que, si l'explosion du Cambrien paraissait tellement spectaculaire, c'était pour la seule raison que les ancêtres de ces organismes n'avaient pas encore été découverts. À l'époque de Darwin, on n'avait encore découvert aucun reste fossile antérieur au Cambrien, fait qu'il qualifiait d'« inexpliqué [1] ». Il suggérait que, peut-être, les organismes du Précambrien n'apparaissaient pas dans les fossiles. Leurs traces auraient peut-être été éliminées au cours d'événements géologiques ultérieurs. Il avança même l'idée que les fossiles en question s'étaient peut-être accumulés sur des continents à présent profondément enfouis sous les océans, et donc hors de portée des paléontologues. (Bien que la géologie moderne ait démontré l'impossibilité de telles apparitions et disparitions de continents, de tels phénomènes étaient considérés comme possibles au siècle dernier.)

Tout paléontologue sait pertinemment que, comme s'en plaignait Darwin, le matériel paléontologique est bien souvent largement et malheureusement incomplet. Les raisons géologiques en sont nombreuses. Nous autres chercheurs, qui sommes intéressés par la préhistoire humaine, sommes avides de bonnes couches géologiques situées dans la fourchette de quatre à huit millions d'années, dans l'Afrique de l'Est, parce que nous savons que des développements intéressants se sont produits dans cet intervalle-là. Hélas, celles-ci font cruellement défaut. Quand Darwin invoquait l'imperfection des « archives » paléontologiques, ce n'était pas par désespoir, ce n'était que le reflet d'une amère réalité géologique. Un jour, avait-il dit, on sortira de terre les preuves qui exposeront la longue évolution qui précéda l'apparente explosion du Cambrien. On verrait alors que le changement suivait une trajectoire régulière et progressive. La désagréable difficulté (pour Darwin) d'une émergence soudaine de formes de vie complexes serait contournée.

Il fallut presque un siècle pour qu'apparaissent les premières données sur la vie au Précambrien.

En 1947, le géologue australien R. C. Sprigg fit une découverte historique. Il trouva dans des sédiments anciens des collines d'Édiacara, dans la chaîne australienne de Flinders, les fossiles d'une créature ressemblant à une méduse. La valeur de la découverte tient à l'âge du dépôt : quelque 670 millions d'années, c'est-à-dire au moins 100 millions d'années avant l'explosion du Cambrien. Enfin, d'autres expéditions ont ajouté d'autres organismes à cette liste, y compris d'autres créatures ressemblant à d'autres méduses, à des vers annelés, des arthropodes, des coraux, des animaux que nous connaissons bien aujourd'hui. D'autres ne ressemblaient à rien de connu, existant ou ayant existé.

Tous ces organismes, connus sous le nom de faune édiacarienne, étaient des animaux à tissus exclusivement mous, c'est-à-dire qu'ils ne possédaient pas une coquille calcifiée. On invoquait souvent, en guise d'explication à l'absence de précurseurs apparents aux hôtes du Cambrien, le fait qu'ils n'avaient peut-être que des tissus mous. Il devenait alors très improbable que leurs fossiles eussent survécu. Dans de telles circonstances, il faut des conditions géologiques extraordinaires pour deviner ce qu'a pu être la vie au Précambrien. Les fins sédiments calcaires des collines d'Édiacara semblaient réunir ces conditions. Ils avaient miraculeusement préservé les formes de ces créatures. Ailleurs, elles ont été broyées et anéanties à jamais.

Depuis cette découverte, il y a presque cinquante ans, des groupes de créatures aux corps également mous, et datés de la même époque, le Précambrien, ont été trouvés en de nombreux endroits de par le monde, démontrant par là que le trésor des collines de l'Édiacara était bien autre chose qu'une erreur de la nature. La faune édiacarienne était variée. Elle était répandue sur toute la Terre. Elle formait une étape importante dans la progression qui part des organismes simples unicellulaires, puis passe par des organismes unicellulaires plus complexes, pour aboutir aux formes de vie les plus complexes, celles des êtres pluricellulaires. Cependant, cette progression, des organismes les plus simples vers les plus complexes, n'a été ni inexorable, ni prévisible. Nous l'avons vu, le monde multicellulaire n'est arrivé que bien tard dans l'histoire de la Terre. On n'en perçoit la raison que depuis peu. « L'émergence des animaux multicellulaires a été étroitement liée à des changements sans précédent de l'environnement physique de la Terre, dont une augmentation significative de l'oxygène atmosphérique », explique Andrew Knoll, géologue à l'université de Harvard [2]. Avant que la teneur en oxygène de l'air ne passe d'un petit 1 % au 21 % environ actuel, les êtres comprenant plus d'une cellule ne pouvaient tout simplement pas survivre. L'idée que le manque d'oxygène pût retarder l'émergence de formes complexes de vie a un pedigree assez respectable, elle remonte à une trentaine d'années. Cependant les preuves géochimiques d'une augmentation soudaine de la teneur en oxygène de l'atmosphère n'ont été découvertes que récemment.

Des modifications physiques de l'environnement peuvent être un moteur très puissant de l'évolution. Elles ont souvent constitué *le* facteur critique. Ce fut le cas, je pense, pour l'origine de la famille humaine, un événement récent, qui s'est produit il y a cinq millions d'années. Ce fut peut-être la cause première de l'apparition de notre genre, *Homo*. Il semble que de telles modifications aient été à l'origine de la première apparition des êtres multicellulaires, il y a quelque 630 millions d'années. Cette explication aurait plu à Darwin, car il savait bien que la « lutte pour la survie » des organismes comportait une grande part d'interaction autant avec les autres formes de vie qu'avec l'environnement physique.

À l'annonce de la découverte de la faune édiacarienne, la communauté des géologues a poussé un « ouf ! » de soulagement. La plupart tenait à l'idée darwinienne d'une évolution graduelle, sur des périodes de temps longues. On avait enfin trouvé les ancêtres de la faune du Cambrien. Dès lors, l'explosion du Cambrien ne constituait plus après tout une apparition soudaine d'espèces. Comme Darwin l'avait prédit, ce n'était que l'effet pernicieux d'un artefact, à savoir la nature essentiellement incomplète des gisements fossilifères. Les « époques vastes et toujours très obscures » qui ont précédé le Cambrien « grouillaient d'êtres vivants », tout comme l'avait écrit Darwin [3]. Bien qu'on ne pût douter que le stade unicellulaire ait duré longtemps, on observait désormais que les créatures plus complexes apparaissaient bien de façon graduelle, et non abrupte.

Plusieurs dizaines d'années passèrent avant que des doutes ne surgissent concernant la véritable nature de la faune édiacarienne. Bien que certaines de ces créatures fussent assez mystérieuses, et qu'on ne pût les relier de façon directe à aucune forme de vie ultérieure, ces espèces étaient bien, pour la plupart, les ancêtres d'une forme ou d'une autre du Cambrien. Depuis le milieu des années 1980, la plupart de ces filiations ont été remises en cause, à l'exception peut-être de celle concernant les éponges. Adolf Seilacher, paléontologue à l'université de Tübingen, en Allemagne, a été le premier à remettre en cause l'interprétation conventionnelle. Il est à coup sûr celui qui a exercé l'influence la plus profonde dans cette remise en question. Seilacher admet volontiers une certaine ressemblance superficielle entre les animaux édiacariens et les espèces ultérieures, mais il prétend que l'architecture fondamentale de ces animaux est très différente. Les organismes modernes gèrent le transport d'aliments et de gaz respiratoires au moyen de différents systèmes de tubes internes. La faune édiacarienne ne possède aucun tube de cette nature. Seilacher observe qu'elle possède une structure unique « en forme de pneu spongieux » [4]. L'organisation interne des Édiacariens est si radicalement différente que Seilacher en est venu à affirmer que le bestiaire du Cambrien ne pouvait avoir ces animaux pour ancêtres. Les fossiles édiacariens, a-t-il conclu, « représentent une expérience ratée de l'évolution au cours du Précambrien, plutôt que les ancêtres des animaux et des plantes modernes [5] ».

Le point de vue de Seilacher a rapidement fait des adeptes. Par exemple, en octobre 1989, Simon Conway-Morris, qui est géologue à l'université de Cambridge, en Angleterre, a écrit dans la revue scientifique *Science* qu'il existe « une absence de continuité flagrante entre [la faune

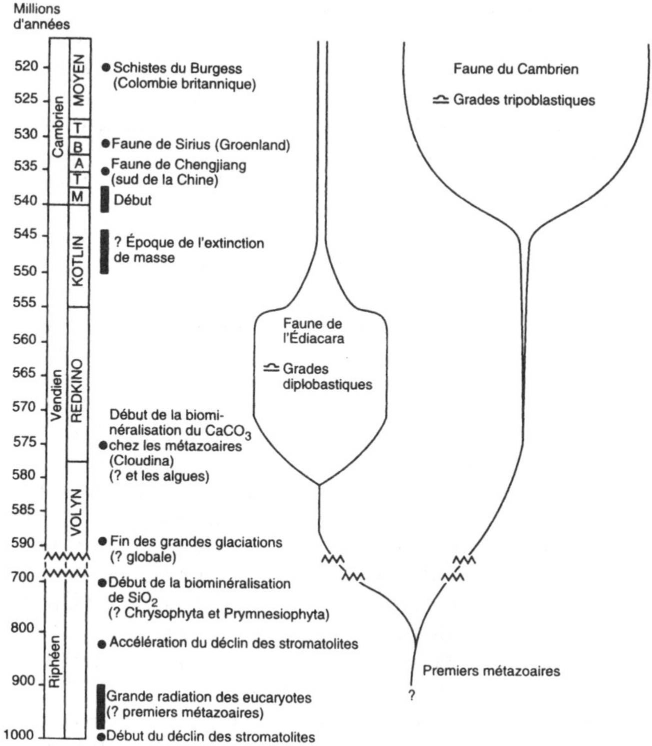

On a d'abord pensé que la faune de l'Édiacara était formée des ancêtres des organismes complexes ultérieurs. En fait, elle constitue plus vraisemblablement une expérience à part dans le cours de l'évolution, qui a laissé très peu de survivants, voire aucun. (Avec l'aimable autorisation de Nature, *Simon Conway-Morris, vol. 361, p. 219 (1993) Macmillan Magazines Limited.)*

édiacarienne et] la faune qui a suivi, au Cambrien ». Bien qu'il ait relevé quelques possibles artefacts géologiques susceptibles d'avoir produit une telle dichotomie, il conclut que cette discontinuité « pourrait refléter une extinction massive des espèces édiacariennes » [6]. Quatre ans plus tard, dans la revue *Nature*, il allait plus loin et présentait un diagramme de la vie à l'ère précambrienne et au Cambrien, qui montrait un bourgeonnement initial de la faune édiacarienne suivi par une éclipse presque totale, résultant de l'extinction planétaire de ces créatures. On n'a jamais retrouvé un tel phénomène depuis.

Pendant 100 millions d'années, les Édiacariens ont représenté les formes de vie les plus complexes sur Terre – leur apparition sema la désolation au sein des micro-organismes qui avaient existé jusque-là. Les procaryotes, bientôt rejoints par les eucaryotes, avaient formé des colonies qui constituaient la forme la plus avancée d'organisation du vivant depuis plus de trois milliards d'années. Le taux d'apparition de nouvelles espèces et leur taux de disparition avaient varié d'une époque à une autre, avec parfois des périodes plus rapides de renouvellement, mais jamais on n'avait assisté à une extinction massive d'espèces. Cela changea à l'aube du bestiaire exotique de l'Édiacarien : en gros, 75 % des espèces unicellulaires qui formaient les couches de stromatolites disparurent, broutées en quelque sorte par ces nouveaux caïds. Mais les animaux de l'Édiacarien disparurent eux aussi, sans pratiquement laisser de traces, sans que nous sachions de quoi au juste ils furent les victimes. Il est clair maintenant que, pour la plupart, les animaux de l'Édiacarien ne furent les ancêtres de rien. Ils ne furent que les derniers vestiges d'un grand échec de l'évolution.

La faune édiacarienne mise hors circuit, et en l'absence de candidat providentiel au rôle de précurseur du Cambrien qui puisse garantir le caractère progressif de l'évolution (tel que l'annonçait Darwin), l'explosion du Cambrien redevient une énigme. Cette énigme exige une explication certainement hors du commun. C'est fort justement qu'on l'a nommée : « le grand mystère de l'histoire de la vie [7] ».

CHAPITRE III

LE GRAND RESSORT DE L'ÉVOLUTION

L'explosion du Cambrien, qui eut lieu il y a un demi-milliard d'années, constitua une poussée évolutive sans précédent dans l'histoire de la vie. Comme nous le verrons, cette poussée ne s'est jamais répétée depuis. Une large panoplie de formes nouvelles de vie est apparue dans un court laps de temps, à l'échelle géologique. Les biologistes paieraient cher pour savoir ce que cache ce « grand mystère ». D'après les paléontologues de l'université de Chicago, David Jablonski et David Bottjer, « le grand ressort de la macroévolution, c'est l'innovation [1] ». L'expression macroévolution se réfère aux principales transitions dans l'histoire de la vie, telles que l'apparition des plantes à fleurs, ou celle des gestations placentaires, une des composantes essentielles de l'évolution des véritables mammifères. La macroévolution décrit les changements à grande échelle de l'histoire de la vie, et il n'y a guère de changement plus spectaculaire que l'explosion du Cambrien. C'est là, pour l'essentiel, qu'a été planté le décor qui allait voir se dérouler le reste de l'histoire de la Terre. Toutes les architectures de base sur lesquelles les organismes multicellulaires actuels sont construits sont apparues au cours de ce bref accès d'innovation dans l'évolution.

Jusqu'il y a peu, on estimait que cet intervalle de temps avait duré de vingt à trente millions d'années, ce qui, sur l'échelle, d'ordinaire très lente, des temps géologiques, ne représente qu'un bref instant – d'autant plus bref que les changements survenus furent très importants. Cependant, vers la fin de l'année 1993, un groupe de géologues et de paléontologues de l'université de Harvard ont écourté la durée de l'explosion du Cambrien de plus de la moitié. Ils affirment que cette explosion n'a pas duré plus de dix milions d'années, peut-être même moins de cinq millions. Mon ami Stephen Jay Gould, qui est également de Harvard, a émis à cette occasion le commentaire suivant : « Voilà que le plus grand accès de fièvre évolutive a été encore plus important qu'on ne le croyait [2]. » Il est clair que le rythme progressif, canoniquement invoqué par les darwinistes, ne va pas suffire à expliquer qu'un événement d'une telle ampleur se soit produit dans un laps de temps si court. Il faut chercher d'autres mécanismes. Jablonski et Bottjer mettent en garde les biologistes : ceux qui cherchent à expliquer ce que fut le moteur de cette grande explosion évolutive seront confrontés à dure épreuve. Ainsi ont-ils écrit : « Les grandes innovations, qui représentent les formes les plus spectaculaires d'innovation au fil de l'évolution, font partie des composantes que nous comprenons le moins du processus évolutif [3]. »

Dans ce chapitre, nous visons deux objectifs. Tout d'abord, nous allons explorer plus en détail la nature même de cette explosion du Cambrien, et nous tenterons de la relier à certaines hypothèses qui ont été émises à son sujet. Ensuite, nous porterons plus précisément notre attention sur le caractère très particulier de cet événement, qui n'a été perçu que très récemment – caractère essentiel qui remet en cause les descriptions traditionnelles de l'histoire de la Terre.

Les touristes qui viennent au Kenya pour admirer la faune placent en tête de liste les éléphants, les lions, les rhinocéros, les léopards et les buffles, tous les animaux qui viennent à l'esprit dès qu'on évoque d'une façon un peu sentimentale la faune africaine.

Les gens ont l'impression d'avoir été roulés s'ils ne rentrent pas chez eux avec quelque chose à raconter sur le contact avec la nature, les bêtes à l'état sauvage, etc. Je comprends cette attitude, la majesté de ces grandes créatures provoquant un véritable sentiment d'admiration. Ces animaux sont spectaculaires et jouent un rôle irremplaçable dans l'écosystème de mon pays et de mon continent. Nous, les êtres humains, avons un penchant marqué pour les choses spectaculaires – il ne fait guère de doute qu'un groupe de mères éléphants, une horde de lions en chasse, ou un troupeau de buffles sur le point de charger, constituent un spectacle impressionnant. Pourtant ils ne forment qu'une partie de l'écosystème africain et de l'ensemble de l'écosystème du monde. Une partie, à vrai dire, très réduite. Il existe peut-être 4 000 espèces de mammifères, dont la très grande majorité sont plus petites que ces majestueuses créatures. Et elles ne représentent qu'une minuscule fraction parmi les millions et millions d'espèces que compte l'écosystème terrestre actuel. Nous nous enthousiasmons pour certaines espèces exceptionnelles et rares, mais celles-ci vivent et tirent parti d'un grand kaléidoscope où figurent des joueurs de « moindre importance » au jeu de la vie.

Les vertébrés sont des chordés, c'est-à-dire un embranchement parmi les trente embranchements d'animaux modernes. Nous caractériserons de formes de vie plus modestes la plupart des vingt-neuf autres embranchements : les arthropodes (qui comprennent les araignées, les insectes, les homards et leurs cousins), les annélidés (vers de terre et apparentés), les coraux, les éponges, les mollusques (y compris les coquillages, les escargots et les poulpes) et les échinodermes (oursins, étoiles de mer et concombres de mer). Le Cénozoïque, notre ère, est souvent qualifié d'« âge des mammifères » ; c'est un point de vue assez détourné de la réalité actuelle. Il serait plus précis de le nommer l'« âge des arthropodes ». Aujourd'hui, et depuis longtemps dans l'histoire de la Terre, les arthropodes dominent : ils forment environ 40 % des espèces vivantes.

Comme je l'ai écrit plus haut, il n'a jamais existé autant d'espèces vivantes en comparaison à tout autre période antérieure dans l'histoire de la Terre, chacune de ces espèces étant une variante unique d'une de ces trente architectures de base. Cette augmentation de la biodiversité à travers l'évolution est un des mystères de la vie sur la Terre ; c'est un des aspects de cette pression inexorable qu'exerce le moteur de l'évolution. Elle engendre une foule de variations, sur quelques schémas fondamentaux. Cette trentaine d'architectures fondamentales remonte au Cambrien, à cette orgie d'innovation qui a eu lieu dans un court intervalle de temps, il y a 530 ou 525 millions d'années. Tout embranchement ne figurant pas au Cambrien était destiné à ne jamais se manifester. C'est comme si la capacité de réaliser de grands sauts évolutifs produisant des nouveautés fonctionnelles majeures – la base de nouveaux embranchements – avait en quelque sorte disparu à la fin du Cambrien. C'est comme si le grand ressort de l'évolution s'était fatigué.

Il faut donc admettre que l'explosion du Cambrien a quelque chose de bien spécifique : non seulement en vertu de la quantité d'innovations et de la brièveté de l'intervalle de temps pendant lequel elles se sont produites, mais également par son caractère inégalé, sa fécondité sans pareille qui n'a jamais été atteinte par la suite. Il semble qu'il y ait eu quelque chose d'extrêmement singulier – peut-être unique – dans les mécanismes macroévolutifs qui fonctionnaient il y a un tout petit peu plus d'un demi-milliard d'années. Jeffrey Levinton, qui est biologiste à l'université de New York, à Stony Brook, a décrit la question qui se pose aux biologistes sous une forme imagée : « Pourquoi le chaudron de l'évolution n'a-t-il pas continué à produire de nouvelles architectures animales pendant les dernières centaines de millions d'années [4] ? » On a donné à cette question essentiellement deux réponses, ces dernières années. La première repose sur des principes écologiques, la seconde sur la génétique. Ces deux réponses sont purement théoriques. Il en existe d'autres, encore plus spéculatives.

En termes d'écologie, on dirait la chose suivante : la Terre, au début du Cambrien, était assez simple ; il existait des centaines de milliers d'espèces d'organismes unicellulaires et des résidus de la faune édiacarienne. Mais les niches qui sont occupées aujourd'hui par les organismes multicellulaires étaient vides. Le début du Cambrien a donné leur chance à un nombre illimité d'espèces nouvelles. Gould observa qu'« il y avait de la place dans les écosystèmes pour tout – des rampants, des marcheurs, des creuseurs, des suceurs, des prédateurs, tout ce que vous pouvez imaginer – et la vie a réagi en profitant de toutes ces opportunités d'une façon inégalée. Après l'explosion du Cambrien, une telle circonstance ne s'est pas représentée, parce que [l'espace écologique] n'a plus jamais été aussi vide [5] ». La théorie des « niches écologiques vides », qui a été avancée par James Valentine, de Berkeley, il y a vingt ans, ne quitte pas le cadre d'un darwinisme orthodoxe, puisqu'elle invoque des influences extérieures pour expliquer la manière dont le monde a changé.

Selon cette idée, l'évolution a innové à un rythme constant durant le dernier demi-milliard d'années, mais la probabilité de survie de ces productions a changé. Au début du Cambrien, ces nouvelles architectures ont survécu, car elles ne rencontraient guère de concurrence. Plus tard, lorsque toutes les niches furent occupées, aucune grande nouveauté de cet ordre n'a pu survivre car l'espace était entièrement occupé. L'hypothèse est séduisante, entre autres parce qu'elle s'accorde avec les principes de la biologie la plus conventionnelle. C'est une idée qui correspond à des choses connues et a le mérite de la simplicité.

En 1987, Valentine a testé cette idée, au moins sur le plan théorique. Pour ce faire, il s'est associé avec Douglas Erwin, maintenant à la Smithsonian Institution de Washington, et avec Jack Sepkoski, de l'université de Chicago, et ils ont analysé en détail le matériel paléontologique. Ils ont noté un autre événement remarquable de l'histoire de la Terre – la plus grande extinction massive d'espèces – qui est survenue à la fin du Permien, il y a 225 millions d'années. Cette extinction a éliminé quasiment 96 % des espèces marines. Cette catastrophe, gigantesque et globale, nommée « l'extinction du Permien », offrait la possibilité de comparer deux événements qui s'étaient produits à deux époques différentes de l'histoire de la Terre où le biotope planétaire était également pauvre. Selon cette hypothèse, si l'espace écologique était également libre à ces deux moments, on s'attendrait alors à une réponse de même nature – une fièvre d'innovation dans l'évolution.

Valentine et ses collègues remarquent que : « Il paraît peu vraisemblable que plus de quelques centaines de milliers d'espèces coexistaient à ces moments-là dans la biosphère marine. Dans chaque cas, on a observé par la suite une diversification très active [6]. » Les vestiges fossiles révèlent que la fièvre d'innovation qui a suivi l'extinction du Permien est très semblable à celle qui a suivi l'explosion du Cambrien – mais la ressemblance est quantitative, et non qualitative.

Les biologistes ordonnent les organismes vivants et forment une hiérarchie de classifications. Au plus bas niveau de l'arbre, on trouve les espèces et, au plus haut, les embranchements (les règnes – animal, végétal – se situent encore au-dessus). Entre les deux, on trouve les genres, les familles, les ordres et les classes. Au centre de cette hiérarchie, les deux périodes d'innovation se ressemblent beaucoup. Par exemple, pendant le Cambrien, on a constaté l'apparition d'un total de 470 nouvelles familles, ce qui est du même ordre que les 450 issues du Permien. En dessous du niveau des familles, le Cambrien a fourni assez peu d'espèces nouvelles, alors qu'après le Permien une diversité incroyable d'espèces a foisonné. Au-dessus des familles, le rayonnement issu du Permien n'a pas produit grand-chose, peu de nouvelles classes, et aucun genre nouveau. Il est clair que le moteur de l'évolution a fonctionné à plein régime au cours de ces deux périodes. Cependant, il a conduit à davantage d'expériences fondamentalement nouvelles au cours du Cambrien qu'à la sortie du Permien. À l'issue du Permien, en revanche, il a réalisé plus de variations sur les thèmes existants.

À première vue, cela paraît contredire la théorie de la « niche écologique vide », les conditions étant certainement réunies pour que des innovations majeures surviennent après la crise du Permien. Or, aucune n'est apparue. Pas tout à fait, disent Valentine et ses collègues, l'hypothèse tient toujours. Il est vrai que 96 % des espèces marines ont disparu lors de l'extinction du Permien, mais celles qui demeuraient représentaient de quoi occuper tout le spectre des niches écologiques, bien que leur nombre absolu eût été sévèrement réduit. Il semble que, bien qu'elles eussent été laminées en nombre, les créatures ayant survécu à cette crise étaient d'une assez grande variété pour occuper tout le terrain, écologiquement parlant. Il n'y avait tout simplement pas de place pour des architectures complètement nouvelles. Aucune niche n'était disponible pour accueillir et pérenniser un nouveau venu radicalement différent. Des variations sur des thèmes existants étaient possibles, certes, mais pas de grands écarts.

Je comprends pourquoi cette hypothèse en a séduit beaucoup : elle est naturelle et logique. Mais il faut dire un mot de l'hypothèse génétique. Contrairement à l'hypothèse écologique, ce modèle alternatif suggère que le moteur de l'évolution était qualitativement différent entre le début du Cambrien et ensuite. Plus précisément, elle affirme qu'au début de la vie multicellulaire on a assisté à davantage de grandes innovations évolutionnistes. La raison en serait que, à ce moment-là, le matériel génétique – ou génome – était moins bien organisé. Le temps passant, les différentes parties du génome se sont intégrées de plus en plus, en se perfectionnant, de sorte que les modifications du système devenaient de moins en moins possibles. Des modifications génétiques plus grandes – provoquant de plus grandes différences morphologiques – sont plus aisées si le génome est moins bien organisé. Ainsi, l'évolution pouvait se permettre de plus grands écarts dans les organismes du Cambrien, y compris des sauts au niveau des embranchements. Plus tard, l'évolution subissait des contraintes qui l'obligeaient à se contenter de sauts plus petits, au pis, d'une classe à une autre. Voilà en quoi, sommairement, consiste cette hypothèse.

On ne voit guère comment cette hypothèse peut être expérimentée. On ne trouve plus aucun génome primordial, de nos jours, qu'on pourrait analyser en laboratoire. Néanmoins, cette hypothèse est plausible. La complexité des génomes, tout comme celle des organismes entiers, a vraisemblablement évolué. Au moment du Cambrien, le renouvellement des espèces a été particulièrement rapide. Les espèces sont apparues et ont disparu particulièrement vite, si on compare cette période à d'autres périodes de l'histoire de la Terre. Faut-il en conclure que, en ces temps anciens, l'évolution était moins contrainte, parce que les génomes étaient moins bien organisés ? Peut-être. Mais on pourrait également invoquer une explication écologique. Quelque chose d'extérieur, des conditions inhabituelles dans l'environnement ont pu produire le même effet. Cette position s'appuie sur le fait que le renouvellement des espèces a été particulièrement rapide non seulement chez les espèces multicellulaires, mais simultanément chez les organismes unicellulaires. Bien que plusieurs hypothèses aient fait appel à des changements environnementaux – tels qu'une modification de la chimie de l'eau de mer ayant permis la formation de squelettes calcifiés –, on ne trouve pas de preuves convaincantes que l'explosion du Cambrien ait été suscitée par des changements physiques dans l'environnement. Récemment, Valentine a dressé une liste de vingt hypothèses de ce genre, proposées ces dernières années par diverses personnalités. La longueur même de la liste reflète la difficulté que les biologistes éprouvent à se mettre d'accord, et on a peine à croire que l'une de ces propositions constitue réellement la réponse au problème.

Le « grand mystère » de la vie continue donc de narguer les biologistes : son intensité, sa nature et son déroulement restent incompris. Cependant, je dois l'avouer, j'ai gardé par-devers moi la moitié de l'histoire, sans doute la partie la plus fascinante. Le simple fait que le moteur de l'évolution, au début du Cambrien, ait fonctionné comme je l'ai décrit, c'est-à-dire qu'il ait engendré la plupart des architectures dans une fraction de seconde à l'échelle des temps géologiques suffit à attirer notre attention et à provoquer notre admiration. Mais, ces dernières années, il est apparu de plus en plus que l'innovation a fait preuve d'une extravagance encore plus grande qu'on ne l'avait imaginé. L'histoire de la vie, après cette explosion, est absolument inimaginable. Les conséquences sur la manière dont on doit regarder l'histoire de la Terre sont profondes.

J'ai écrit plus haut que, pendant cette courte période de créativité, il y a un demi-milliard d'années, tous les embranchements modernes sont apparus. En fait, les trente, ou peu s'en faut, embranchements qui forment le monde vivant actuel se trouvaient au début en compagnie de soixante-dix autres, au moins, depuis longtemps éteints. Le biologiste de Harvard, Edward Wilson, a décrit cette époque comme « une période d'expérimentation sauvage durant laquelle des architectures qu'on n'avait jamais vues auparavant, et qu'on ne reverrait jamais par la suite ont été inventées, puis abandonnées [7] ». Quand on fouille les couches fossiles, on regarde dans le passé, et l'on visite un monde étrange, peuplé de créatures dont l'architecture nous est complètement inconnue. Les dinosaures nous paraissent extraordinaires, par leur taille qui est immense, et leurs défenses souvent terrifiantes ; ils ont cependant quelque chose de familier, pour l'œil d'un biologiste. On peut les considérer comme une variation intéressante sur le thème des tétrapodes terrestres, quelque part entre les crocodiles et les éléphants, voisins des musaraignes, des lions et de tous les autres animaux à quatre pattes. Au début du Cambrien, il existait des créatures qui, bien que petites en taille, semblaient tout droit sorties d'un livre de science-fiction.

Et pourtant, quand on a trouvé les produits de l'explosion du Cambrien, il y a quatre-vingt-dix ans, et qu'on les a étudiés pour la première fois, on ne les a pas observés sous cet angle. L'histoire de ce déplacement de la perception est désormais un classique de l'histoire des sciences. Gould en a magnifiquement rendu compte dans son ouvrage de 1989, *Wonderful Life*. C'est l'histoire de deux hommes et de leur dévouement à ce que, chacun de leur côté, ils considéraient comme la vérité.

En novembre 1909, Charles Doolittle Walcott découvrit ce que Gould a appelé le « Saint-Graal de la paléontologie ». Il s'agit des schistes du Burgess. À la recherche de fossiles le long de la face ouest de la montagne de Wapta et du mont Field, dans le sud de la Colombie britannique, au Canada, Walcott est tombé sur ce qu'on peut appeler un Pompéi marin, ou, plutôt, plusieurs Pompéi, comprimés comme les feuilles d'un livre. Les habitants d'eaux peu profondes ont été ensevelis peu à peu par des glissements de boue successifs, enterrant mais finalement préservant quelques images fugitives de la vie, il y a un peu moins d'un demi-milliard d'années, peu après l'explosion du Cambrien. Walcott, à l'époque, adressa une lettre à l'un de ses collègues dans laquelle il l'informait qu'il avait trouvé « des choses très intéressantes [8] ». Il n'avait pas tort mais, pour un ensemble de raisons, il ne se rendit pas complètement compte de tout ce que sa découverte impliquait.

Pendant les vingt années qui suivirent, Walcott consacra périodiquement des moments de sa vie déjà bien remplie à l'étude de la masse de matériel fossile que son équipe avait rapportée jusqu'à Washington. Il fit des dessins très précis de ce qu'il observait et plaça chaque créature sur un embranchement existant. En d'autres termes, Walcott vit dans les schistes du Burgess une image fidèle du monde actuel, sous une forme plus primitive. Comme Darwin, il était persuadé que de nouvelles découvertes de fossiles allaient produire les ancêtres de la faune du Cambrien, reconstituant ainsi la longue chaîne de l'évolution. Et, suivant une fois de plus Darwin, il pensait que la vie avançait de façon progressive, sans accès ni « booms » plus spectaculaires. Comme l'a fait remarqué Walcott, la faune si joliment préservée des schistes du Burgess « créait la scène, en somme, où se jouerait l'évolution pendant toute la suite de l'histoire de la Terre », comme je l'ai rappelé dans le paragraphe d'introduction.

La deuxième phase de cette histoire débuta vers la fin des années 1960, lorsque Harry Whittington, paléontologue à l'université de Cambridge, réouvrit le chantier de Walcott. « Nous campions à deux cents mètres et nous montions encore de deux cents mètres sur la crête », raconte Whittington. « On se retrouve perché juste au-dessus d'un lac d'un vert étincelant et, en regardant vers l'ouest, on voit les montagnes couvertes de neige. Mais, surtout, on peut trouver les plus beaux fossiles en cassant la roche [9]. » Parmi ces fossiles, on trouve des éponges, des méduses, des vers, des mollusques, et de nombreux arthropodes. Certains sont des animaux fixes ou bien mobiles, qui hantent les fonds vaseux ; d'autres sont des nageurs, ou bien des animaux qui flottent et se laissent dériver. Pour la première fois, en tournant les pages de ce grand livre, on trouvait des créatures au squelette calcifié. 20 % environ des 140 espèces des schistes du Burgess possédaient un squelette, alors que, en nombre absolu, elles ne représentaient que 5 % des individus. Quel que fût leur mode de vie, les membres de ce bestiaire nous parvenaient conservés dans les couches minces de schistes sous la forme de fantomatiques images aplaties. Leur anatomie extérieure était pratiquement intacte, jusqu'au moindre détail.

Dans la décennie qui suivit, Whittington forma une équipe de jeunes et brillants chercheurs qui l'aidèrent à étudier tout le matériau, fort riche, qui avait été dégagé au cours des nouvelles, mais aussi des anciennes fouilles. Très tôt, on s'aperçut de l'allure générale que prenait la découverte : non seulement on pouvait identifier des créatures qui possédaient des descendants à l'époque moderne, comme Walcott, mais il devenait clair que de nombreuses espèces de la faune du Burgess n'avait pas de descendants, contrairement aux conclusions de Walcott. Ainsi, Whittington et ses collègues pouvaient montrer des représentants de trois types d'arthropodes encore représentés de nos jours (des araignées, des insectes, des homards et leurs congénères), ainsi que des fossiles de l'espèce la plus appréciée des jeunes chasseurs de fossiles : le trilobite (une quatrième forme d'arthropode qui a disparu il y a 250 millions d'années, à la fin du Permien). Mais les arthropodes étaient également représentés par beaucoup d'autres types dont aucun n'a survécu au-delà du Cambrien.

Plus Whittington et ses collègues analysaient la faune, et plus ces créatures leur paraissaient étrangères. Finalement, ils aboutirent à vingt espèces, environ, « qui défiaient toute tentative de mise en relation avec des embranchements connus [10] », racontent Whittington et Simon Conway-Morris, un de ses plus jeunes collègues. Ces créatures étranges, nommées, on comprend pourquoi, *Problematica*, étaient construites suivant un plan inconnu par ailleurs. Elles avaient surgi sur le devant de la scène pendant cette brève explosion « d'expérimentation sauvage », puis avaient disparu tout aussi soudainement. Whittington et ses collègues furent à même de discerner ce phénomène, complètement imprévisible, parce qu'ils ne s'étaient pas cantonnés à un strict darwinisme, comme Walcott. Walcott avait supposé que la vie au Cambrien n'était qu'une étape sur la lente progression vers la vie sous la forme moderne que nous connaissons. Il avait établi des liens entre des espèces anciennes et des espèces modernes, là où, en fait, il n'y en avait aucun. Comme souvent en science, Walcott n'avait vu dans les éléments dont il disposait que ce qu'il voulait bien voir.

Whittington et ses collègues ayant découvert que l'explosion du Cambrien avait engendré une foule de nouvelles architectures, dont la majorité avait rapidement disparu, une question d'une importance fondamentale désormais se posait : quels facteurs déterminaient les vainqueurs et les perdants ? Gould fit remarquer : « On peut poser deux questions, qui sont liées : premièrement, les embranchements exceptionnels du Burgess étaient-ils condamnés à disparaître à brève échéance (parce que leur plan était inadapté) et à rester comme des expériences ratées au sein de la première floraison de vie animale ? Deuxièmement, aurions-nous pu prévoir, parmi des animaux représentés dans les schistes du Burgess, et avec ces seuls éléments, lesquels allaient dominer et lesquels seraient marginalisés, limités aux crevasses et recoins d'un monde sans pitié [11] ? » Ces questions touchent au cœur même de notre représentation de l'histoire de la vie.

Selon le scénario traditionnel – c'est-à-dire extrapolé à partir de l'expression toute darwinienne « la nature est tout entière en guerre, les organismes luttant les uns contre les autres [12] » –, les constructions anatomiques, affûtées par la sélection naturelle, sont testées en compétition. Une construction supérieure conduit à la victoire dans la course pour la survie, les constructions inférieures vont aux oubliettes. Dans leur premier travail, publié dans un article de 1979, c'est exactement ainsi que Conway-Morris et Whittington décrivent les événements. « De nombreux animaux du Cambrien semblent être des expériences d'avant-garde qui finiront supplantées à un moment ou à un autre par des organismes mieux adaptés », font-ils observer. « Après le grand rayonnement du Cambrien, il semble que la tendance soit à l'enrichissement et au succès d'un nombre d'espèces issues d'un groupe relativement restreint, au détriment de beaucoup d'autres [13]. »

La réinterprétation des schistes du Burgess, avant de devenir une révolution, devait passer par une première étape consistant à accepter que ce monde soit constitué de formes de vie évanescentes : il était apparu bien davantage de plans de base qu'il ne devait finalement en survivre. Dans un deuxième temps, il fallait reconnaître que les victimes de ces extinctions massives devaient leur disparition à l'infériorité de leur structure, épousant en cela une idée bien darwinienne. Rien d'étonnant que cette image se soit imposée ! Mais il y eut une troisième étape, une fois encore imprévue.

Plus Whittington et ses collègues étudiaient la faune du Cambrien, et moins ils trouvaient d'avantages et de supériorité chez les animaux qui avaient survécu, ou d'infériorité chez ceux qui avaient disparu. Dans son ouvrage, *Wonderful Life,* Gould retrace comment Whittington et ses collègues, au fil de leurs publications, ont progressivement compris que, peut-être, la réponse n'était pas dans la compétition entre espèces. « Ils évoquent de moins en moins des plans " primitifs ", et travaillent de plus en plus à identifier les fonctions spécialisées des animaux du Burgess », observe-t-il. « Ils parlent de moins en moins de perdants prévisibles, mal adaptés, et commencent à admettre qu'on ne sait pas pourquoi *Sanctacaris* est le cousin d'un groupe vivant très important, tandis que *Opabinia* n'est qu'un souvenir à jamais pétrifié [14]. »

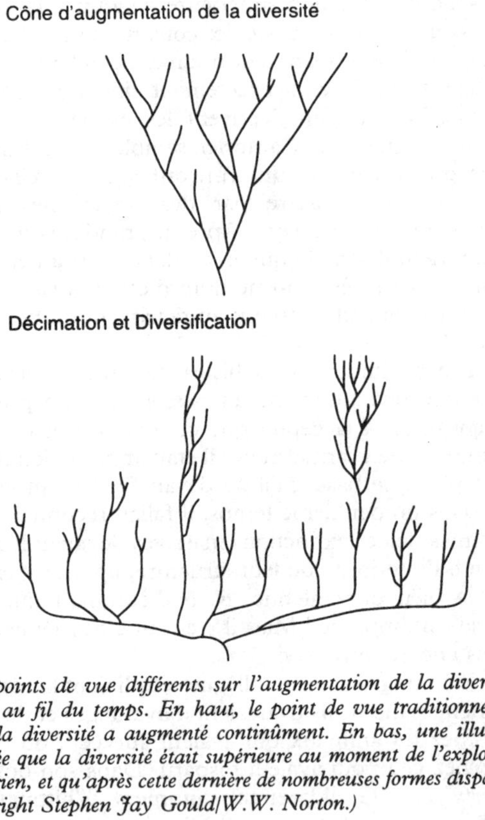

Deux points de vue différents sur l'augmentation de la diversité des formes au fil du temps. En haut, le point de vue traditionnel, selon lequel la diversité a augmenté continûment. En bas, une illustration de l'idée que la diversité était supérieure au moment de l'explosion du Cambrien, et qu'après cette dernière de nombreuses formes disparurent. (Copyright Stephen Jay Gould/W.W. Norton.)

Si ni la survie ni l'extinction ne sont déterminées par la plus ou moins grande adaptation des espèces, quelle est donc l'explication ? « Il faut donner crédit à l'idée que la décimation observée au sein du Burgess a davantage été une grande loterie qu'une course remportée par les plus malins ou les plus forts [15] », suggère Gould. De fait, Conway-Morris ajoute de l'eau à son moulin en écrivant, dans un article retentissant, paru en octobre 1989 dans *Science*, que, « au Phanérozoïque, la macroévolution fixa la structure du vivant d'une façon qui semble intimement liée à une extinction *aléatoire* » (c'est nous qui soulignons)[16]. Envolée l'idée habituelle du succès du plus fort, conduisant à un monde peuplé d'espèces en constant progrès, montant dans l'échelle de la complexité. Apparition d'un monde peuplé de survivants ayant tiré le bon numéro dans un jeu de loterie.

Lorsque je fais des conférences sur les origines de l'homme et sur la complexité des écosystèmes que beaucoup d'entre nous s'évertuent à préserver, j'écoute les questions du public et je me rends compte du désarroi provoqué par l'idée qu'il puisse y avoir des événements totalement aléatoires dans l'histoire de la vie. Je ressens dans le public ce profond désir que l'univers soit comme il devait être, et que nous-mêmes y paraissions prévisibles. Mais ici, dans ce survol de la complexité de la vie à ses débuts, il convient d'« entretenir un sérieux doute » sur la part de hasard qui intervient vraisemblablement dans l'histoire de la vie.

Ainsi, lorsque j'ai dit plus haut que l'explosion du Cambrien créait la scène où se jouerait, en somme, l'évolution pendant toute la suite de l'histoire de la Terre, je n'ai dit qu'une partie de la vérité. Il est vrai que tous les embranchements actuellement représentés virent le jour à cette époque-là. Toutefois, si le hasard joue vraiment un rôle significatif dans l'histoire de la Terre, et si la survie des petits bourgeons de vie apparaissant çà et là ne dépend pas que de la réussite de leur plan, alors, on aurait aussi bien pu aboutir, aujourd'hui, à une nature complètement différente de ce qu'elle est. Gould a l'expression suivante : « la bande divine peut être repassée d'un million de façons différentes[17] ». Repassez le film, dit-il, et le résultat pourrait bien être très différent.

Conway-Morris a proposé dans un article de la revue *Science*, paru en 1989, l'image suivante : « Et si on refaisait l'explosion du Cambrien ? » commence-t-il par demander, « vu de loin, l'univers métazoaire paraîtrait sans doute assez peu différent ; même les animaux les plus extravagants des schistes du Burgess sont des formes vivantes reconnaissables, et les acteurs de ce drame écologique joueraient à peu près la même pièce et les mêmes rôles. Mais les acteurs eux-mêmes, vus de plus près, n'auraient pas l'air si familiers ». On peut s'attendre, dit-il, à un biotope « digne des meilleurs récits de science-fiction [18] ».

J'ai commencé la description de l'explosion du Cambrien par les stromatolites de la rive ouest du lac Turkana, et je la termine sur une touche de science-fiction (seulement possible). Le voyage a été un peu vertigineux, il est pourtant essentiel si l'on désire bien comprendre notre place dans l'univers et notre rôle dans l'avenir. Je suis tout à fait d'accord avec Gould quand il invoque la contingence historique comme l'un des principaux acteurs qui façonnent la vie sur la Terre. Notre monde nous apparaît comme *l'un* des mondes biologiques possibles. Gould ne conteste pas que la sélection naturelle joue un rôle important dans l'adaptation des espèces à leur environnement, néanmoins il considère cette influence comme localisée, car ce n'est pas cet effet qui organise l'histoire de la vie à grande échelle. Cette constatation est en accord avec ma propre expérience du matériel paléontologique, cependant, comme beaucoup d'autres biologistes, je trouve que Gould va trop loin. Par exemple, je me joins à Jeffrey Levinton lorsque, répondant à la question « Dessein ou accident ? », il dit : « Je pense que, dans l'état actuel des choses, on peut seulement dire qu'il y a du vrai dans les deux termes de l'alternative [19]. »

L'histoire de la Terre est certainement façonnée, jusqu'à un certain degré, par des forces aléatoires. En particulier, ces forces déterminent les victimes des extinctions de masse. Mais il est intuitivement évident que la vie a progressé du simple au complexe, aussi bien en anatomie qu'en comportement. Là où, à une époque donnée, on ne trouvait que des organismes pas plus grands qu'une cellule, on découvre maintenant une kyrielle d'espèces bâties sur de nombreux modèles différents de cellules. Là où le monde était jadis peuplé d'organismes qui répondaient à leur environnement comme des automates, on trouve à présent quantité d'espèces qui réfléchissent avant d'agir. Et, alors que le monde n'abritait auparavant aucune espèce consciente d'elle-même, on connaît aujourd'hui au moins une espèce dotée de cette conscience. Il y a de quoi être impressionné par la productivité de l'évolution.

CHAPITRE IV

LES CINQ GRANDES EXTINCTIONS

On me demande souvent comment mes collègues et moi, nous découvrons des fossiles. La réponse est bien plus simple qu'on ne l'imagine : on se promène en les cherchant. Bien sûr, il faut être dans un endroit propice. Pour cela, on cherche des roches formées il y a des millions d'années que l'érosion est en train de mettre au jour. Il faut en outre que les sédiments qui ont formé la roche se soient déposés dans des circonstances qui favorisent la conservation des ossements, c'est le cas aux abords des lacs et des rivières. Les sédiments autour du lac Turkana au nord du Kenya, où j'ai trouvé des ossements depuis 1969, ont pour la plupart été déposés il y a un à quatre millions d'années. Le vent, la pluie et les flux saisonniers érodent ces sédiments anciens et tournent les pages de ce grand livre géologique en remontant vers le passé. Les ossements de nos ancêtres, qui vivaient là il y a fort longtemps, sont peu à peu exposés.

En plus des vestiges des premiers hommes, nous découvrons au lac Turkana des ossements pétrifiés de cochons, de crocodiles, d'éléphants, de singes, de diverses sortes d'antilopes et de nombreuses autres espèces. Avec un peu d'imagination, on peut concevoir ce qu'était la vie aux temps anciens. Elle ressemblerait beaucoup à ce qu'elle est aujourd'hui. Cependant, il y aurait une différence importante : aucune espèce de ces temps reculés ne serait identique aux espèces présentes. Il y aurait toujours une différence, parfois petite, parfois grande. Il existait, par exemple, un crocodile avec un museau disproportionné, un éléphant dont les défenses descendaient de la mâchoire inférieure, alors que celles de l'éléphant contemporain remontent depuis la mâchoire supérieure, et une espèce d'hippopotame nain. En outre, les espèces étaient beaucoup plus nombreuses. Il existait trois espèces d'éléphants, trois d'hippopotames, plusieurs espèces de cochons. C'est pourquoi, lorsque je marche le long des étendues de grès, aux abords du lac Turkana et que j'observe les reliques de ces créatures qui vivaient ici, il y a deux, trois, ou même quatre millions d'années, je vois davantage que les restes d'une ancienne communauté écologique ; je vois les traces de communautés écologiques qui n'existent plus, car les espèces qui les composaient ont tout simplement disparu. Elles sont éteintes.

Pour un paléontologue, la mort est un fait du vivant, l'extinction fait partie de l'évolution. On estime que trente milliards d'espèces ont existé depuis l'apparition des premiers organismes multicellulaires, pendant l'explosion du Cambrien. Selon certaines estimations, il existe aujourd'hui sur la Terre trente millions d'espèces. Cela signifie que 99,9 % des espèces ayant existé sont aujourd'hui éteintes. Comme l'a dit un plaisantin, féru de statistiques : « en première approximation la totalité des espèces sont éteintes ». De toute évidence, pas toutes, car, autrement, nous ne serions pas là à nous émerveiller de la beauté de la nature. Mais la vie, de toute évidence, est bien moins accrochée à la Terre qu'on voudrait bien le croire.

Au cours des 530 millions d'années écoulées depuis l'explosion du Cambrien, trente millions d'espèces sont apparues, dont certaines n'étaient que d'infimes variations sur des thèmes existants, quand d'autres étrennaient des adaptations majeures, telles que les mâchoires, l'œuf amniotique ou le vol. Il va sans dire que les biologistes ont été fascinés par les mécanismes susceptibles de produire de telles innovations, et tout particulièrement par les processus de formation d'une nouvelle espèce. La biologie de l'évolution et l'écologie ont pour principal sujet d'étude la spéciation (apparition de nouvelles espèces) et l'interaction entre espèces au sein des communautés. En moyenne, une espèce animale existe pendant quatre millions d'années, de sorte que, durant les 530 millions d'années que nous avons évoquées, seule une minuscule fraction des trente milliards a disparu. Intuitivement, il paraît évident que l'équilibre entre la spéciation et l'extinction doit jouer un rôle important dans l'histoire de la vie sur la Terre. Pourtant, tout ce qui concerne l'extinction a, jusqu'à récemment, été très négligé par les biologistes de l'évolution.

Cette négligence a plusieurs causes, mais deux facteurs ont contribué à un retournement de la situation. Tout d'abord, on a avancé, il y a environ dix ans, que l'impact d'un énorme astéroïde avec la Terre, il y a soixante-cinq millions d'années, a pu provoquer la fin des dinosaures. Ensuite, on s'est rendu compte que nous assistions, sous nos yeux, à une extinction aux dimensions cataclysmiques. Celle-ci est le résultat de la destruction par l'homme des écosystèmes. Le caractère spectaculaire de la première proposition avait frappé les imaginations. La seconde réveilla la conscience de notre responsabilité, ici, sur la Terre.

Récemment, de nombreuses études sur ce processus, aussi ancien que la vie, ont foisonné. Les hypothèses des biologistes sur les causes et – plus important encore – sur les conséquences des extinctions ont été bouleversées.

Nous allons décrire dans ce chapitre deux aspects de l'extinction, ou plutôt, des extinctions de masse. Il s'agit des périodes de l'histoire de la Terre au cours desquelles une fraction significative de toutes les espèces existantes a été éliminée. Il faut tout d'abord admettre le fait que ces événements ont existé, idée que Darwin et d'autres ont vigoureusement combattue. D'autre part, il faut se pencher sur les causes de ces exterminations massives, sujet très débattu et sur lequel il n'y a guère de consensus.

Nous examinerons ensuite deux autres aspects de ces extinctions de masse. Tout d'abord, les conséquences sur l'histoire de la vie et, plus précisément, la question de savoir ce qui détermine la survie ou la disparition d'une espèce plutôt que d'une autre. Puis il y a la question du regain : comment le biotope réagit à ces décimations.

Bien qu'on avance en terrain peu sûr, une chose est devenue claire dernièrement : alors qu'on considérait les extinctions de masse comme une composante très passive de l'évolution, on s'accorde aujourd'hui à penser que ces dernières ont joué un rôle déterminant dans son issue.

Comme il est fréquent en biologie de l'évolution, l'influence de Darwin sur les idées modernes concernant les extinctions de masse est assez profonde. Dans l'*Origine des espèces*, Darwin remarquait l'existence des extinctions ; il en a dit : « Personne n'a pu être, plus que moi, frappé d'étonnement par le phénomène de l'extinction des espèces [1]. » Il souligna quatre aspects fondamentaux de ce phénomène. Tout d'abord, il est progressif, et continu : « ... les espèces et les groupes d'espèces disparaissent lentement les uns après les autres, d'abord sur un point, puis ailleurs, et enfin de la terre entière [2] ». Ensuite, le taux d'extinction est, selon lui, essentiellement uniforme, il n'y a pas de pointe, pas d'extinctions de masse, comme le croyaient de nombreux paléontologues de son époque, « la notion de la destruction complète de tous les habitants du globe, à la suite de cataclysmes périodiques, est aujourd'hui généralement abandonnée [3] ». Troisièmement, les espèces disparaissent parce qu'elles sont d'une façon ou d'une autre inférieures aux espèces qui leur sont concurrentes. « La théorie de la sélection naturelle est basée sur l'opinion que chaque variété nouvelle et, en définitive, chaque nouvelle espèce, se forme et se maintient à l'aide de certains avantages acquis sur celles avec lesquelles elle se trouve en concurrence ; et, enfin, sur l'extinction des formes moins favorisées, puis en est la conséquence inévitable [4]. » Quatrièmement, l'extinction des espèces fait partie intégrante du processus de la sélection naturelle, comme le montre la citation qui précède. Il a également écrit : « l'apparition de formes nouvelles et la disparition des anciennes sont donc deux faits connexes [5] ».

Actuellement, le débat se situe sur les deux points essentiels suivants : l'idée que les espèces disparaissent parce qu'elles sont les perdantes de la compétition, et l'idée que l'extinction est un phénomène graduel.

Il est clair que Darwin met sur le même pied l'extinction et l'infériorité adaptative présentée dans sa théorie de la sélection naturelle. Jusqu'à récemment, cette idée a eu beaucoup d'influence sur la manière de penser des biologistes. De nombreux paléontologues contemporains de Darwin ont souligné que les couches fossiles révélaient de soudaines poussées d'extinction, des crises dans l'histoire de la vie. Selon Darwin, les faits qui étayaient l'hypothèse de telles extinctions de masse venaient sans doute de l'imperfection des « archives » paléontologiques – un défaut d'information et non un élément de réalité. S'il insiste sur l'affirmation selon laquelle l'extinction des espèces doit être graduelle, et ne doit pas passer par des augmentations brutales, c'est pour deux raisons. Tout d'abord, la sélection naturelle est un processus progressif. L'extinction doit donc aussi être progressive, puisque les deux sont liées. La seconde raison tient à l'apparition d'un nouveau paradigme en géologie, celui d'« uniformitarisme ». Nous devons en dire quelques mots, car il révèle l'origine des préjugés de Darwin, ainsi que l'origine de ces préjugés chez de nombreux paléontologues de notre époque, tels qu'ils se sont manifestés à l'hypothèse que l'impact d'un astéroïde ait pu provoquer la fin des dinosaures.

L'existence de l'extinction a été établie par l'anatomiste français, le baron Georges Cuvier, à la fin du XVIIIe siècle, quand il démontra que les os des mammouths étaient différents de ceux des éléphants modernes. Il fallait bien admettre que les mammouths n'existaient plus. Après avoir étudié en détail le matériel géologique du Bassin parisien, Cuvier en vint à identifier ce qu'il pensait être des époques de crises, ou catastrophes, dans l'histoire de la Terre. À ces époques, un grand nombre d'espèces s'éteignaient en des laps de temps très courts. Ses observations ont suscité un grand corps de travaux en géologie, au tout début du XIXe siècle. Tous ces travaux ont mis en évidence des intervalles de temps où des changements majeurs se sont produits, formant les limites entre les âges géologiques qui ont reçu les noms suivants : Cambrien,

Ordovicien, Silurien, Carbonifère, Permien, Triassique, Jurassique, Crétacé, Paléocène, Éocène, Oligocène, Miocène, Pliocène, Pleistocène, Holocène. Galère des étudiants en géologie qui devaient faire preuve d'imagination pour inventer des phrases mnémotechniques amusantes ! Ces noms font encore partie de l'échelle de temps géologiques utilisée de nos jours.

Cuvier indiqua deux événements qui intervenaient dans l'histoire de la vie multicellulaire et qu'il considérait comme particulièrement catastrophiques. Ceux-ci divisaient le Phanérozoïque ou « vie visible » en trois périodes : le Paléozoïque (vie ancienne), de 530 à 225 millions d'années, le Mésozoïque (vie moyenne) de 225 à 65 millions d'années et le Cénozoïque (vie moderne) de 65 millions d'années à nos jours. Les conversations avec les géologues donnent parfois le tournis tellement on doit invoquer de noms d'ères et de périodes. Pour eux, comme pour Cuvier, elles reflètent réellement l'histoire de la vie. Cuvier a vécu avant l'émergence des théories de l'évolution. Il observait les catastrophes comme des événements singuliers qui balayaient la vie existante à un moment donné, et laissaient la place à une nouvelle vague de création. Le Déluge en faisait partie. Au bout du compte, le nombre total de ces crises était estimé à une trentaine. La théorie de Cuvier fut connue sous le nom de « catastrophisme ».

Avant même l'apparition de la théorie de Darwin, le catastrophisme dut faire face à des attaques. Le géologue écossais, Charles Lyell, prit la tête de l'offensive lancée un peu plus tôt par son compatriote, James Hutton. Au début des années 1830, Lyell publia son *Principles of Geology,* en trois volumes, où il défendait l'idée selon laquelle les processus géologiques observés aujourd'hui – comme l'érosion éolienne, la pluie, les tremblements de terre et les éruptions volcaniques, et ainsi de suite – sont responsables de l'ensemble des modifications géologiques qui se sont produites au cours de l'histoire de la Terre. Il niait l'existence des extinctions massives d'espèces. « Rien ne nous autorise... à invoquer des agents extraordinaires » pour expliquer des changements géologiques passés

On trouve dans toutes les sociétés une mythologie préscientifique expliquant la formation de la Terre. Nous voyons dans cette figure le démiurge chinois Pan-Kou-Ché, un vieillard débile et dégoulinant de sueur, peinant sur son ouvrage tandis qu'il sculpte la croûte terrestre dans une masse anarchique de roches.

apparemment importants, a-t-il affirmé. Sur des temps longs, disait-il, de petits changements s'accumulent pour en former de grands. Une phrase résumait le travail de Lyell : « Le présent est la clé du passé. » Cela voulait dire que notre expérience du présent suffisait à comprendre les événements et les processus du passé. Mais il y a une erreur de logique dans cette assertion. L'homme n'a qu'une expérience extrêmement réduite de ce qui peut se produire à l'échelle géologique, parce que nous ne sommes là que depuis très peu de temps, et il est tout à fait improbable que nous ayons été les témoins de tous les événements susceptibles de façonner la Terre.

Le modèle de Lyell reçut le nom d'« uniformitarisme ». Pendant un temps eut lieu une bataille intellectuelle entre ce modèle et le catastrophisme. Le catastrophisme fut finalement banni de l'arène intellectuelle, et relégué comme le vestige d'un mode de pensée ancien, motivé par des croyances religieuses plus que par des considérations scientifiques.

L'avènement de l'uniformitarisme en géologie offrait à Darwin une base pour sa propre théorie de la progression en biologie : la sélection naturelle. Dans cette théorie, de petits changements s'accumulaient sur des temps longs, pour finalement causer des modifications écologiques de grande ampleur. De même que Lyell rejetait la notion de catastrophes au cours de l'histoire géologique, considérant celles-ci comme des « agents extraordinaires », de même, Darwin rejetait la notion de crises dans l'histoire de la vie parce qu'elles invoquaient une intervention surnaturelle identifiée au catastrophisme. Il avait beaucoup bataillé pour remplacer les explications surnaturelles de la fantastique adaptation de la vie à son environnement par une explication naturaliste. C'est pourquoi il avait horreur de toute explication au parfum de surnaturel, comme la soudaine élimination de millions d'espèces, suivie de vagues de création.

Certes, le catastrophisme avait été éradiqué des cercles académiques, mais la notion de catastrophe dans l'histoire de la Terre résistait obstinément. Plus les géologues et les paléontologues s'échinaient sur d'anciens gisements, plus ils voyaient les traces d'extinctions de masse, plus ils devenaient certains que, de loin en loin, des événements catastrophiques s'étaient réellement produits. Alors même qu'on améliorait la connaissance des fossiles, et qu'on comblait ici ou là les zones d'ombre si décriées par Darwin, les preuves que les périodes de crises existaient bien devenaient de plus en plus convaincantes. De toute évidence, l'histoire de la Terre n'est pas une suite progressive d'événements, comme Lyell et Darwin le souhaitaient si ardemment, mais bien une suite sporadique de convulsions spasmodiques. Certaines étaient d'une intensité assez modérée. Seulement 15 % à 40 % des espèces disparaissaient. Mais d'autres avaient une amplitude bien plus grande.

Ce dernier groupe d'événements, appelé les « cinq grandes », inclut des crises du biotope au cours desquelles 65 % au moins des espèces se sont éteintes en un intervalle de temps instantané à l'échelle géologique. L'événement qui mit fin au Permien et à l'ère paléozoïque a même vu la disparition de plus de 95 % des espèces marines, estime-t-on aujourd'hui. Le géologue de l'université de Chicago, David Raup, a remarqué, à propos de l'extinction du Permien que « si ces estimations sont raisonnables, le monde biologique (tout au moins les formes de vie les plus élevées) est passé très près d'une destruction totale [6] ».

En général, ce sont les fossiles marins qui permettent de comprendre les grands moments dans l'histoire de la Terre. La raison en est très simple : les fossiles marins sont beaucoup mieux conservés que les fossiles terrestres. (Les os sont rapidement recouverts par des sédiments, commençant ainsi leur long voyage dans les couches fossilifères. Sur la terre ferme, les carcasses sont désossées par les charognards, piétinées par les troupeaux, et elles peuvent rester des siècles au soleil, à l'air libre, pour finalement tomber en poussière et ne jamais glisser intactes dans les sédiments.) Bien qu'il y ait probablement eu, par le passé, dix à cent fois plus d'espèces terrestres que d'espèces marines, comme c'est le cas aujourd'hui, 95 % environ des 250 000 espèces dont on a la trace par les fossiles sont des fossiles d'animaux marins. Cela donne une idée de la pauvreté du tableau de la vie terrestre qui est parvenu jusqu'à nous. Cependant, pour qu'une brutale extinction soit qualifiée d'extinction massive, les paléontologues requièrent qu'elle soit observée aussi bien chez les espèces marines que chez les espèces terrestres.

C'est ainsi que l'événement nous révèle son caractère global.

Si on regarde le panorama historique de la diversité biologique de la Terre, c'est-à-dire le nombre total d'espèces existant à un moment donné – nous observons qu'il est assez pauvre au début du Cambrien et qu'il atteint son apogée à notre époque. Darwin pensait que cette augmentation était régulière, mais ce n'est pas le cas. Les cinq grandes extinctions ont interrompu cette montée de façon dramatique, faisant replonger la biodiversité vers des minima assez dangereux. Ainsi, si l'on souhaite faire une représentation graphique de cette évolution, ce n'est pas une droite montant régulièrement avec une pente bien déterminée qu'il faut tracer (avec une échelle de temps bien choisie), mais bien une ligne en dents de scie irrégulière. Dans l'ordre chronologique, ces événements majeurs se présentent de la façon suivante : fin de l'Ordovicien (440 millions d'années), fin du Dévonien (365 millions d'années), fin du Permien (225 millions d'années), fin du Triassique (210 millions d'années) et fin du Crétacé (65 millions d'années).

Les paléontologues ont compris dès le début que ces crises du monde vivant étaient bien plus que de simples interruptions du flot de la vie. Chaque fois des déplacements, parfois spectaculaires, de communautés écologiques sont survenus (ce que Cuvier avait interprété comme de nouvelles vagues de création). Bien sûr, le plus célèbre de ces déplacements s'est produit à la fin du crétacé, il y a soixante-cinq millions d'années. Il a vu la fin de la domination terrestre des dinosaures, qui durait depuis 140 millions d'années. À l'ère suivante, le Cénozoïque, les mammifères ont pris le dessus et ont conquis les terres émergées. De même, la grande extinction du Permien a porté un coup presque fatal aux reptiles quasi mammifères, qui avaient dominé la Terre pendant huit millions d'années. Ils ne s'en sont jamais remis, et les dinosaures ont pris leur place. Chaque extinction suit le même modèle, mais nous n'allons pas entrer ici dans le détail des changements observés dans les royaumes terrestres et marins. Le lecteur intéressé par ces aspects

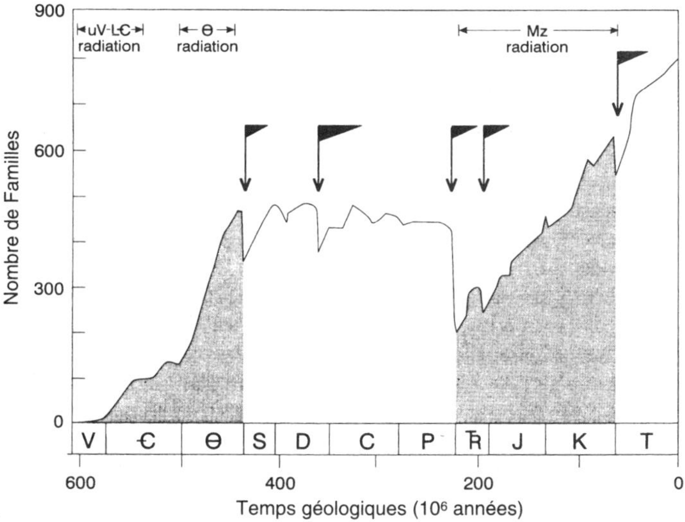

À cinq reprises, au cours de l'histoire, des extinctions de masse sont venues réduire de façon spectaculaire la diversité biologique du moment. Remarquez que, malgré ces accidents, la diversité biologique a augmenté au fil des ans, approchant un maximum non loin de l'époque actuelle. (Avec l'aimable autorisation de David Raup et Jack Sepkoski.)

pourra lire des ouvrages sur la paléontologie. Ce qui compte, pour notre analyse, c'est la forme générale de ces extinctions.

Si l'on se représente l'histoire de la vie comme une pièce de théâtre jouée en continu sur la planète Terre, force est d'admettre qu'elle a de nombreux entractes, et qu'après chacun d'eux la distribution en est changée. Certains personnages, qui étaient importants auparavant, disparaissent complètement, ou bien se retrouvent dans des rôles de figuration ; d'autres, qu'on voyait dans le fond du décor, viennent sur le devant de la scène et jouent les premiers rôles. Parfois, de nouveaux personnages apparaissent, ce qui transforme constamment la distribution. Un effet *Alice au pays des merveilles*. Bien

Histoire complète de la vie

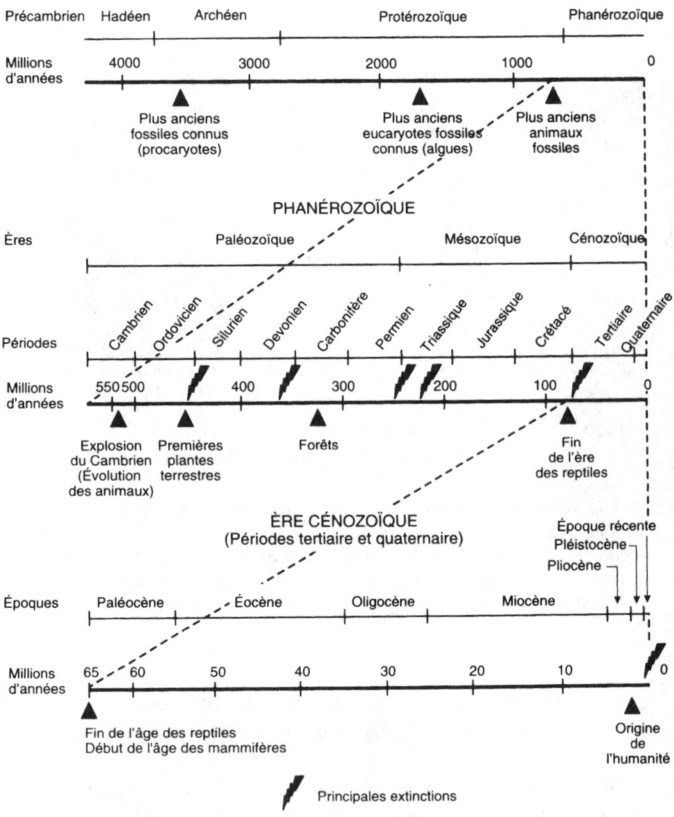

L'histoire complète de la vie remonte à plus de 3,5 milliards d'années, quand apparurent les premiers organismes unicellulaires. Des épisodes clés de l'évolution forment les intervalles qui séparent les temps géologiques : les temps géologiques sont partagés en ères, les ères en périodes, les périodes en époques. La biodiversité a beaucoup souffert des grands spasmes d'extinction, qu'on a représentés dans la figure par des éclairs. (Avec l'aimable autorisation des éditeurs de The Diversity of Life *de Edward O. Wilson, Cambridge, Mass., The Belknap Press of Harvard University Press, Copyright 1992 by Edward O. Wilson.)*

entendu, des déplacements fondamentaux de personnages centraux entraînent des révisions fondamentales du scénario. Il en va de même pour l'histoire de la Terre. *Homo sapiens* est l'un des personnages dont la présence sur scène a beaucoup changé après le bouleversement induit par la dernière extinction de masse, à la fin du Crétacé.

Ces dernières années, une question s'est posée avec plus d'acuité : dans quelle mesure peut-on prévoir le déplacement des rôles, le changement de distribution ? En d'autres termes, comment les espèces qui survivent et celles qui disparaissent au moment des extinctions de masse sont-elles déterminées ? Je vais débattre de cette question dans le chapitre suivant. Ici, pour commencer, je vais chercher les causes de ces crises. Qu'est-ce qui déclenche une extinction de masse ?

Le caricaturiste Will Cuppy avait une réponse ou, du moins, une réponse limitée aux dinosaures. Dans son livre de 1941, *Comment s'éteindre*, il a écrit : « L'ère des reptiles s'est achevée parce qu'elle durait depuis assez de temps comme cela, et que, de toute façon, c'était une mauvaise idée dès le départ. » Cuppy n'avait peut-être pas complètement tort. De toute manière, les biologistes de l'évolution et les paléontologues avaient toujours esquivé la question des causes des extinctions de masse, parce qu'elles avaient toujours été considérées comme trop complexes.

On a vu toutes sortes d'hypothèses, depuis des dizaines d'années, expliquant les extinctions de masse, dont certaines très invraisemblables, comme, par exemple, l'effet mortel de l'explosion d'une supernova dans le voisinage. Parmi les hypothèses sérieuses à prendre en compte, on peut citer : un refroidissement global, la chute du niveau des mers, la prédation et la compétition entre les espèces. On peut avancer des arguments en faveur de chacune de ces explications, et chacune a des défenseurs acharnés. Mais chacune affiche une caractéristique qui fait douter d'elle scientifiquement. Comme le dit David Raup, « ces propositions sont trop entachées d'anthropocentrisme ».

Dans son ouvrage de 1991, *Extinction : mauvais gènes ou malchance*, il écrivait : « Serait-il possible que la liste des causes probables des extinctions ne soit que le reflet de ce qui nous menace nous-mêmes [7] ? » Il ne fait guère de doute que les extinctions ne soient des phénomènes qui nous fascinent, pour la simple raison que si des espèces, ou des groupes entiers d'espèces, qui prospéraient depuis des millions d'années, comme les dinosaures, peuvent partir aux oubliettes de l'évolution, on peut craindre pour *Homo sapiens*. Sommes-nous, nous aussi, vulnérables ? Dans toute conversation sur les extinctions, on reconnaît une part subjective et émotionnelle, à côté des arguments scientifiques.

Tous ceux qui ont comparé les conditions globales qui prévalaient au moment des cinq grandes extinctions ont remarqué que le dénominateur commun en est la baisse du niveau des mers, appelée « régression marine ». Le niveau des mers peut baisser pour plusieurs raisons. Ce peut être la conséquence d'une grande glaciation polaire ou des changements dans la configuration des océans, dans leur course sur les plaques qui forment la croûte terrestre. Les conséquences potentielles sur la vie marine en eaux peu profondes sont terribles. Lorsque le niveau des mers diminue, les plateaux continentaux sont asséchés, ce qui réduit l'habitat des espèces occupant les eaux peu profondes. Les biologistes savent bien qu'il existe une relation entre l'habitat disponible et le nombre d'espèces. Elle est très simple : plus l'habitat est resserré, plus le nombre d'espèces est petit. La régression marine semble donc être un bon candidat pour expliquer les extinctions de masse. Sauf que, par définition, les extinctions de masse doivent toucher aussi bien la vie marine, dans les eaux peu profondes, que la vie en eaux profondes, et la vie terrestre. Cependant, la possibilité existe d'un lien entre la chute du niveau des mers et la disparition massive d'animaux sur terre. Paul Wignall, qui est paléontologue à l'université de Leeds, en Angleterre, a remarqué une telle relation au moment de l'extinction de la fin du Permien.

Souvenez-vous que cet événement a éliminé plus de 95 % des espèces marines, et pratiquement autant d'espèces terrestres. La cause, quelle qu'elle fût, devait être remarquablement efficace. La fin du Permien a coïncidé avec le moment où tous les continents sont entrés en coalescence, suite à la dérive des continents. Ils ont formé un supercontinent, la Pangée, qui s'étendait d'un pôle à l'autre. Ce simple fait a réduit l'habitat disponible pour les espèces peuplant les eaux peu profondes. Imaginez quatre carrés d'un centimètre de côté, chacun a un périmètre de quatre centimètres et la somme des contours fait seize centimètres. Rassemblez ces quatre carrés, et vous obtenez un carré de côté double, deux centimètres, dont le périmètre est seulement de huit centimètres, la moitié, tout juste, de seize centimètres. La même chose se produisit avec les continents et les habitats disponibles en eaux peu profondes. La formation de la Pangée, par ce simple mécanisme, a dû dévaster les espèces qui occupaient ces habitats, comme Stephen Jay Gould en a défendu l'idée, il y a quelques années.

Combinez cela avec la régression marine, et l'on voit bien qu'un désastre attendait les espèces occupant ces habitats si vulnérables. Wignall suggère en outre que les plateaux continentaux se sont retrouvés à l'air libre, et desséchés. La matière organique qu'ils portaient a subi une oxydation et une érosion plus intenses. Or, l'oxydation de la matière organique pompe l'oxygène de l'atmosphère et y déverse du carbone. L'oxygène atmosphérique a très bien pu descendre à la moitié de son niveau actuel. Les animaux terrestres, spécialement les vertébrés actifs, ont dû être particulièrement affectés par ce changement des conditions atmosphériques. À la fin du Permien les niveaux des mers ont à nouveau monté rapidement. Ce processus a non seulement réduit les habitats terrestres, mais il a également réduit l'oxygène présent dans l'eau de mer, par un mécanisme encore inconnu. Par suite, comme le dit Wignall, « l'extinction à cheval entre le Permien et le Triassique semble due à une mort par étouffement des espèces aussi bien terrestres que marines [8] ».

Douglas Erwin, de la Smithsonian Institution, reconnaît que la plus grande des extinctions ne s'explique pas par un seul facteur. Selon lui, l'explication ressemble plus « à une toile d'araignée qu'à un engrenage unique [9] ». À côté de la régression et de la transgression marine, il mentionne également les instabilités climatiques causées par la configuration du supercontinent et le relâchement de gaz carbonique dans l'atmosphère dû aux énormes éruptions de lave en Sibérie. Cette lave a formé un dépôt de roches volcaniques de 1 300 kilomètres de diamètre près du lac Baïkal. Je cite surtout ces explications, même si elles ne sont pas prouvées, pour illustrer le degré de complexité des événements qui ont conduit à la mort d'espèces animales sur une très grande échelle. Faisons ici un dernier commentaire à propos de la régression marine et de son rôle possible dans les extinctions de masse : la plupart, sinon toutes les extinctions apparaissent en concomitance avec une baisse du niveau des mers ; mais les régressions marines ne sont pas toujours associées à une extinction massive. D'autres facteurs jouent certainement un rôle.

Les changements climatiques globaux constituent les deuxièmes candidats les plus crédibles au titre de messagers de la mort à grande échelle. Et tout particulièrement, le refroidissement planétaire. Selon Steven Stanley, paléontologue à l'université Johns Hopkins, les modifications climatiques sont la cause la plus importante de ces crises de l'histoire de la vie. Stanley, qui a beaucoup travaillé sur l'extinction des espèces, parmi les animaux peuplant les eaux peu profondes de l'Amérique du Nord, reconnaît dans le refroidissement du climat le principal coupable. Le mécanisme est simple et direct, et il a le mérite de frapper aussi bien les organismes marins que les organismes terrestres. « Un fait très simple donne à l'hypothèse " changement climatique " une grande force, observe Stanley, c'est qu'un changement global des températures peut assez facilement éliminer des quantités innombrables d'espèces animales [10]. »

Les espèces sont adaptées à leurs conditions locales de vie, qui comprennent leur régime alimentaire et la température ambiante, qu'elle soit polaire, tempérée ou tropicale. Si la Terre se refroidit, les habitats (tels qu'ils sont délimités par un certain intervalle de température) se rétrécissent autour des tropiques. Au cours de l'histoire de la Terre, la température globale a changé de façon significative et rapide. Les espèces réagissent en général à de tels changements par des migrations. Elles suivent le changement du climat, en se dirigeant vers l'équateur, en périodes de refroidissement, et en s'éloignant en périodes de réchauffement. Les cartes de couverture forestière de l'Amérique du Nord et de l'Amérique du Sud au cours des 20 000 dernières années révèlent prodigieusement bien le phénomène. Le climat est passé d'un âge glaciaire à un âge interglaciaire, la période actuelle. Au début, la forêt amazonienne n'était composée que de fragments épars et les forêts de feuillus et de conifères de l'Amérique du Nord s'étaient déplacées vers le sud. Quand les glaciers ont reculé, les abris forestiers de l'Amazone se sont étendus et se sont rejoints. Le chêne et le mélèze ont commencé leur périple vers le nord de l'Amérique, suivant pas à pas les conifères.

De telles migrations ne sont pas simples. L'habitat se déplace en masse. Les espèces se dispersent dans des directions aléatoires et forment ensuite des communautés de compositions différentes. Cependant, le phénomène illustre bien le besoin qu'ont les espèces de se déplacer quand le climat change, si elles le peuvent. Parfois, le climat change trop rapidement ou trop violemment. Les espèces ne peuvent lutter. Des barrières géographiques, telles que des montagnes ou des rivières, peuvent leur couper la route. Quand cela arrive, en général les espèces s'éteignent. Des glaciations de grande envergure se sont produites à intervalles réguliers dans l'histoire de la Terre ; elles ont parfois, mais pas toujours, coïncidé avec des extinctions massives. Ainsi, bien que le refroidissement global soit sans aucun doute un facteur très important dans de nombreuses crises du biotope, on ne peut l'invoquer, comme le prétend Stanley, comme cause première.

La régression marine et le changement climatique global ne représentent que deux causes seulement, parmi toute une panoplie de causes apparentes possibles. Dans les deux cas, cependant, ces causes apparentes peuvent n'être que le résultat d'une cause première différente, comme le changement dans les mouvements convectifs du manteau, dans la configuration tectonique des plaques de la croûte terrestre, des variations de l'orbite terrestre, et ainsi de suite. Tous ces mécanismes, apparents ou premiers, sont encore à l'échelle de l'expérience humaine ou de l'histoire récente. C'est pourquoi ils ont les faveurs des paléontologues qui ont eu le bon goût de se poser des questions sur les extinctions de masse. Le paradigme de l'uniformitarisme tenait le haut du pavé. C'est pourquoi quand, en 1979, un physicien, un géologue et deux chimistes ont proposé qu'une grande extinction au moins, celle de la fin du Crétacé, était due à la collision d'un astéroïde ou d'une comète avec la Terre, la surprise fut de taille. Des débris et des poussières ont été catapultés dans la haute atmosphère, et la planète a été plongée dans un noir quasi total, suffisamment long pour tuer la végétation dont dépendaient les animaux. Comme l'a observé Gould par la suite, on ne fut pas surpris de constater que : « d'emblée, les réactions des paléontologues allèrent du scepticisme à l'ironie [11] ».

L'histoire est connue, elle a été répétée à maintes reprises, je vais donc être très bref, et en rappeler les aspects sociologiques et scientifiques saillants.

À la fin des années 1970, un groupe de savants de l'université de Californie, à Berkeley, conduits par le physicien Luis Alvarez, utilisait des méthodes chimiques pour mesurer la vitesse de formation des dépôts de diverses formations sédimentaires. À leur grande surprise, alors qu'ils travaillaient dans les Apennins ombriens, en Italie, et, par ailleurs, au Danemark, ils trouvèrent des niveaux anormalement élevés d'un métal lourd inerte, l'iridium, présent dans une fine couche d'argile qui marque la grande extinction de la fin du Crétacé, il y a soixante-cinq millions d'années. L'iridium est lourd. Il a glissé vers l'intérieur de la Terre au début de l'histoire de la planète quand la plupart des roches étaient fondues. Ce métal est donc rare dans la croûte terrestre et dans les roches continentales. Il constitue en revanche une proportion significative des météorites. Alvarez et ses collègues ont rapproché les pièces du puzzle et ont stupéfié la communauté des paléontologues : l'événement du Crétacé était dû à la collision de la Terre avec un astéroïde.

En mesurant la quantité d'iridium présente, l'équipe de Berkeley a pu calculer que le diamètre de l'astéroïde devait être de dix kilomètres. Cette collision a dû dégager une énergie colossale, des milliards de fois celle de la bombe d'Hiroshima. L'impact a dû former un cratère d'environ 150 kilomètres de diamètre et éjecter suffisamment de débris dans l'atmosphère pour cacher le Soleil et créer une nuit permanente. Alvarez et ses collègues ont estimé que la nuit a pu durer plusieurs années, puis ils ont revu leurs calculs à la baisse et donné par la suite une estimation de seulement quelques mois. C'est néanmoins suffisant pour dévaster la vie végétale sur terre et dans les mers. La vie animale, qui dépend finalement des plantes, en a subi les conséquences.

Alvarez a publié sa découverte dans la revue *Science*, en juin 1980. Elle a déclenché une frénésie de conférences et d'articles scientifiques sur la question des impacts de météorites. Le ton de la polémique n'était pas toujours serein, pour la simple raison que « la chute d'un grand astéroïde depuis le ciel est une véritable hérésie pour le commun des géologues », selon David Raup, qui devait jouer un rôle déterminant dans la découverte et donner à cet événement tout son retentissement. Selon lui, « les géologues ont appris à éviter ce genre d'explications *deus ex machina*, sous le prétexte qu'elles constituent un retour aux origines mystiques de la science [12] ».

Il suffit de pointer une paire de jumelles vers la Lune pour voir que des impacts d'astéroïdes ont bien lieu dans le système solaire. La surface lunaire est criblée de preuves flagrantes de cet état de fait. Si la Lune a été bombardée, il a dû en être autant de la Terre. Mais les traces de bombardements terrestres sont beaucoup moins évidentes. La première raison est que les deux tiers de la Terre sont recouverts de mers, de sorte que les cratères qui y existent sont difficilement observables, d'autant plus que les glissements du plancher marin finissent toujours par entraîner les cratères vers les entrailles de la Terre. En outre, les cratères qui ont pu se former sur la terre ferme ont subi l'érosion, de sorte que leurs contours s'effacent au fil des ans. Malgré cela, il existe une douzaine de grands cratères, tels que le cratère de Manicougan, au Québec (120 kilomètres de diamètre), le cratère de Siljan en Suède (60 kilomètres de diamètre) et le cratère de Popigai, en Russie. Il faut bien reconnaître que ces impacts existent.

Avant que l'hypothèse d'un impact provoquant une extinction de masse acquière ses lettres de noblesse, il a fallu réunir un certain nombre de preuves. D'abord trouver des concentrations élevées d'iridium partout où des sédiments de la fin du Crétacé affleurent. On en a bien trouvé. À l'heure où nous en parlons, plus d'une centaine de sites de ce type ont été identifiés. Ensuite, il fallait exhiber d'autres preuves indépendantes d'impacts massifs. On en a trouvé, sous la forme de petites sphérulites vitreuses qui se forment à partir des roches minérales quand la pression et la température sont très élevées. On en a trouvé à soixante et onze endroits de la surface du globe. Une autre preuve vient de ce qu'on appelle le « quartz choqué ». Il s'agit de cristaux qui présentent des lignes de fracture caractéristiques provenant d'une soudaine augmentation de pression. On a trouvé de tels cristaux sur environ trente-cinq sites.

La preuve irréfutable, bien sûr, serait la trace de l'impact de l'astéroïde, située dans le temps à la frontière entre le Crétacé et le Tertiaire. Comme je l'ai dit plus haut, il existe une grande probabilité que l'impact de la fin du Crétacé se soit produit dans les océans, ce qui diminue d'autant la chance de le trouver. Sur la terre ferme, on connaît une structure qui pourrait être un bon candidat, il s'agit de la formation de Manson, dans l'Iowa. Elle a le bon âge, mais elle est sans doute trop petite, son diamètre n'est que de trente kilomètres. Les paléontologues et les géologues ont trouvé plusieurs cratères de dimensions raisonnables, et de la bonne époque ; certains sont en Amérique du Nord, d'autres en Asie. Enfin, en juin 1990, dix ans exactement après l'annonce initiale d'Alvarez, la nouvelle s'est répandue dans la communauté des géologues de la découverte d'un immense cratère sous la pointe nord-ouest du Yucatan, au Mexique que l'on a appelé le « cratère de Chicxulub ». Deux ans plus tard, l'équipe de géochronologues de Berkeley, conduite par Garniss Curtis, l'a daté. Garniss Curtis avait travaillé avec mon père au début des années 1960 ; ils avaient mis au point une technique d'avant-garde pour la datation des fossiles humains les plus anciens. Le cratère de Chicxulub a été daté d'il y a soixante-cinq millions d'années, ce qui est exactement l'époque de l'extinction de la fin du Crétacé. La présence d'autres petits cratères montre qu'une pluie d'astéroïdes, ou de fragments d'astéroïdes, a peut-être frappé la Terre au même moment.

La parution dans *Science* de la datation du cratère de Chicxulub a rallié bon nombre de chercheurs à la théorie de l'impact, y compris certains sceptiques du début. Ainsi, William Clemens, également de Berkeley, a écrit dans un commentaire qui accompagnait l'article qu'« il est clair que nous avons sous-estimé la fréquence de la formation de cratères... ces impacts font partie de l'environnement des derniers 600 millions d'années [13] ». Cependant, rejoignant de nombreux sceptiques, Clemens admet, certes, l'idée d'un impact à la fin du Crétacé, mais il n'en déduit pas qu'il fut la seule cause de l'extinction. Dans le même commentaire, Clemens cite Anthony Hallam, paléontologue à l'université de Birmingham, en Angleterre, qui exprime la réflexion suivante : « Je veux bien accepter l'histoire de l'impact, mais je pense que ce fut au mieux un coup de grâce. Je pense que l'extinction massive se serait produite de toute façon dans les mers, avec ou sans un impact d'astéroïde [14]. »

Ceux qui contestaient auparavant cette notion ont accepté l'idée d'un énorme impact d'astéroïde, et cela constitue un petit progrès. Il met à mal le strict uniformitarisme lyellien. Que les géologues acceptent l'idée qu'une catastrophe fasse partie de l'histoire normale de la Terre représente un bouleversement épistémologique. Mais, depuis le début de la polémique, un certain nombre de géologues et de paléontologues continuent de défendre l'idée que les prétendues preuves d'un impact d'astéroïde : niveaux élevés d'iridium, sphérules, quartz choqué, s'expliquent aussi par une activité volcanique considérable. On trouve parfois des cendres volcaniques à la fin du Crétacé. Il existe des exemples d'énormes écoulements basaltiques issus des profondeurs de la Terre s'étant produits il y a soixante-cinq millions d'années, comme les Trapps du Deccan, en Inde (c'est une série de grands plateaux en escaliers). Quelqu'un a également suggéré, il y a peu, que l'impact d'un astéroïde et l'activité volcanique pourraient ne pas être indépendants. L'énergie de l'impact pourrait se transmettre vers les couches fondues de la Terre et déclencher un volcanisme du côté opposé du globe. Un lien causal de cette sorte pourrait expliquer la concomitance de l'impact du Chicxulub et le volcanisme dont sont issus les Trapps du Deccan.

Bien que le débat se poursuive, la probabilité est grande que l'impact d'un astéroïde ou d'une comète ait causé directement ou bien ait contribué significativement à l'extinction massive de la fin du Crétacé. L'idée que l'impact n'ait pu être qu'un « coup de grâce » vient du fait que la vie sur Terre connaissait déjà bien des problèmes avant l'impact. L'annonce d'Alvarez et de ses collègues s'est heurtée immédiatement au fait que les dinosaures et les ammonoïdes – respectivement vedettes des tragédies terrestre et marine – connaissaient déjà un déclin sévère. Récemment, on a montré qu'il s'agissait d'un piège du matériel paléontologique. En fait, les dinosaures et les ammonoïdes se portaient très bien au moment de l'impact. Mais il existe des éléments probants de déclin parmi certains groupes d'organismes, et d'organismes marins en particulier. Comme une régression marine était en train de se produire, il n'y a peut-être pas de quoi s'étonner. Il paraît tout à fait raisonnable de penser que les grandes crises du biotope sont le résultat d'un ensemble d'effets

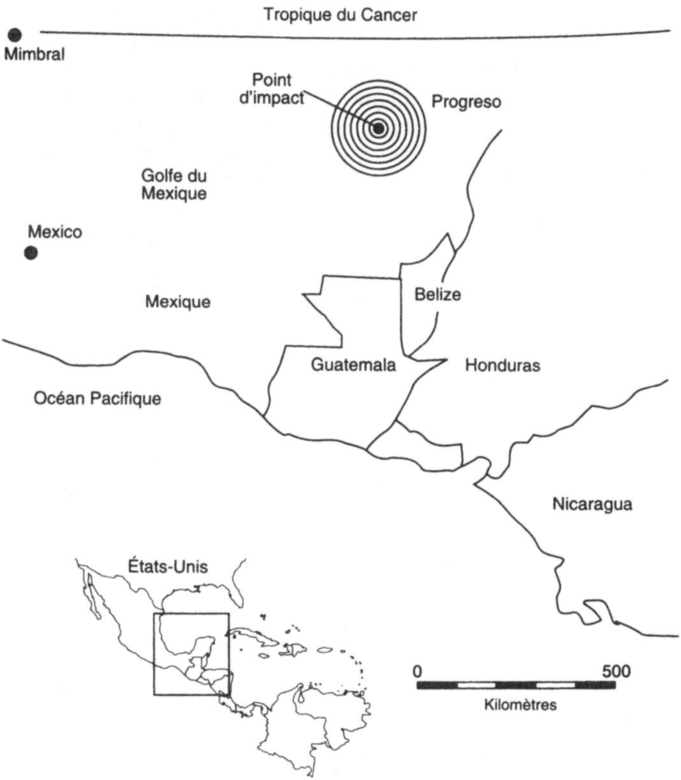

L'impact d'un astéroïde il y a environ 65 millions d'années a laissé un grand cratère dans la péninsule du Yucatan. C'est la signature de l'extinction de la fin du Crétacé.

délétères dont, pourquoi pas, l'impact d'un astéroïde ou d'une comète. L'extinction massive d'espèces est sûrement un phénomène complexe.

Alors que les géologues et les paléontologues vivaient dans les affres d'une reconnaissance de l'idée que l'impact d'un astéroïde ou d'une comète eût pu provoquer l'extinction de la fin du Crétacé, on leur a présenté une pilule encore plus grosse à avaler. À partir d'une nouvelle base de données sur les espèces marines fossiles, les géologues David Raup et Jack Sepkoski, de l'université de Chicago, ont suggéré en 1984 que la vingtaine d'extinctions observées au cours du Phanérozoïque, y compris les cinq grandes, se produisaient à intervalles réguliers d'environ vingt-six millions d'années. Le seul facteur qui puisse être responsable d'une telle régularité, selon eux, devait être d'origine extraterrestre ; ils voulaient bien entendu parler d'un bombardement régulier de la Terre par des astéroïdes ou des comètes. Pour diverses raisons, les meilleurs candidats sont les comètes. Alors que la suggestion d'Alvarez avait été reçue avec scepticisme, voire avec ironie, le bombardement périodique par des comètes laissa la communauté tout simplement incrédule. Il s'agissait de catastrophisme à une grande échelle.

Raup et Sepkoski ont acquis leur certitude en analysant les données statistiques des extinctions à travers les âges.

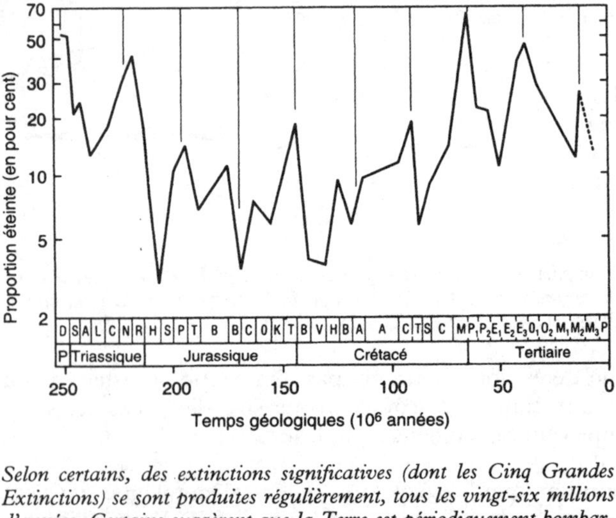

Selon certains, des extinctions significatives (dont les Cinq Grandes Extinctions) se sont produites régulièrement, tous les vingt-six millions d'années. Certains suggèrent que la Terre est périodiquement bombardée par des astéroïdes. (Avec l'aimable autorisation de David Raup et Jack Sepkoski.)

Elles montrent que les extinctions se produisent tous les vingt-six millions d'années, ou à peu près. Celles-ci sont parfois massives. (Si l'on se fonde sur ces calculs, la prochaine extinction devrait avoir lieu dans treize millions d'années, on respire !) Des opposants, comme en particulier le paléontologue polonais, Antoni Hallam, contestent leur démonstration en affirmant qu'elle n'est que le reflet d'un artefact dû à la construction de leur échelle de temps géologiques. Le débat rebondit de gauche à droite comme une partie de ping-pong, sans aboutir. Si Raup et Sepkoski ont raison, alors des signes flagrants d'impact doivent apparaître avec chaque extinction. Mais on n'a trouvé jusqu'ici de traces d'iridium que pour sept des vingt extinctions, dont celle de la fin du Crétacé. Pour la plus grande extinction, celle de la fin du Permien, aucune trace n'a été découverte. Une demi-douzaine de cratères ont pu être mis en corrélation avec certaines grandes extinctions.

Raup et Sepkoski sont toujours convaincus par leur analyse statistique. S'ils ont raison, alors 60 % de toutes les extinctions du Phanérozoïque ont été provoquées par des impacts d'astéroïdes ou de comètes (5 % se sont produits au cours des cinq grandes, les autres au cours d'événements aux proportions plus modestes). Raup ne prétend pas qu'un impact soit l'unique cause d'une extinction. Il utilise l'expression de « première frappe », elle fragilise le biotope, le rend vulnérable à d'autres phénomènes hostiles qui peuvent survenir au sein de l'environnement. Que la Terre soit périodiquement attaquée par des astéroïdes ou des comètes semble être une idée tout droit sortie des livres de science-fiction. Pourtant la NASA prend la chose au sérieux. Elle cherche à mettre en place une surveillance spatiale comprenant un système de télescopes terrestres, chargés de surveiller l'éventuelle approche directe d'un objet spatial massif, avec l'espoir qu'on pourra lui envoyer un missile nucléaire pour dévier sa trajectoire.

Deux astéroïdes nous ont ratés de peu, ces derniers temps, pour nous rappeler qu'un gros choc, le *Big One*, est possible. Ces quasi-collisions ont eu lieu en mars 1989 et en janvier 1991. Dans les deux cas, les corps étaient petits, ils ne mesuraient guère plus de 300 mètres de diamètre, mais ils sont tous deux passés à une distance inférieure à la distance de la Terre à la Lune. En juillet 1994, les astronomes ont pu observer une pluie de fragments de comète qui s'abîmaient à la surface de Jupiter, en faisant une série de balafres dans l'atmosphère épaisse de la planète. Un de ces impacts était de la taille de la Terre. Cet événement venait à point nommé pour démontrer que de grandes collisions d'objets intersidéraux étaient possibles dans le système solaire. Dans ce cas-ci, il est probable que le présent soit bien la clé du passé, même si ce présent se produit sur une autre planète.

Les géologues et les paléontologues continueront à débattre pour savoir si les extinctions de masse sont dues à des impacts ou bien à des éruptions volcaniques. La NASA poursuivra son programme grandiose, et probablement inutile. À tout le moins, l'annonce d'Alvarez, il y a quinze ans, a donné naissance à un nouveau catastrophisme, qui fait appel à des forces hors de portée de l'entendement humain : des impacts dévastateurs venus de l'espace. C'est la deuxième grande révolution du siècle en géologie. La première fut que la Terre est fragmentée en plaques dont le mouvement progressif, au cours des temps géologiques, déplace les continents à la surface du globe.

CHAPITRE V

EXTINCTION : MAUVAIS GÈNES OU MALCHANCE ?

L'histoire de la vie sur Terre est ponctuée par de soudaines poussées d'extinction, certaines sont modérées, d'autres sont catastrophiques. Cela ne fait pas de doute. Quelle que soit la cause de ces extinctions, une question vient immédiatement à l'esprit : comment le biotope terrestre réagit-il à ces extinctions ? Nous avons remarqué que les grandes extinctions renouvellent la distribution sur la scène de la vie, ce qui modifie le cours de l'évolution, parfois même de façon spectaculaire. En quoi consistait l'avantage des survivants sur les perdants ? Comme l'a dit de façon lapidaire David Raup : est-ce que ce furent leurs mauvais gènes ou la malchance qui condamna les perdants à l'oubli ?

Pendant longtemps, on n'a pas éprouvé le besoin de répondre à cette question, il allait sans dire qu'on s'en remettait entièrement à la théorie de l'évolution. Dans l'*Origine des espèces*, Darwin était péremptoire : les espèces qui s'éteignent sont inférieures à leurs adversaires. « Les habitants de chaque période successive de l'histoire du globe ont vaincu leurs prédécesseurs dans la lutte pour l'existence et occupent de ce fait une place plus élevée qu'eux dans l'échelle de la nature », a-t-il écrit dans son chapitre sur « la succession géologique des êtres organisés [1] ». L'adaptation continue et graduelle des espèces à leur environnement se trouve au cœur de la théorie de la sélection naturelle. La présence d'autres espèces, avec qui elles sont en compétition, constitue un élément important de cet environnement. La vie est une continuelle « lutte pour la survie ».

Dans une autre partie de l'*Origine*, Darwin utilise sa fameuse métaphore des « coins », pour décrire cette lutte. « Le visage de la nature peut être comparé à une surface souple, où se pressent dix mille coins acérés, poussés par des coups incessants, l'un des coins, puis un autre, s'enfonçant parfois avec une plus grande force [2]. » Quand un coin s'enfonce plus profondément, un ou plusieurs autres doivent reculer. La nature est un paquet d'espèces toutes reliées les unes aux autres par cette compétition forcenée, chacune luttant pour sa survie. Stephen Jay Gould, qui a beaucoup écrit sur ce sujet ces dernières années, observe que « la représentation conventionnelle de l'ordre naturel est fondée sur cette image des coins. Les créatures n'ont de cesse qu'elles ne s'améliorent ; la vie évolue sans arrêt vers le haut, sans que personne ne prenne jamais définitivement la tête ; la lutte inévitable de chaque individu se matérialise en des formes de complexité et de diversité de plus en plus grande qui constituent une forme d'ordre [3] ». Les gagnants prospèrent, les perdants s'éteignent, c'est l'inexorable course en avant des êtres de plus en plus performants.

Il paraissait tellement évident à tout le monde que l'extinction d'une espèce était la conséquence de son infériorité que peu de chercheurs trouvaient vraiment utile de mettre cette idée en cause. Pendant longtemps, il n'y eut pas de remise en question. La lutte pour la survie s'imposait comme la force poussant l'évolution et faisant le tri entre les bons et les mauvais. Chaque joueur s'échine à battre ses adversaires, en améliorant, par l'évolution, son comportement ou son anatomie. Ses adversaires répliquent en mettant au point des contre-mesures évolutives. L'évolution améliore les organismes, oui, mais jamais assez pour qu'un organisme donné enfonce tous ses adversaires. Le paléontologue de l'université de Chicago, Leigh Van Valen, a nommé cet effet l'« hypothèse de la reine rouge », d'après le personnage de *À travers le miroir*, qui n'arrêtait pas de courir en faisant du surplace. Si vous vous arrêtez, vous vous retrouvez en arrière, et, en biologie, c'est synonyme d'extinction. On dirait, dans ces circonstances, que l'extinction est la faute à de mauvais gènes.

Dernièrement, les biologistes ont commencé à remettre en question l'hypothèse de la prépondérance de la compétition dans l'évolution, et dans l'interaction entre espèces au niveau local. On ne considère plus aujourd'hui la compétition comme un moteur aussi puissant qu'on le pensait naguère. Gould et son collègue C. Brad Calloway ont contribué à démolir un des domaines où cette compétition était hégémonique. Ils étudiaient la relation entre les brachiopodes et les clams. L'évolution de ces deux espèces s'enracine depuis fort longtemps très loin dans l'histoire de la vie. Les mers sont aujourd'hui dominées par les clams, les brachiopodes y jouent un rôle mineur. Il y a des millions d'années, le rapport de force était inverse. Comme le dit Gould, on a souvent cité ce renversement comme un exemple classique de « coin qui s'enfonce ». Les clams se sont constamment améliorés, et ont fini par dominer.

L'étude détaillée des fossiles conduite par Gould et Calloway nous révèle une tout autre histoire. Lorsque les clams prospéraient, les brachiopodes prospéraient également. Quand ils étaient en mauvaise posture, les brachiopodes n'allaient pas mieux. On ne peut pas dire qu'une lutte progressive ait provoqué un remplacement graduel des espèces, comme le stipulerait l'image des « coins ». En fait, le renversement fut « simplement le résultat d'une réaction toute différente à la plus grande des extinctions de masse, l'extinction du Permien ». Alors que les clams ne souffrirent pratiquement pas de la crise, les brachiopodes furent sévérement touchés. « Ainsi, à ce moment géologique précis, les clams prirent la tête et ne perdirent plus jamais leur avantage [4]. » De cette assertion, il est difficile de déduire que les clams bénéficièrent, lors de la débâcle du Permien, de meilleurs gènes, ou d'un simple coup de chance.

On a un bon exemple de malchance avec l'histoire de la poule de bruyère, une proie de prédilection des chasseurs américains, au temps de la colonisation. À l'origine, elle était répandue du Maine à la Virginie, mais, aux alentours de 1908, une chasse effrénée, alliée à la réduction de son habitat par l'expansion des peuplements humains, avait réduit sa population à seulement 50 individus, isolés dans l'île Martha Vineyard, au large du Massachusetts. Ce n'était pas une chance pour ces pauvres volatiles d'être autant prisés sur les tables coloniales, mais ce n'est pas de cela qu'il est question ici. On construisit un abri de 160 hectares pour protéger les derniers oiseaux de l'espèce et pour augmenter leur nombre. En 1915, le projet était en bonne route, et l'on comptait déjà 2 000 individus dans l'abri.

Puis le désastre arriva, ou plutôt, une série de désastres. Le feu, un hiver rigoureux, les effets pernicieux de la consanguinité et une maladie de la poule réduisirent la population à seulement onze mâles et deux femelles en 1927. Le dernier individu fut aperçu le 11 mars 1932. La population disparut, non pas parce qu'elle avait de mauvais gènes, mais parce qu'elle n'avait pas eu de chance. Dans son territoire initial, couvrant des milliers de kilomètres carrés, l'espèce ne se serait jamais éteinte. Réduite à une minuscule population, elle devenait vulnérable aux coups du hasard qui frappaient l'environnement.

Cet exemple, et d'autres, n'ont pas renvoyé aux oubliettes de la biologie de l'évolution la notion de lutte pour la survie, mais ont encouragé les biologistes à porter attention à d'autres facteurs dans l'histoire de la vie. La compétition joue certainement un rôle important dans l'évolution, elle est une des composantes de la sélection, cela ne fait aucun doute. On peut citer comme exemples emblématiques les interactions entre prédateurs et proies : ainsi l'augmentation de la puissance des pinces des crabes va être suivie en réponse par une augmentation de l'épaisseur de la coquille de leurs proies, telles que les mollusques ; la guerre chimique entre les insectes et les feuilles qu'ils mangent ; l'augmentation de la puissance masticatoire des ruminants, suivie de près par les défenses développées par les herbes, comme l'inclusion de cristaux de silice, les phytolithes. La lutte pour la survie existe, les espèces peuvent en être éternellement prisonnières, comme je viens d'en donner des exemples ; elles peuvent également lutter éternellement avec d'autres espèces pour l'accès à la même ressource, qu'il s'agisse de nourriture glanée au sol, ou bien de viande sur pied. Mais la métaphore du coin surestime probablement l'état d'occupation de chaque niche écologique.

La question que nous nous posons est : comment inclure cela dans les structures à grande échelle des extinctions ? Ces structures comprennent deux phases : un intervalle normal d'extinctions « de fond », pendant lequel des espèces disparaissent à un rythme modéré, et des épisodes d'extinction à grande vitesse, dont les grandes crises biotiques. La plupart des biologistes admettent que la sélection naturelle est la force à l'œuvre dans les phases d'extinctions modérées, aussi, à ces moments-là, la compétition entre espèces joue un rôle important. Mais que se passe-t-il au moment des extinctions subites ? La différence entre les deux types de période est-elle simplement quantitative ? Peut-on penser que les régressions marines, le refroidissement du climat et les effets d'un impact d'astéroïde ou de comète rendent la compétition encore plus féroce en temps de disette ? En d'autres termes, les extinctions de masse ne sont-elles qu'une exaltation des extinctions « normales » ? Toutes les extinctions, y compris les plus massives, ne sont-elles que la conséquence d'inadaptations, de mauvais gènes ? Jusqu'à récemment, on aurait certainement répondu par l'affirmative à toutes ces questions.

Au cours d'un week-end d'hiver, il y a vingt ans, à la Woods Hole Marine Station du Massachusetts, David Raup, Stephen Jay Gould et quelques-uns de leurs collègues trituraient dans tous les sens la question des extinctions. Raup, un géologue qui travaille plus volontiers devant son écran d'ordinateur, a proposé une expérience statistique pour voir si ces structures sont simplement le résultat de processus stochastiques, c'est-à-dire le fruit du hasard. L'œil humain discerne assez mal les effets du hasard, il essaie de voir des structures même là où il n'y en a pas. Dans une douzaine d'articles, Raup, Gould et, plus ou moins souvent, Jack Sepkoski, Thomas J. Schopf et Daniel Simberloff ont essayé de voir si une communauté écologique artificiellement recréée (en fait un programme d'ordinateur) et gouvernée uniquement par les probabilités de survie de chaque espèce exhiberait des structures comprenant des phases normales d'extinction séparées par des extinctions de masse.

Au bout du compte, ils ont conclu que le hasard seul ne suffit pas à rendre compte de la structure de l'histoire de la vie au Phanérozoïque, et qu'il faut bien qu'une force de sélection soit à l'œuvre, sous une forme ou une autre. Cependant, ils ont obtenu des structures semblables en forme, sinon en intensité, à ce qu'on observe dans l'étude des fossiles. Des épisodes d'extinction modérées se produisaient bien, au moment même où, par hasard, de nombreuses espèces disparaissaient. Mais pour que se produisent par hasard des événements de l'intensité de la fin du Crétacé ou du Permien, il faudrait de très grands intervalles de temps. Il faut davantage que de la malchance, au sens de faire un mauvais tirage à pile ou face, pour éliminer autant d'espèces d'un coup qu'au moment des extinctions de masse. La tentative de Raup et de ses collègues constituait un premier pas vers la prise de conscience de ce que les « mauvais gènes » ne suffisent pas à expliquer le déroulement de l'évolution. Il résulte d'une combinaison de sélection et de malchance.

La suggestion faite par Alvarez en 1979 qu'il pourrait exister un lien entre les impacts d'astéroïdes et les extinctions de masse a déclenché un grand mouvement de recherches. Ainsi, le paléontologue de l'université de Chicago, David Jablonski, a commencé à dévoiler la nature de cette sélection. Plus précisément, il a comparé les extinctions qui se produisent en temps « normal » et celles qui se produisent lors des extinctions de masse. Pendant les phases d'extinctions normales, plusieurs facteurs s'unissent pour protéger de l'extinction une espèce donnée. Jablonski a travaillé surtout à partir d'espèces marines fossiles, comme il l'a toujours fait, mais les principes qu'il a dégagés restent valables pour les espèces terrestres.

En dehors des périodes de crise, les espèces qui sont très répandues géographiquement ne s'éteignent pas. On a bien vu que la petite population isolée de poules de bruyère, après avoir été décimée par l'homme, se retrouvait beaucoup plus vulnérable aux aléas de l'existence. Si ces oiseaux avaient continué d'occuper un grand espace, les incendies, les rigueurs de l'hiver ou de soudaines maladies n'auraient tué que certaines populations, localement ; ils n'auraient pu venir à bout de l'espèce entière. Cela paraît logique. Deuxièmement, les espèces qui envoient leurs larves au loin (emportées par les courants) résistent bien à l'extinction, pour des raisons analogues. Un groupe d'espèces liées, ce que les biologistes appellent un « clade », résiste mieux si celui-ci contient de nombreuses espèces plutôt que peu. Dans ce cas-ci, on voit que la probabilité de survie de l'ensemble est plus élevée si le clade contient vingt espèces que s'il en contient, mettons, trois.

En analysant le destin des mollusques et des clades au cours de la grande extinction de la fin du Crétacé, Jablonski a observé des tendances très différentes. Aucune des règles édictées ci-dessus ne s'appliquait. La seule règle qui semblait tenir concernait les groupes d'espèces liées ensemble, les clades. À nouveau, la dispersion géographique jouait un rôle. Si un groupe d'espèces était très dispersé, il s'en tirait mieux au moment des crises que s'il était très localisé géographiquement, et cela, indépendamment du nombre d'espèces dans le clade. « Au moment des grandes extinctions, le niveau d'adaptation et les performances sont beaucoup moins importants que le fait d'être membre d'une communauté particulière, d'une région, ou d'une catégorie répartie dans plusieurs endroits qui n'est que très peu perturbée au cours de l'extinction de masse », écrit Jablonski [5]. Ce résultat clé fut le premier à montrer clairement que les règles changeaient au moment des extinctions de masse. Les crises biotiques *ne sont pas* des extinctions normales « en plus grand ».

Rien d'étonnant à cela, puisque, au cours de l'histoire de la vie, de nombreuses espèces ou groupes d'espèces pourtant prospères ont brusquement disparu lors d'extinctions de masse. Les dinosaures et les ammonoïdes dominaient leur habitat depuis plus de cent millions d'années, ils étaient plus diversifiés que jamais au moment où la grande extinction du Crétacé les a mouchés comme des bougies. Rien ne permet de penser que les mammifères étaient en quoi que ce fût mieux adaptés que les dinosaures, qu'ils ont remplacés, devenant ainsi le principal groupe de tétrapodes terrestres. Dans les océans, les communautés animales des récifs ont changé périodiquement, à des moments où les espèces dominantes furent balayées. À quatre reprises, ces extinctions ont coïncidé avec de grandes extinctions. Après chaque désastre, les récifs réapparaissent. Parfois, ce sont des algues calcaires qui dominent, parfois des bryozoaires, tantôt des mollusques, tantôt des coraux. Les récifs coralliens que nous connaissons ne sont que des habitants temporaires de cette niche. Aucune de ces espèces n'est manifestement supérieure aux autres.

Nous avons vu qu'un grand nombre d'embranchements ont disparu sans raison apparente au moment de l'explosion du Cambrien. De même, rien dans le changement majeur de la faune, au moment des autres extinctions de masse, n'indique une capacité supérieure d'adaptation du vainqueur. Nous jugeons d'assez loin, bien entendu, aussi est-il possible qu'une plus grande capacité d'adaptation ait joué un rôle, mais, dans ce cas, les éléments de cette supériorité sont trop subtils pour nous. Cependant Raup remarque que, « malheureusement, il n'existe aucune preuve tangible démontrant l'infériorité des victimes, autre que leur simple disparition [6] ». Qui plus est, un argument assez convaincant suggère que la supériorité adaptative – au sens le plus darwinien – ne peut tout simplement pas avoir joué un grand rôle dans les crises biotiques. La sélection naturelle n'opère de façon contingente qu'à l'échelle des individus, en relation avec les conditions qui prévalent dans leur environnement – influence des adversaires et environnement physique.

C'est une réponse puissante aux avatars biologiques immédiats. Mais elle ne peut anticiper les événements à venir, et certainement moins encore les événements rares.

Si la durée de vie moyenne d'une espèce animale est de quatre millions d'années (ce qui est probablement surestimé, ce calcul reposant uniquement sur les espèces qui ont assez vécu pour laisser une trace significative dans les fossiles) et si les grandes extinctions ne se produisent en moyenne que tous les vingt-six millions d'années, alors, la plupart des espèces n'ont jamais assisté à une grande extinction. Les extinctions de masse – les cinq grandes – sont encore plus rares, la sélection naturelle ne les « voit » pas. Comme le dit Raup, « la cause vraisemblable de l'extinction d'espèces *a priori* réussies est à chercher parmi des événements qui ne sont pas ressentis à l'échelle de temps courts où joue la sélection naturelle [7] ».

Les conséquences en sont profondes. Comme le remarque Gould : « Si les extinctions de masse... [sont causées par des facteurs]... à ce point extérieurs aux facultés d'anticipation des organismes, alors de deux choses l'une, ou bien la vie contient une part irréductible de hasard, ou bien elle fonctionne selon des règles nouvelles et inconnues, et non (comme nous l'avons toujours pensé) selon des règles qui régissent l'inévitable compétition qui existe en temps normal [8]. » Les conséquences des extinctions de masse apparaîtront donc, dans une certaine mesure, aléatoires, et ce d'autant plus qu'on utilisera comme échelle de mesure le degré d'adaptation.

J'ai dit, en ouvrant ce chapitre, que les extinctions de masse avaient pour effet de redistribuer les rôles sur la scène de la vie, et j'ai posé une question : dans la disparition d'une espèce, faut-il incriminer ses gènes ou bien simplement la malchance ? Il est maintenant clair pour tous que la bonne explication ne réside pas dans de supposés « mauvais » gènes. Examinons de nouveau l'extinction à la fin du Crétacé. Ayant admis qu'une extinction de masse se produit dans tous les ordres biologiques, je vais me concentrer sur les tétrapodes terrestres, car ils illustrent bien le phénomène que nous allons décrire. William Clemens, de l'université de Berkeley, a dressé une liste de ces animaux, et un tableau de leur destin. On comptait 177 genres de mammifères fossiles, d'amphibiens, de reptiles et de poissons. Cinquante genres disparurent au cours de cette crise biotique, dont vingt-deux genres de dinosaures.

Les dinosaures s'éteignirent pour de bon : pas un seul genre de ces remarquables animaux ne survécut. En revanche, les trois quarts des genres de mammifères marsupiaux (considérés souvent comme plus primitifs) disparurent, contre un seul genre de mammifère placentaire. À première vue, il semble que les mammifères aient eu quelque chose de meilleur, alors que quelque chose chez les dinosaures et les marsupiaux ne fonctionnait pas. Le globe terrestre avait été dominé pendant 140 millions d'années par les dinosaures et leur mode de vie (il y avait, en permanence, cinquante genres de dinosaures), ils se reproduisaient en pondant des œufs. Après la fin du Crétacé, les mammifères prirent le dessus. Désormais, chez les tétrapodes, le développement interne des petits devint le mode de procréation le plus répandu. La méthode propre aux marsupiaux, une courte période interne suivie d'une phase semi-interne à l'intérieur d'une poche, reste l'exception, en termes quantitatifs.

Si l'on adopte le paradigme darwinien de l'amélioration progressive, on doit bien admettre que la reproduction placentaire est supérieure à l'œuf amniotique et à la poche marsupiale. Néanmoins si l'on se demande pourquoi les animaux placentaires ont survécu à l'extinction, alors que les dinosaures disparurent et que les mammifères marsupiaux souffrirent sérieusement, on entrevoit une autre explication. Il est peu vraisemblable que les dinosaures aient été les victimes d'une trop faible dispersion géographique, puisqu'on en trouvait partout. En outre, il existe une corrélation entre la vulnérabilité aux extinctions et la grande taille d'un organisme, et la plupart étaient de grandes créatures. La raison doit en être démographique, elle est en rapport avec le fait que les densités de population des grands animaux sont faibles, les habitats plus grands, le taux de fécondité plus faible, et ainsi de suite. Il devait exister d'autres facteurs, sans rapport, à coup sûr, avec la plus ou moins grande adaptation de chaque espèce. Que dire des mammifères marsupiaux ? Selon Clemens, leur destin a pu s'accomplir en Australie et en Amérique du Sud, grâce à leur isolation géographique. C'est leur répartition géographique, et non leur infériorité qui a réglé leur sort.

Les mammifères avaient coexisté avec les dinosaures pendant plus de 100 millions d'années. C'étaient de petits animaux nocturnes, arboricoles. Leur prédominance, à l'issue de la grande extinction du Crétacé, est due autant à de bons gènes qu'à la chance, et peut-être même uniquement à la bonne fortune. Ce scénario, qui s'est joué au sein de divers groupes d'organismes, dans tous les royaumes du vivant, et à de nombreuses occasions au cours des 600 derniers millions d'années de l'histoire de la Terre, modifie radicalement notre connaissance et notre perception du flot de la vie. Dans le temps, on ne considérait ces extinctions de masse que comme de simples arrêts du flot de la vie. Certes, le biotope subissait des changements, après ces événements, mais on les croyait dus surtout à la plus grande cruauté de la compétition, pendant les périodes plus difficiles. Il est clair aujourd'hui que, durant ces périodes, des règles différentes se sont appliquées, qui mettent de côté, temporairement, la compétition au sens darwinien. Ces épisodes mettent en jeu des forces auxquelles les espèces ne sont pas préparées, et, de fait, on ne voit pas comment elles le seraient. Les extinctions de masse ne se limitent pas à remettre à zéro l'horloge de l'évolution, mais elles la font pour un temps retourner en arrière. C'est l'horloge tout entière qui est bouleversée. Les extinctions créent la structure du vivant.

Jablonski l'a dit en ces termes : « L'alternance de phases normales et de grandes extinctions conditionne la structure évolutive à grande échelle de l'histoire de la vie [9]. » Pendant les phases d'extinction normale, la sélection naturelle darwinienne fonctionne. Elle innove, elle adapte les formes et les organismes à leur environnement. Les gènes et la chance jouent tous les deux un rôle dans ce contexte. La qualité des gènes joue peut-être un rôle plus important que la malchance dans les extinctions qui se produisent à ces moments-là. Pendant les extinctions de masse, les règles darwiniennes sont mises en veilleuse : les espèces survivent ou succombent pour des raisons qui ne sont pas liées à leur plus ou moins grande adaptation. Ici, la malchance domine, c'est elle qui envoie des espèces aux oubliettes de l'histoire de la vie.

Ainsi, les extinctions de masse restructurent la biosphère. Un ensemble imprévisible de survivants se retrouve dans un monde où la diversité biologique est très diminuée. Au moins 15 %, et jusqu'à 95 % des espèces sont éliminées. Des niches écologiques sont grandes ouvertes, ou à tout le moins bien moins saturées qu'auparavant. Une chance d'évoluer est offerte à quelques heureux gagnants.

J'ai dit plus haut que la diversité du vivant a augmenté depuis l'explosion du Cambrien, via le Phanérozoïque et jusqu'à nos jours, avec seulement quelques effondrements majeurs. Comme nous le verrons, c'est une vision un peu simpliste. Elle est également récente, en paléontologie tout au moins. Dans les années 1970, l'évolution de la vie au Phanérozoïque faisait l'objet de débats et de polémiques acharnées. Par exemple, James Valentine, de Berkeley, défendait l'idée selon laquelle les espèces animales se diversifiaient rapidement et de façon sans cesse accélérée. Il s'appuyait pour étayer cette thèse sur sa propre lecture des fossiles. À l'opposé, David Raup suggérait d'abord un accroissement de la diversité, suivie rapidement d'un maximum et d'un déclin. Il se fondait sur une analyse statistique des fossiles. Richard Bambach, du Virginia Polytechnic Institute, proposait un compromis basé également sur une lecture personnelle des fossiles.

On peut trouver étrange que les mêmes fossiles puissent donner lieu à des interprétations si différentes, mais comme je l'ai dit et répété, le matériel paléontologique est imparfait, et cela rend toute lecture difficile. Plus vous remontez vers le passé, et plus il faut faire d'hypothèses tenant compte de la détérioration progressive des gisements fossilifères. Les protagonistes de cette querelle, rejoints par Jack Sepkoski, se réunirent, mirent à plat et résolurent leur différend. En octobre 1981, les quatre chercheurs publièrent ensemble un article connu dans le milieu sous le surnom de « Embrassons-nous Folleville * ». Dans cet article, ils décrivent l'augmentation de la diversité au Phanérozoïque : générale mais progressive, un peu dans l'esprit du compromis de Bambach. Comme à l'accoutumée, cette proposition se basait sur une analyse des fossiles marins, mais on observe la même structure générale chez les vertébrés terrestres et chez les végétaux, même s'il existe des différences dans la chronologie.

Comme pour les extinctions de masse, la durée des rebonds biotiques peut être très différente, allant de quelques milliers d'années après la fin du Crétacé jusqu'à plusieurs millions d'années après l'extinction du Permien. De nombreux facteurs entrent en jeu, dont la nature exacte des animaux qui ont survécu à l'extinction. Sepkoski a analysé cette question en détail. Il distingue trois phases de diversification au sein du Phanérozoïque. Tout d'abord la phase du Vendien-Cambrien, qui comprend les événements de la fin du Précambrien, l'explosion du Cambrien elle-même, et la stabilisation vers la fin du Cambrien. Ensuite, la phase située à la fin du Paléozoïque. Elle commence avec le grand rayonnement de l'Ordovicien, qui a produit une augmentation rapide et considérable de la diversité. Le nombre de genres et de familles d'animaux marins y a plus que triplé. Cette étape fut suivie de 200 millions d'années d'équilibre apparent, entrecoupé ici et là d'effondrements de la diversité, qui atteignaient des amplitudes variables. La dernière phase, le Mésozoïque-Cénozoïque, comprend le rebond ayant suivi l'événement massif de la fin du Permien, et l'expansion continue depuis lors et jusqu'à nos jours.

Cette structure en escalier n'est pas le résultat d'une diversification concertée, ou stase, au sein de la communauté tout entière, mais plutôt la conséquence d'une diversification localisée au sein de certains groupes, ou « faune évolutive », comme la nomme Sepkoski. La phase

* *The kiss-and-make-up paper. (N. d. T.)*

de diversification observée au Vendien-Cambrien a été le fait de la faune dite du Cambrien – les trilobites, les mollusques et les échinodermes. Ces espèces ont proliféré très tôt, mais leur expansion s'est arrêtée au début de la phase suivante. Par la suite, elles n'ont joué qu'un rôle mineur. Par exemple, les trilobites ont complètement disparu lors de l'extinction de la fin du Permien. La phase de croissance de la fin du Paléozoïque est surtout le fait des brachiopodes, des coraux, des bryozoaires et des céphalopodes, qui constituent la faune du Paléozoïque. Bien qu'ils soient à l'origine de l'énorme augmentation de la diversité observée à cette époque, ils existaient en fait déjà depuis longtemps. La plupart étaient apparus au Cambrien. Les extinctions de la fin du Cambrien leur ont donné leur chance. La phase Mésozoïque-Cénozoïque fut le fait de ce que Sepkoski appelle la faune moderne. Il y inclut les bivalves, les mollusques gastéropodes, les crustacés, les échinoïdes et les poissons. Une fois encore, un grand nombre de ces groupes étaient apparus bien auparavant, au début du Paléozoïque, où ils jouaient un rôle secondaire. Ils ont survécu à l'extinction de la fin du Permien, se sont développés en nombre et en diversité de façon explosive, et ont conduit à la faune des océans, telle qu'on la connaît aujourd'hui.

La dynamique des rebonds de la diversité est complexe : elle peut conduire à une augmentation du nombre d'espèces à l'intérieur d'une communauté écologique, et produire de nouvelles sortes de communautés ainsi que le développement de communautés spécialisées, qui ne sont observées que dans des habitats particuliers. Il existe un point commun à ces phases de récupération : une pointe du renouvellement des espèces. C'est-à-dire que, pendant quelque temps, la durée de vie d'une espèce donnée est en moyenne plus courte. Cela suppose une forme quelconque d'instabilité dans l'évolution. C'est peut-être la conséquence d'une expérimentation débridée, dans un espace écologique relativement ouvert. En outre, on observe en général bien davantage d'innovations au début de la phase de récupération (sans doute pour la même raison). Comme on l'a vu, le niveau d'innovation n'a jamais été aussi élevé qu'au moment de la remarquable explosion du Cambrien.

Un rebond de l'évolution faisant suite à un effondrement dévastateur de la diversité n'est pas surprenant : les écosystèmes se trouvent soudain plus ouverts, et de nouvelles espèces sont invitées à les envahir. Il faut cependant expliquer la tendance à l'augmentation de la diversité, tout particulièrement au cours de la dernière phase, le Cénozoïque. Selon Sepkoski, c'est une conséquence de l'amélioration de la faune et de ses schémas stratégiques écologiques. Valentine, lui, propose une explication différente, qui repose sur le changement de configuration des continents.

Les espèces du Cambrien étaient, à bien des égards, des espèces généralistes, au sens écologique. Cette observation est compatible avec le fait que la diversité était assez réduite. Les espèces spécialisées se satisfont d'écosystèmes très étroits, les généralistes, au contraire, explorent des environnements assez variés. Les espèces spécialisées favorisent le foisonnement en ceci qu'elles occupent chacune de petits segments de l'habitat. Les espèces généralistes sont bien moins nombreuses, car chacune se répand sur un territoire bien plus vaste. L'accélération de la diversification au cours de la deuxième phase, la fin du Paléozoïque, est peut-être le résultat d'une augmentation du nombre d'espèces spécialisées. On peut penser, comme Sepkoski, que le plateau de 200 millions d'années représente une sorte d'équilibre global de l'écosystème. Autrement dit, l'éco-espace était rempli. Avec la faune moderne, la prédation devint une part plus importante de la dynamique des populations. Les modèles mathématiques et les observations empiriques ont appris aux écologistes que la prédation favorise la diversité. La raison en est souvent que les prédateurs empêchent qu'une espèce unique, ou un tout petit groupe d'espèces, domine le système. À grande échelle, ce peut être l'origine de l'augmentation importante de diversité au Cénozoïque. « Ainsi, suggère Sepkoski, les niveaux de biodiversité du monde marin sont davantage fonction des caractères propres aux acteurs que du déroulement de l'histoire [10]. »

L'explication proposée par Valentine repose davantage sur les habitats que sur les habitudes des espèces. Au cours des 200 derniers millions d'années, le supercontinent, la Pangée, s'est brisé sous l'influence des mouvements tectoniques. Au cours des 100 derniers millions d'années, les continents, tels que nous les connaissons aujourd'hui, ont commencé à prendre forme. Le nombre de terres émergées a augmenté, ce qui a conduit, pour finir, à une distribution allant d'un pôle à l'autre. Une telle configuration maximise le nombre d'habitats possibles, aussi bien marins que terrestres.

Quel que soit le mécanisme sous-jacent (et peut-être les deux sont-ils à l'œuvre), *Homo sapiens* a évolué au sein d'un pic de biodiversité. Des vagues d'extinction des grands mammifères terrestres, au cours des deux derniers millions d'années – peut-être à cause des glaciations –, ont réduit cette diversité, dans une certaine mesure, mais pas trop. Nous ne sommes qu'une espèce parmi des millions sur la Terre, le produit d'un demi-milliard d'années de l'histoire de la vie, les heureux survivants d'au moins vingt crises biotiques, dont les cinq grandes extinctions.

LE MOTEUR DE L'ÉVOLUTION

Pendant plus d'un demi-milliard d'années, les processus de l'évolution ont sans cesse produit des variations sur des thèmes mis en place lors de l'explosion du Cambrien. L'innovation évolutionniste de cette époque n'a jamais été égalée depuis.

Homo sapiens est apparu à une époque de l'histoire où la Terre abritait la plus grande variété de formes vivantes. Nous sommes peut-être le point le plus élevé sur la trajectoire de la flèche de l'évolution.

Nous, *Homo sapiens*, sommes une espèce sensible, capable d'apprécier l'étendue et la valeur de la biodiversité terrestre. De fait, la conservation de cette dernière va dans notre intérêt, mais elle relève également de notre responsabilité.

CHAPITRE VI

HOMO SAPIENS, APOGÉE DE l'ÉVOLUTION ?

La réponse à cette question semble évidente. Bien entendu, nous sommes le sommet de l'évolution ! Dans le dernier chapitre de l'*Origine des espèces*, Darwin écrit : « Comme la sélection naturelle n'agit que pour le bien de chaque individu, toutes les qualités corporelles et intellectuelles doivent tendre à progresser vers la perfection [1]. » Né il y a 150 000 ans, *Homo sapiens* a fini par occuper tous les continents, avec pour seule exception les étendues hostiles de l'Antarctique (où nous sommes quand même présents). Nous nous sommes adaptés à ces différents environnements, ce qui montre bien l'étendue de nos aptitudes corporelles. Quant à nos capacités intellectuelles, elles n'ont pas d'équivalent dans la nature, cela ne fait aucun doute. Nous sommes capables de raisonnements analytiques et de créativité artistique ; nous avons inventé des règles éthiques de comportement qui régissent le fonctionnement de nos sociétés. Personne ne peut contester que notre espèce a progressé, sinon jusqu'à la perfection, du moins vers un sommet, un sommet très élevé, bien au-dessus des diverses formes de vie terrestre. Nous sommes l'apogée de l'évolution. Ah bon ! vraiment ?

Les anthropologues et les biologistes ont retourné cette question dans tous les sens, depuis longtemps, sans jamais aboutir à une réponse simple. Nous nous sentons uniques au monde, et, de fait, nous le sommes, puisque, par définition, toute espèce est unique ; cela ne fait guère avancer la question. Nous ne sommes qu'une espèce parmi les millions d'espèces existantes. Mais, au sein même de cette exubérance, nous nous sentons particuliers. Notre aptitude au langage parlé est sans égale, nous sommes capables d'introspection, et nous pouvons modeler le monde qui nous entoure bien davantage que toute autre espèce vivante. Selon nous, cela nous place au premier rang. Avant qu'on ne découvre l'évolution, avec Darwin, au milieu du XIXe siècle, on pensait que *Homo sapiens* avait été placé au premier rang par la main de Dieu. Après Darwin, on a prétendu que notre espèce était arrivée au sommet grâce à la sélection naturelle des caractères qui nous rendent si spéciaux. Le contexte intellectuel avait changé, mais la conclusion restait la même. On se prenait toujours pour l'apogée de l'évolution.

Cette affirmation comporte deux hypothèses, l'une implicite, l'autre explicite. La première est que l'évolution de *Homo sapiens* avait un caractère inévitable, le flot de la vie devait y aboutir. L'hypothèse explicite est que les qualités dont nous sommes si fiers en tant qu'espèce sont effectivement supérieures, d'une façon ou d'une autre, à toutes les autres dans la nature. Au cours de l'évolution, la vie est devenue de plus en plus complexe, et a orienté la flèche du progrès. Comme Darwin l'a dit dans le passage cité plus haut, la sélection naturelle tend à « progresser vers la perfection ». Nous sommes la pointe extrême de la flèche du progrès, l'expression même de la perfection.

Je vais explorer ici trois aspects de cette question. Tout d'abord, je vais évoquer les efforts des chercheurs qui, depuis des milliers d'années (d'Aristote aux anthropologues modernes), ont essayé de replacer *Homo sapiens* à sa juste place dans la nature. Ensuite il y a la question de savoir si notre présence est réellement inévitable. Si l'on refaisait l'histoire du monde, *Homo sapiens* réapparaîtrait-il une nouvelle fois au sein de la grande diversité de la vie ? Pour finir, je vais mettre en question la complexité de la vie : a-t-elle réellement augmenté au fil de l'évolution ? La sélection naturelle obéit-elle à « une flèche du progrès » ?

L'opinion de l'homme sur sa place dans la nature a changé au fil des siècles, suivant en cela des changements dans le monde de la recherche. Ce n'est que relativement récemment que les anthropologues ont commencé à parler de l'origine de l'homme, comme on parlerait de l'origine des huîtres, des chats ou des singes. Cependant, on peut toujours discerner cette volonté de maintenir une cloison entre nos cousins biologiques et nous-mêmes. Elle apparaît dans les théories de certains chercheurs en préhistoire humaine, et tout particulièrement dans les recherches sur l'origine de l'homme moderne, c'est-à-dire d'hommes comme vous et moi.

Au XVIIIe et au début du XIXe siècle, les chercheurs, reconnaissant l'ordre de la nature, évoquaient la grande chaîne du vivant. Cette doctrine plongeait ses racines dans la pensée d'Aristote. C'est une expression « mythique », fait remarquer Arthur Lovejoy, historien des sciences à Harvard, qui publia en 1936 une étude de ce concept désormais classique. Cette expression toute faite a joué « un rôle semblable à celui du terme béni d'" évolution " vers la fin du XIXe siècle ». Entre les formes les plus simples de vie, les bactéries, et la plus complexe, *Homo sapiens*, la nature est structurée en intervalles, en paliers régulièrement espacés, qui sont le reflet du grand ordre de la création. Cette « chaîne » constitue une description du monde naturel tel que, selon cette doctrine, il doit être depuis la création, et tel qu'il sera toujours.

Si la chaîne du vivant obéissait strictement à la perfection aristotélicienne, et aux attentes des chercheurs ultérieurs, alors, elle serait continue ; il n'y aurait pas de fossés, pas de sauts dans les degrés du monde naturel. Pourtant, on observe, depuis longtemps, de grands écarts par exemple entre les minéraux et les plantes, entre les plantes et les animaux, et, plus problématiques encore, entre les grands singes et les hommes. L'influence de cette théorie était si grande que lorsque Carl von Linné établit la base de la classification des espèces, entre 1736 et 1758, il postula l'existence d'une forme d'homme primitive, *Homo troglodytes*, qui devait vivre dans les forêts, la nuit, et devait communiquer par sifflements. Des explorateurs de son époque revenaient souvent d'Afrique avec des récits extraordinaires de créatures mi-singes mi-hommes, ayant ce type de comportement ; on avait « vu » ce qu'on voulait bien voir, sous l'influence de ces théories.

Avec l'arrivée de la théorie darwinienne, la perception de l'ordre dans le monde changea. L'ordre n'était plus le produit de la création, mais le résultat de l'histoire, de « la descendance modifiée », comme l'écrivait Darwin. Tous les organismes partageaient les mêmes racines, reliées entre elles de différentes manières par les vicissitudes de l'évolution. L'homme n'échappait pas à ce schéma. Pourtant, l'opinion des chercheurs demeura remarquablement semblable à ce qu'elle était avant l'avènement de la théorie de l'évolution. On admettait que *Homo sapiens* représentait le dernier produit de l'évolution, et qu'il se distinguait du reste de la nature de façon importante. On évoquait également une échelle ascendante de supériorité quand on passait des races d'Australie à la race européenne.

Ainsi, Alfred Russel Wallace, le co-inventeur de la théorie de l'évolution, pensait que l'évolution était à l'œuvre depuis « un nombre inimaginable de millions d'années... développant lentement de nouvelles et belles formes qui atteignaient leur point culminant en l'homme [2] ». Le paléontologue écossais, Robert Broom, qui participa au tout début des recherches de fossiles humains en Afrique du Sud, confirme le point de vue de Wallace en 1933 : « On dirait bien, quand on observe l'évolution, qu'elle a été programmée pour aboutir à l'homme, et pour que les autres animaux et les plantes fassent du reste du monde un lieu pour lui [3]. » Selon Broom, les humains forment un genre à part, et le reste du monde nous appartient pour que nous en jouissions comme bon nous semble. L'opinion de Broom était assez répandue parmi ses contemporains. Les anthropologues de l'époque étaient impressionnés par la taille et le pouvoir du cerveau humain. Pour eux, le cerveau était la grande réalisation de la nature, celle qui nous plaçait au premier rang, seigneurs de toutes les espèces. Selon le célèbre anthropologue britannique, sir Arthur Keith, les progrès de l'homme à travers la préhistoire « forment une saga glorieuse qui nous a conduits à dominer les terres, les mers et les cieux [4] ».

On trouve partout dans les travaux des chercheurs du début du siècle des textes qu'on condamnerait aujourd'hui comme étant manifestement racistes. Ces chercheurs recasaient dans le schéma darwinien des concepts hérités des créationnismes antérieurs. Une citation suffira. Dans son essai sur l'évolution de l'homme, l'éminent anatomiste britannique sir Grafton Elliot Smith a écrit, en 1923 :

« La race la plus primitive qui existe aujourd'hui est certainement la race australienne, qui est une survivance, avec seulement de légères modifications, de ce qui était peut-être le type primitif de l'espèce. Ensuite vient, dans l'ordre, la race nègre, qui est bien postérieure, et par bien des aspects davantage spécialisée, mais qui partage avec la précédente la pigmentation noire de la peau, attribut primitif de la famille humaine. L'homme primitif partage cet attribut avec le gorille et le chimpanzé. Après que le nègre se fut séparé de la souche principale, la pigmentation diminua soudainement et de façon très marquée ; le groupe mongol subit la spécialisation suivante et acquit ses traits propres. Après la séparation de la race mongole se produisit une nouvelle baisse de la pigmentation de la peau. La race alpine est issue de cette partie blanche de l'humanité. Elle devait, au bout du compte, se séparer en races méditerranéenne et nordique. Chez ces derniers, la réduction de la pigmentation a progressé d'un pas de plus, produisant les êtres humains les plus blonds que l'on connaisse [5]. »

Ce racisme flagrant a disparu des textes vers le milieu du siècle, produisant un effet inattendu. Tant que les « races primitives » étaient perçues comme inférieures à la « race blanche caucasienne », elles formaient une sorte de pont entre l'expression la plus évoluée de *Homo sapiens*, et le reste du monde animal. Quand on eut admis que toutes les races étaient égales, ce pont s'effondra et le fossé s'ouvrit. L'homme moderne n'en est apparu que plus éloigné du monde naturel. Les livres d'anthropologie s'attardent sur les traits que nous admirons le plus – taille du cerveau, langage, technologie. Pour tous, l'évolution de ces aptitudes doit faire partie intégrante de l'évolution de la famille humaine, depuis ses débuts. La force de l'évolution nous a poussés en avant, nous étions à part, dès le début, et cette force nous a amenés à occuper une place à part dans le monde.

Tellement à part que, selon Julian Huxley (le petit-fils de Thomas Henry Huxley), nous devrions être classés en dehors du reste du monde naturel. « En termes véritablement évolutionnistes, [les humains] forment un groupe dominant radicalement nouveau et hautement réussi, évoluant d'une façon nouvelle par héritage culturel », a-t-il écrit en 1958. « Il faut mettre l'homme à part... dans ce qu'on peut appeler l'ordre du Psychozoéen [6]. » On range les animaux autres que l'homme, et les plantes, dans différents règnes, chacun s'y retrouve en compagnie de nombreuses autres espèces. Pour Huxley, l'homme serait le seul occupant de son propre règne biologique.

J'admets volontiers que le règne culturel inventé par l'homme est très particulier, mais, depuis que Huxley a écrit ces lignes, on perçoit mieux les facultés des autres créatures, et particulièrement celles de nos plus proches cousins, les grands singes. On a prétendu que l'aptitude au langage et à la culture nous distinguait du reste de la nature. Seul l'homme utiliserait des outils ; seul l'homme aurait conscience de lui-même ; seuls les hommes créeraient une culture ; seuls les hommes manipuleraient le langage symbolique. Des chercheurs comme Jan Goodal et Diane Fossey, s'appuyant sur des études naturalistes, ont mis à mal la frontière entre l'humain et l'animal que nous avions construite avec tant de soin à partir de ces présupposés. Oui, les primates utilisent des outils ; ils connaissent une certaine forme de culture ; ils ont certainement une conscience d'eux-mêmes et, bien que ce domaine de recherche soit relativement controversé, il est fort vraisemblable que les primates, inaptes au langage articulé, aient la capacité de comprendre et de manipuler des symboles semblables à ceux qui font le langage. Après tout, nous ne sommes pas si spéciaux.

De plus, l'idée ancrée depuis toujours, selon laquelle nos ancêtres ont été pour l'essentiel humains dès l'émergence de la famille humaine, s'est également effondrée. Les résultats des fouilles, les données archéologiques ainsi que celles de la biologie moléculaire montrent toutes que, bien que la première souche de l'espèce humaine soit apparue il y a environ cinq millions d'années, le cerveau n'a vraiment grossi, et l'homme n'a produit une technologie, qu'il y a 2,5 millions d'années. Pendant longtemps, nous ne fûmes que des primates bipèdes, et rien de plus. Le genre humain a subi la même adaptation par rayonnement que beaucoup d'autres groupes de grands vertébrés terrestres : une espèce fonde le groupe, de nombreuses espèces évoluent, formant un buisson touffu, enraciné sur un thème original, et produisant de légères variantes. L'expansion du volume cérébral, qui s'est produite dans le genre *Homo*, dont nous sommes les seuls représentants aujourd'hui, a modifié la donne. Nous n'étions plus simplement des primates debout ; nous étions des primates qui commençaient à s'adapter d'une façon nouvelle, à partir de formes primitives de chasse et de cueillette. Pendant presque 2,5 millions d'années, la taille du cerveau a progressivement augmenté, l'adaptation par la chasse et la cueillette s'est perfectionnée. Je suis bien certain que l'aptitude au langage articulé s'est construite progressivement, elle aussi.

De ce point de vue, *Homo sapiens* est une espèce bénie, mais on ne peut prétendre qu'il y ait entre l'homme et le reste du monde naturel un fossé plein de mystères. Une succession d'ancêtres chez qui ces attributs se sont peu à peu développés nous relie au reste du monde animé. Parfois, certains de mes collègues anthropologues usent d'un autre ton pour parler de la préhistoire de l'homme, cela m'intrigue et, même, m'amuse. Ils prétendent que l'homme moderne – et ses traits que nous vénérons tant – est apparu très brutalement et récemment. Avant l'*Homo sapiens* moderne, toutes les espèces humaines ressemblaient bien plus à des singes qu'à des hommes. Leurs capacités cognitives, leur capacité de communication et leur activité de subsistance se rapprochaient de celles du chimpanzé. Comment peut-on dire cela d'espèces dont le plan anatomique d'ensemble était semblable au nôtre, dont le volume cérébral était très proche du nôtre, et parfois même supérieur, cela m'échappe. Tout ce que je peux en conclure, c'est que certains de mes contemporains, rejoignant en cela les anthropologues du début du siècle, qui ne pouvaient se résoudre à ce que l'origine de l'homme se trouve parmi des êtres aussi inférieurs que des singes, désirent ardemment maintenir une cloison entre le reste du monde et nous. Ce désir est futile.

Je pense que nous ne sommes ni si spéciaux ni si éloignés de nos cousins biologiques que beaucoup semblent le souhaiter. Mais nous pourrions néanmoins être l'apogée de l'évolution : le produit le plus complexe du processus de création, et un produit inévitable.

« La vie, bien comprise, n'est pas une monstruosité de l'univers, ni l'homme une monstruosité de la vie », a écrit le frère jésuite, philosophe et paléontologue, Pierre Teilhard de Chardin, dans son célèbre ouvrage, *Le Phénomène humain*, publié en 1959. « Au contraire, la vie culmine physiquement en l'homme, comme l'énergie culmine dans la vie. » Teilhard de Chardin tirait ses certitudes de sa croyance philosophique en un flux d'énergie universelle guidée par le spirituel, dont le point final, prédéterminé, devait être l'homme. Nous devons nous pencher sur cette question, mais nous prendrons comme point de repère ce que nous avons appris du flot de la vie – que nous avons décrit dans les premiers chapitres de ce livre. La question du caractère inévitable de notre apparition sur la scène de l'évolution est liée, en un sens, à la question de l'augmentation de la complexité à travers l'histoire de la vie. Toutefois je vais séparer les deux termes de ce problème et les traiter séparément. Puis je les réunirai.

L'aphorisme de Charles Lyell, « le présent est la clé du passé », est un peu optimiste, parce que notre expérience du présent est limitée. Par exemple, je ne peux plus compter le nombre de fois que j'ai visité le lac Turkana, au nord du Kenya, à la recherche de fossiles humains, dans les grès sédimentaires qui forment les rives est et ouest. Ce lac est immense, il a la forme d'une patte de chien. Du nord au sud il doit couvrir 220 kilomètres, et 45 kilomètres d'est en ouest. Tous ceux qui l'ont vu en ont gardé une vive impression. Il se glisse et semble vibrer dans une lande aride et pelée écrasée par le soleil. Depuis ma première visite, en 1968, le niveau de l'eau est descendu de deux mètres, ce qui a beaucoup rallongé notre marche le matin, depuis le campement jusqu'au bord de l'eau pour nos ablutions. Cette baisse ne m'a pas surpris. J'avais lu des récits de voyageurs du XIXe siècle qui rapportaient d'importantes variations du niveau du lac. Il demeure cependant un géant parmi les lacs, quel qu'en soit l'étalon.

Les fluctuations de cet ordre sont relativement mineures comparées aux changements qu'il a subis dans la préhistoire. Frank Brown, de l'université de l'Utah, a consacré vingt ans de sa vie au lac et à ses alentours. Il a balisé plus de quatre millions d'années de son existence. Ses découvertes sont époustouflantes. Le lac actuel a l'air d'un nain, à côté de ce qu'il a été à certaines époques. Il y a tout juste 10 000 ans, par exemple, les eaux recouvraient une superficie dix fois plus étendue. À d'autres périodes, il n'existait tout simplement aucun lac dans le bassin du Turkana. Le bassin était juste traversé par une rivière. Je crois volontiers ce que Brown nous dit, et, pourtant, je n'arrive pas à l'imaginer. Ce lac nous offre une image qu'on ne peut chasser de notre esprit. Il m'est tout simplement impossible de penser qu'il ne soit pas là.

On s'expose au même problème dès qu'on essaie de se représenter un monde sans *Homo sapiens*. La conscience de notre propre existence exerce une telle force sur nous, aussi bien en tant qu'individu qu'en tant qu'espèce, qu'il est impossible de nous renvoyer à un néant, bien que, pendant des centaines de millions d'années, l'homme n'ait joué aucun rôle sur cette planète. Lorsque Teilhard de Chardin écrivait : « le phénomène humain était essentiellement prédestiné depuis le commencement », il s'exprimait autant du point de vue de cette expérience personnelle que nous partageons tous, que du point de vue religieux. L'incapacité qui nous est propre à imaginer un monde sans *Homo sapiens* a sur nous-mêmes un effet profond ; la pente naturelle est de croire que notre évolution était inévitable. Et cette inexorabilité donne un sens à la vie, car rien n'est plus sécurisant que de penser que les choses sont comme elles devaient être.

Comment cet ardent désir d'une prédestination, d'une inexorabilité, s'accorde-t-il avec ce que nous savons de l'histoire de la vie ?

Nous devons faire deux réponses à cette question, une réponse au niveau global, et une autre au niveau local. Le niveau global tient compte des grands bouleversements dans l'histoire de la vie et, particulièrement, des cinq grandes extinctions.

Au niveau local, on discutera plutôt des changements de l'environnement qui ont eu une influence sur la préhistoire humaine.

Quand nous jetions un regard panoramique sur l'histoire biologique des vertébrés, nous y observions l'évolution depuis le poisson jusqu'à l'homme, en passant par les amphibiens, les reptiles, les mammifères et les primates. Une progression du primitif vers le plus évolué semblait apparaître.

Stephen Jay Gould s'interroge de façon rhétorique en ces termes : « L'évolution ayant suivi un chemin aussi linéaire et progressif, on se demande bien comment il aurait pu en être autrement. » Il y a dans cette progression une logique apparente qui, pour citer Gould, nous incline à penser que « tout est bien, qui est [7] ». Mais cette idée est probablement fausse, nous le savons pertinemment.

Nous comprenons aujourd'hui que le Cambrien a représenté une époque d'expérimentation évolutionniste sans précédent, donnant naissance à de nombreuses architectures de base, ou embranchements, qui devinrent les patrons de toute l'histoire ultérieure de la vie. Ces architectures biologiques, une centaine en tout, ont peut-être épuisé toutes les possibilités de l'évolution, de sorte que, si par un coup de baguette magique, on pouvait tout relancer de zéro, on verrait apparaître les mêmes embranchements. Pourtant il n'existe aucun argument théorique, ni aucune preuve empirique pour soutenir cette idée. Certes, les architectures biologiques sont limitées par certaines contraintes, liées en général à des questions de biomécanique (ainsi, il n'existe pas d'organismes mus par des roues). Mais de nombreux animaux du Cambrien sont si bizarres qu'ils mettent à mal notre propre expérience de la vie, et nous laissent même sceptiques. Ainsi, bien que les formes possibles ne soient pas en nombre infini, il y a fort à parier que le bestiaire du Cambrien n'était qu'un parmi beaucoup d'autres possibles. Rembobinez le film et repassez-le – pour reprendre la métaphore de Gould – et d'autres mondes surgiront.

Et alors ? diriez-vous. L'un des plans de base qui est apparu lors de l'explosion du Cambrien est celui des chordés, qui est à l'origine des vertébrés. Une nouvelle explosion frénétique d'invention d'organismes pourrait aussi bien ne pas engendrer les chordés. Et nous avons appris que, si un embranchement n'apparaît pas au cours de la première explosion, il n'apparaîtra plus jamais. Si on rejouait le film de la vie, on pourrait aussi bien ne pas y trouver de colonnes vertébrales ; pas de poissons, pas de grenouilles, pas de lézards, pas de lions... et pas de nous.

Mais l'explosion du Cambrien a bien produit un chordé, un organisme modeste que Charles Walcott a baptisé *Pikaia gracilens*. À en juger par sa rareté au sein des schistes du Burgess, il ne devait pas jouer un grand rôle dans la vie au Cambrien. Et, pourtant, il était bien là. On pourrait presque m'accuser de me poser des questions purement intellectuelles, sans lien avec la réalité. C'est vrai, on ne peut pas rejouer l'explosion du Cambrien, de sorte qu'il est vain d'imaginer ce qui aurait pu se passer si cela avait été possible. Pourtant nous pouvons nous pencher sur les cinq épisodes de l'histoire de la vie, auxquels les chordés ont survécu, et qui ont rendu notre existence possible.

Des précédents chapitres, nous avons retenu principalement que, bien que la sélection darwinienne ait joué un rôle important dans l'adaptation des organismes – elle les a rendus plus aptes à faire face aux vicissitudes de l'existence –, des crises biotiques temporaires ont mis un temps entre parenthèses les règles darwiniennes. Elles les ont remplacées par d'autres règles, que nous commençons à peine à découvrir. Ce que nous savons, à ce sujet, c'est que la chance a joué un rôle extrêmement important. C'est elle qui détermine quelles espèces survivent et lesquelles s'éteignent. Cela vaut pour la centaine d'architectures qui apparurent au cours de l'explosion du Cambrien : c'est la main du hasard qui les a réduites à une trentaine, la trentaine de structures biologiques qui ont constitué la base de la vie actuelle. *Pikaia* a survécu à la première des grandes loteries de la vie. Il a donné naissance à tous les vertébrés, y compris *Homo sapiens*, mais il aurait aussi bien pu disparaître. Sa survie n'est pas la conséquence d'une meilleure adaptation, mais le fruit d'un hasard historique. Stephen Jay Gould a développé cette idée de façon convaincante ces dernières années et il l'a présentée en détail dans son livre *Wonderful Life*.

Partis de rien, les vertébrés ont évolué. Ils furent d'abord poissons, puis quadrupèdes terrestres. Ces derniers apparurent dans la lignée d'un groupe de poissons mineur, le groupe des poissons à poumons cœlacanthe-rhipidistiens. « Rejouez le film, éliminez les rhipidistiens au cours d'une extinction, et notre Terre ne sera plus que le royaume des insectes et des fleurs », note Gould [8]. Mais il n'en a pas été ainsi et, pour finir, les mammifères apparurent, plus ou moins au même moment que les dinosaures, vers la fin du Triassique, il y a 200 millions d'années. Pendant plus de 100 millions d'années, les mammifères ont joué un rôle écologique mineur, alors que les « terribles lézards * » dominaient la vie terrestre. Les dinosaures ont prospéré jusqu'à leur soudaine disparition à la fin du Crétacé, probablement victimes (en compagnie de millions d'autres espèces dans toutes les niches écologiques) des conséquences de la collision de la Terre avec une comète. Si la comète avait raté sa cible, les dinosaures seraient toujours les tétrapodes dominants, et les mammifères, pas plus grands que des rats, détaleraient à leur arrivée dans les profondeurs obscures des forêts denses.

* Étymologie du mot « dinosaure ». *(N. d. T.)*

Mais l'impact a eu lieu. Les dinosaures ont disparu (les oiseaux sont leurs seuls descendants). Les mammifères placentaires ont survécu, ne souffrant que de faibles pertes. Parmi eux, on comptait un petit animal, *Purgatorius*, le plus ancien primate. Et si *Purgatorius* n'avait pas survécu...

On peut m'accuser de jouer au jeu des « et si... », un jeu sans fin... Pourtant je pense que Gould a eu raison d'attirer notre attention sur le rôle du hasard dans le flot de la vie, même si je le soupçonne de pousser l'argument trop loin. Toute passion mise à part, il faut admettre que les extinctions de masse ont joué un rôle essentiel dans le façonnage de l'histoire de la vie, et ce rôle est à bien des égards imprévisible. Imprévisible, cela veut dire, par exemple, que le progrès du poisson jusqu'au présent est simplement le résultat d'une histoire de l'évolution qui s'est effectivement produite. Ce n'est pas ce qui devait immanquablement se produire. L'histoire de la vie, vue sous cet angle, n'attribue à l'évolution de *Homo sapiens* aucun caractère de nécessité inéluctable. Comme le dit Gould : « Nous sommes un événement hautement improbable dans le cours de l'évolution [9]. » On peut trouver cela difficile à avaler, mais c'est certainement la vérité.

Si l'on se penche sur l'histoire au niveau local, on aboutit à peu près aux mêmes conclusions. Il y a vingt millions d'années, une forêt bien grasse formait une ceinture à travers le continent africain d'est en ouest. Une douzaine d'espèces de grands singes y prospéraient, peut-être davantage. Les singes ne constituaient pas une part importante de la communauté écologique. Au cours des quinze millions d'années qui ont suivi, des changements spectaculaires sont intervenus à travers le continent, sous l'effet, principalement, de profondes forces géologiques sous-jacentes. À ce moment-là – il y a cinq millions d'années –, il ne restait plus qu'une poignée d'espèces de grands singes, les autres singes étant nombreux. La famille humaine est apparue quelque part dans l'Afrique de l'Est. Deux millions et demi d'années après, les températures globales se sont effondrées, des calottes glaciaires énormes se sont formées aux pôles. Le genre *Homo*, la lignée au grand volume crânien qui nous a donné naissance, est apparu. Voilà, très schématiquement, ce qui s'est produit. Regardons maintenant plus en détail ce qui s'est passé, et pourquoi.

Les forces géologiques en question proviennent de la séparation de deux plaques tectoniques qui vont de la mer Rouge, au nord, jusqu'au Mozambique, au sud. La remontée du magma a provoqué le gonflement de deux « cloques » géantes, le dôme kenyan, et le dôme éthiopien, tous deux d'au moins 600 mètres d'altitude. Les plaques continuant à se séparer, la contrainte tectonique a augmenté dans les roches continentales. Pour finir, il y a environ dix à vingt millions d'années, la tectonique a causé des fissures et des remontées de roches qui ont donné naissance à une longue et profonde vallée, nommée la grande Vallée du Rift. C'est une des rares structures géologiques que l'on voit très nettement depuis l'espace.

Ces changements de l'environnement physique ont eu des conséquences spectaculaires sur l'environnement. Les vents d'ouest, qui apportaient l'humidité de l'océan Atlantique aux grandes forêts du continent, tombaient maintenant sur une barrière, la paroi associée à la Vallée du Rift. Forcés de remonter, les vents lâchaient maintenant leur eau. À l'est de la vallée, la terre se retrouvait dans une sorte d'ombre de précipitations. Privée d'eau, la forêt recula et se fragmenta, puis fut remplacée par des bois clairsemés, et finalement par la prairie. Là où, auparavant, on trouvait un habitat forestier plus ou moins continu, il y avait maintenant deux zones écologiques distinctes, une forêt persistante à l'ouest, et la mosaïque récemment formée de bois et de prairies à l'est. Cette mosaïque s'est enrichie de la Vallée du Rift elle-même, qui fournit des habitats allant de montagnes fraîches à des déserts torrides, dans le fond de la vallée. Les biologistes admettent qu'une mosaïque variée d'habitats est un moteur puissant pour l'évolution, car une telle structure fournit de nombreuses chances de survie à des formes différentes d'adaptation. La grande diversité qu'on y observe aujourd'hui en porte témoignage.

Il semble que les conséquences de la formation de la Vallée du Rift aient joué un rôle crucial dans l'évolution de la famille humaine. Les hommes et les chimpanzés ont un ancêtre commun, leur séparation s'est produite il y a cinq millions d'années environ. À l'ouest de la vallée, les grands singes pouvaient conserver leur mode de vie pour lequel ils étaient bien adaptés, ils restaient dans d'épaisses forêts. C'est là qu'on trouve les chimpanzés et les gorilles, de nos jours. À l'est de la vallée, la terre n'était pas favorable aux grands singes ; la baisse du niveau des précipitations faisait sans cesse reculer la forêt. Une théorie très convaincante de l'origine de la bipédie, le trait qui fonda la famille humaine, propose que ce fût une adaptation à un mode de locomotion plus efficace entre des sources de nourriture plus éclatées. Il existe d'autres théories, mais celle-ci paraît assez sensée biologiquement, compte tenu des changements de l'habitat observés à cette époque.

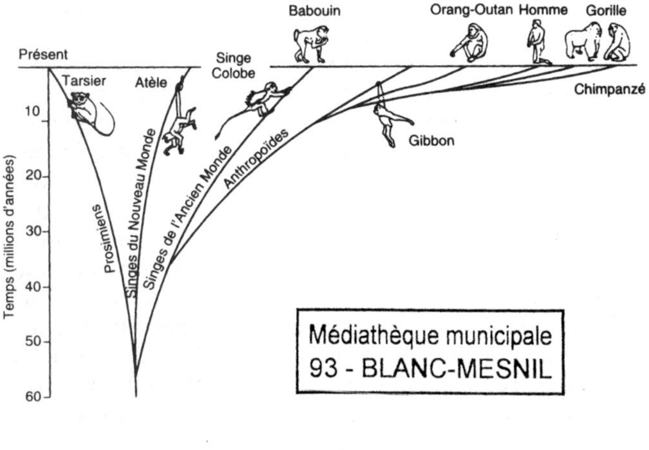

Médiathèque municipale
93 - BLANC-MESNIL

Arbre généalogique des primates. (Avec l'aimable autorisation de Blackwell Science/Roger Lewin.)

On sait très peu de chose sur la haute préhistoire de la famille humaine, car les données fossiles antérieures à quatre millions d'années sont virtuellement inexistantes. (La datation à cinq millions d'années pour l'origine du genre *Homo* est fondée sur une comparaison des gènes humains et des gènes des grands singes d'Afrique, et sur des fossiles découverts récemment.) Les données fossiles sont meilleures à partir de trois millions d'années, et permettent de montrer que diverses espèces humaines – c'est-à-dire des singes bipèdes – coexistaient dans l'Afrique de l'Est et dans l'Afrique du Sud. C'est exactement ce qu'on attend au moment de l'émergence d'une nouvelle adaptation, dans ce cas-ci, un nouveau mode de locomotion. Pendant plusieurs millions d'années, un ensemble de variations sur le même thème apparaît. De nouvelles espèces apparaissent, d'autres s'éteignent. Le genre a évolué pour produire son adaptation essentielle : un corps de singe bipède relativement gracile, avec de petits cerveaux. Leur régime était composé d'une nourriture plus solide que celle des autres singes. Ces plus anciens humains étaient de l'espèce *Australopithèque.*

Il semble qu'il y a environ 2,5 millions d'années l'évolution ait connu une nouvelle impulsion dans le genre humain, conduisant à deux adaptations différentes dans un environnement semblable. Dans l'une, l'adaptation initiale s'est exagérément développée. Un singe bipède mangeant des aliments encore plus solides et vivant dans un environnement encore plus sec est apparu. La seconde évolution aboutit à plusieurs changements importants : un corps plus athlétique apparaît, le volume cérébral augmente, et, fait notable, la viande apparaît dans le menu. Cela fut rendu possible par l'usage et la manufacture des premiers outils. C'est le genre *Homo*, dont il put y avoir plusieurs représentants, dans les tout débuts. L'évolution est partie dans deux directions, toutes deux adaptées à un environnement plus aride.

Quelque chose de spécial s'est-il produit il y a 2,5 millions d'années qui expliquerait ce sursaut de l'évolution ? Je crois que oui. Je suis d'accord avec Elisabeth Vrba, et son hypothèse de l'« impulsion de remplacement * ». Vrba, une jeune anthropologue, maintenant à l'université de Yale, a passé de nombreuses années à analyser l'évolution des antilopes de l'Afrique du Sud et de l'Est. Elle observe des poussées d'évolution il y a 5 et 2,5 millions d'années. Ce sont des périodes, observe-t-on, de refroidissement global très important. Le refroidissement a eu pour effet de changer l'environnement, provoquant la migration des communautés écologiques, et segmentant des habitats autrefois continus en petits fragments. Bien que les espèces animales essaient de migrer avec leur habitat, en restant dans les conditions pour lesquelles elles sont le mieux adaptées, il arrive parfois qu'elles ne puissent le faire. Elles peuvent se heurter à des barrières physiques, ou bien se retrouver bloquées dans de petits havres, des survivances de ce qui fut de grands habitats.

Les espèces ainsi prises au piège vont subir deux types de destin. Elles peuvent s'éteindre ou bien l'isolement génétique peut les faire changer, et une nouvelle espèce apparaît alors. Par conséquent, des changements majeurs du climat, comme les refroidissements observés il y a 5 et 2,5 millions d'années, produisent des sursauts de spéciation accompagnant des sursauts d'extinction. C'est l'hypothèse de Vrba, qui semble valable pour toutes les communautés écologiques. Ainsi, le second refroidissement n'a pas causé un sursaut d'évolution uniquement chez les hommes et les antilopes, mais également chez les rongeurs et chez beaucoup d'espèces de plantes. On en voit les effets aussi bien en Asie et en Europe qu'en Afrique. Notez bien que cela implique que le moteur de l'évolution est alimenté en carburant par des changements de l'environnement, et non par des compétitions intestines comme le suggérait la théorie darwinienne classique.

J'ai dit plus haut que la famille humaine est apparue il y a environ cinq millions d'années, que cette estimation reposait sur des données génétiques et sur de nouveaux fossiles découverts en Éthiopie et au Kenya. Cette datation est compatible avec l'hypothèse du *« turnover-pulse »*,

* *Turnover-pulse. (N. d. T.)*

car il y eut bien à ce moment-là un refroidissement global important. Ce refroidissement a peut-être fourni l'impulsion nécessaire pour que le moteur de l'évolution produise le genre humain, mais on ne peut pas être aussi catégorique.

Il faut retourner au petit jeu des « et si... ». Si les forces tectoniques qui ont formé la grande Vallée du Rift n'avaient pas été là, on trouverait peut-être toujours un tapis forestier à travers tout le continent, abritant de nombreuses espèces de singes, mais aucun singe bipède. Mais laissons la vallée se développer, comme elle le fit, produisant des singes bipèdes, et possédant un faible volume crânien. Si le refroidissement d'il y a 2,5 millions d'années n'était pas survenu, aucun sursaut d'évolution ne se serait produit, et pas d'impulsion permettant l'adaptation à un environnement plus aride : pas d'espèce du genre *Homo*, pas de nous.

Tant que le moteur de l'évolution est généreusement alimenté en carburant par des forces extérieures – les caprices de l'environnement –, alors rien de ce qui fait l'histoire de l'évolution n'est inévitable. Chaque espèce est le fruit des hasards de l'histoire. On peut décrire les événements qui ont donné naissance à chaque espèce de la même façon qu'on décrit des événements historiques. Mais cela ne signifie nullement que ces événements devaient se produire comme ils se sont produits. Ils ont simplement eu lieu, et c'est tout.

Il n'y a guère de sujet qui provoque davantage de débat au sein des biologistes que celui de la complexité. Ou, pour être plus précis, l'idée que l'évolution a engendré une plus grande complexité biologique. D'un côté, la réponse paraît évidente : la complexité a manifestement augmenté. La vie est partie de cellules uniques simples, puis elle a progressé, passant par des invertébrés discrets, allant vers les poissons, les amphibiens, les mammifères, pour culminer dans une espèce capable de méditer sur sa propre évolution. Qui pourrait douter que le plus primitif des mammifères ne soit déjà plus complexe qu'un être unicellulaire ? Mais restreignons la question aux êtres pluricellulaires : que dire d'un mammifère, comparé à un reptile ? Les mammifères sont plus actifs ; ils maintiennent constante la température de leur corps ; ils sont davantage sociaux, en général et, bien entendu, ils ont un cerveau plus gros. Ces attributs semblent militer en faveur d'une plus grande complexité et, pour ma part, je n'ai pas de mal à le croire. Alors, quel est donc le problème ?

Il y en a trois : un problème de perception, un problème philosophique et un problème pratique. Nous sommes de grands vertébrés terrestres et, de ce fait, nous avons tendance à nous focaliser sur le monde que nous habitons et à attacher beaucoup plus d'importance aux caractéristiques que nous lui connaissons, telles que la sociabilité et l'intelligence. Mais les arbres sont merveilleusement adaptés à leur environnement chimique, par exemple, et les mites sont capables de détecter la présence d'un partenaire sexuel à une distance de plusieurs kilomètres, guidées en cela par quelques molécules de phéromones poussées par le vent. Ne faut-il pas attacher une égale importance à ces aptitudes ?

Voilà pour le problème de perception. Le problème philosophique est assez complexe. On rapproche fréquemment l'augmentation de la complexité et le caractère inhérent du progrès au fil de l'évolution. Mais les biologistes évitent aujourd'hui d'invoquer ce genre de fatalité, et nous avons vu comment la notion de progrès au cours de l'évolution humaine a conduit par le passé à justifier des thèses racistes. Le problème pratique est simplement le suivant : comment mesurer le niveau de complexité ? Il n'existe aucune façon évidente de le faire.

Je vais mettre ces problèmes en perspective avec le thème de ce chapitre : les hommes sont-ils l'apogée de l'évolution ? Pour la majorité d'entre nous, la question porte évidemment sur le cerveau humain et ses extraordinaires aptitudes. (Après tout, notre corps peut difficilement se prétendre plus complexe que celui des autres mammifères.) Nous sommes fondés à nous demander si notre cerveau, avec sa pensée analytique, ses facultés créatives et sa conscience de soi, représente le point culminant (présent) du processus de l'évolution.

Il faut repartir de la théorie de l'évolution. L'écrivain le plus prolifique dans ce domaine aujourd'hui, Stephen Jay Gould, en parle avec emphase : « La théorie darwinienne de l'évolution se distingue radicalement des autres théories de l'évolution du XIXe siècle par son refus implicite d'une idée de progrès qui serait inhérente à l'évolution [10]. » Gould laisse entendre que la théorie darwinienne de l'évolution a reçu un accueil réservé de la part de ses contemporains victoriens, précisément parce qu'elle niait que le progrès fût consubstantiel de l'évolution. « Elle ne pose aucun perfectionnement de principe, aucune garantie d'amélioration ; en bref, dans un climat politique qui penchait pour un progrès naturel, cette théorie n'avait rien pour plaire [11]. »

Il est vrai que la sélection naturelle fonctionne à tout moment, répondant aux circonstances en façonnant aussitôt des adaptations. C'est un phénomène local, et non global. On n'y trouve nul indicateur pointant vers une plus grande complexité. Cependant, dans son livre l'*Origine des espèces*, et ailleurs, Darwin est ambigu : parfois il nie le progrès, et parfois il l'épouse. Ainsi, dans une lettre au biologiste américain, Alpheus Hyatt, de 1872, Darwin écrit : « Après mûre réflexion, je me résous à penser que l'évolution n'a pas intrinsèquement tendance au progrès. » Et pourtant, dans un chapitre sur « La succession géologique des êtres organisés » de l'*Origine*, il écrit que, si une espèce du passé était mise en compétition avec les espèces modernes, l'espèce ancienne « serait certainement battue et exterminée ». Il ajoute ensuite, « je suis certain que ce processus d'amélioration a affecté d'une manière sensible et nette l'organisation des formes de vie victorieuses les plus récentes par rapport aux anciennes formes défaites ; mais je ne vois aucun critère pour définir cette sorte de progrès [12] ».

Bien que certains des contemporains de Darwin, tel Charles Hyatt, aient refusé l'idée d'un progrès naturel, car elle impliquait que les hommes, avec leur sens moral, n'étaient que des singes avancés, l'évolution et le progrès sont rapidement devenus des notions synonymes. Le philosophe Herbert Spencer, inventeur de l'expression « survie du plus apte * », a écrit en 1851 que : « Le progrès... n'est pas accidentel, c'est une nécessité. » Un peu plus tard, Henry Fairfield Osborn, directeur du Muséum américain d'histoire naturelle au début de ce siècle, écrivait : « la doctrine darwinienne de l'évolution... a été, est et sera toujours, le moyen d'une évolution qui progresse ». Il résume bien la pensée de la plupart de ses collègues.

Jusqu'il y a une dizaine d'années, les biologistes n'hésitaient pas à expliquer que l'augmentation de la complexité allait de pair avec l'évolution. Les termes progrès et augmentation de la complexité étaient interchangeables. Mais, récemment, une certaine nervosité est apparue ; on peut continuer à parler de complexité, mais pas de progrès. Le progrès supposerait une mystérieuse tendance à l'amélioration inhérente à l'évolution, et cette idée est rejetée comme étant trop mystique. C'est donc avec un certain courage que Matthew Nittecki, du Field Museum de Chicago, a organisé, en 1987, une conférence dont le thème était « évolution et progrès ». À l'exception du généticien Francisco Alaya, tous les conférenciers ont rejeté la réalité du progrès. Alaya, lui, a affirmé que « la capacité à recueillir et à traiter de l'information dans l'environnement, la capacité de réaction à ces informations, constituent une adaptation importante. Elle permet aux organismes de rechercher les meilleurs environnements et les meilleures ressources, et d'éviter les mauvais ». Cette adaptation s'est affinée au fil de l'évolution, a-t-il dit. Je reviendrai plus loin sur cette observation importante.

Gould était le plus véhément. Il rejetait l'idée du progrès, expliquant que : « c'est une idée pernicieuse, ancrée dans la culture, impossible à tester, inopérante, il faut la remplacer, si nous souhaitons comprendre les structures de l'histoire ». Elle est pernicieuse, a-t-il expliqué, parce qu'elle a servi, dans un contexte social, à justifier des thèses racistes et à exclure les pauvres et les déshérités.

Depuis la conférence de Chicago, on a vu plusieurs tentatives visant à déterminer objectivement si la complexité augmente au cours du temps. Une de ces tentatives consistait à mesurer la complexité de la colonne vertébrale dans certains groupes d'animaux – écureuils, ruminants et chameaux – sur une période de trente millions d'années. Une autre a visé le même but en étudiant la structure interne des coquilles d'ammonoïdes, les animaux de la famille des nautiles qui ont existé pendant 330 millions d'années, avant de disparaître en même temps que les dinosaures. Les deux études sont parvenues aux mêmes conclusions : aucune augmentation de complexité ne pouvait être démontrée. C'étaient là de téméraires tentatives que peu auraient entreprises. Après tout, le grand biologiste de l'évolution, George Gaylord Simpson, a dit un jour : « quel courageux anatomiste essaierait de démontrer que l'homme récent est plus compliqué qu'un ostracoderme du Dévonien [13] ».

Je ne sais pas trop ce qu'il faut vraiment retenir de ces études. Peut-être est-ce leur instrument de mesure, qui ne mesure aucune augmentation de la complexité. Peut-être ces chercheurs ne mesuraient-ils pas ce qu'il fallait mesurer. Peut-être auraient-ils dû étudier des caractéristiques de groupes différents et non d'un même groupe. J'ai l'impression que cette dernière hypothèse est la bonne et je suis d'accord avec Simpson quand il dit : « L'évolution, *dans son ensemble*, a certainement été caractérisée par une tendance générale [du simple au complexe] [14]. » Je mets ma tête sur le billot, et je suggère qu'on analyse l'évolution du cerveau à travers le Phanérozoïque et que l'on regarde quels changements se sont produits, *dans l'ensemble.*

Le changement le plus évident est celui de la taille, et, particulièrement, la taille relative du cerveau. Ainsi, compte tenu de la différence de taille des corps, le cerveau humain est au moins cent fois plus grand que celui des plus anciens amphibiens ou reptiliens, fait que nous voudrions bien considérer comme significatif. Dans la

Lignée humaine, Darwin écrivit en 1871 : « La proportion du cerveau par rapport au corps est beaucoup plus grande chez l'homme que chez le gorille ou l'orang-outan, et personne ne doute, je pense, que cela ne soit étroitement lié aux facultés mentales de l'homme. » Darwin avait raison, c'est certain, bien qu'on lise implicitement deux hypothèses dans son affirmation qui ne sont pas nécessairement vraies, mais qui, pourtant, sont largement admises. Tout d'abord, on devine l'affirmation que « *plus c'est grand, plus c'est malin* ». Et, deuxièmement, que le cerveau des vertébrés a évolué d'une façon inéluctable vers la puissance du cerveau humain.

Il y a vingt ans, Harry Jerison, de l'université de Californie, à Los Angeles, a retracé l'histoire du cerveau des vertébrés dans son livre, désormais classique, *Évolution du cerveau et de l'intelligence.* Il a depuis étoffé son argumentaire en mettant en avant le concept de quotient d'encéphalisation, qui consiste en une mesure de la taille du cerveau par rapport à celle du corps. Il en a suivi les variations à travers l'évolution. L'un dans l'autre, le tableau est le suivant. Dès les premiers reptiles, l'ensemble du groupe avait acquis sa caractéristique : les reptiles avaient un petit cerveau il y a 300 millions d'années, ils l'ont gardé. Si vous représentez la taille du cerveau par rapport à la taille du corps (en coordonnées logarithmiques) et que vous y placez tous les reptiles que vous connaissez, vivants ou disparus, vous obtenez une ligne droite. L'encéphalisation a été constante au cours de l'histoire reptilienne. Les dinosaures, dont certains étaient bien plus gros que les reptiles actuels, tombent pile sur cette ligne. Cela contredit l'idée qu'ils aient pu disparaître à cause de la faiblesse de leurs capacités mentales.

Quand les premiers mammifères sont apparus, il y a environ 200 millions d'années, ces petites créatures nocturnes avaient effectué un saut dans l'encéphalisation. Ils avaient un cerveau quatre ou cinq fois plus gros que le cerveau moyen des reptiles. Quand on représente, pour de nombreuses espèces, la taille du cerveau en fonction de la taille du corps, comme on l'a fait précédemment, on observe, s'agissant des mammifères archaïques, une ligne droite semblable à celle des reptiles : la pente est la même, mais la droite est globalement déplacée vers le haut du diagramme, ce qui traduit une augmentation de l'encéphalisation. Incidemment, ce changement coïncide avec l'apparition du néocortex, une fine épaisseur de cellules qui recouvrent la partie dorsale du cerveau antérieur : c'est elle qui est responsable des aptitudes cognitives supérieures. Le néocortex est une caractéristique des mammifères, il est en partie responsable de l'augmentation de l'encéphalisation (mais le reste du cerveau s'est également développé). Même les oiseaux, apparus peu après les mammifères, ne possèdent pas de néocortex, bien que leur niveau d'encéphalisation soit comparable.

Le cerveau des mammifères est resté au même niveau d'encéphalisation pendant au moins 100 millions d'années, après son évolution au sein des groupes archaïques. Par la suite, un autre saut s'est produit, à l'origine des mammifères modernes, il y a quelque soixante-cinq millions d'années, et, tout particulièrement il y a trente-cinq millions d'années environ. La proportion tripla ou quadrupla. Cette évolution est surtout le fait des ongulés et des carnivores, avec, à leur tête, les primates. Les prosimiens qui représentent les formes les plus anciennes de primates, et qui comptent aujourd'hui dans leurs rangs des espèces telles que le galago et le « *bush babies* », sont très vite parvenus au niveau des mammifères modernes. Les anthropoïdes, parmi lesquels on compte les chimpanzés et les gorilles, et les humains, se trouvent à un niveau encore plus élevé. Chez les singes, le rapport entre le poids du cerveau et celui du corps est deux ou trois fois plus élevé que chez la moyenne des mammifères modernes. Chez l'homme, ce facteur est de six. Les hommes partagent cet exploit avec quelques cétacés, comme le dauphin.

Tous les mammifères vivants n'ont pas profité de cette récente augmentation de l'encéphalisation. Les insectivores, par exemple, sont encore assez proches des mammifères archaïques, de ce point de vue, tout comme les marsupiaux, comme notamment l'opossum de Virginie. On possède assez peu de fossiles d'oiseaux, de sorte que

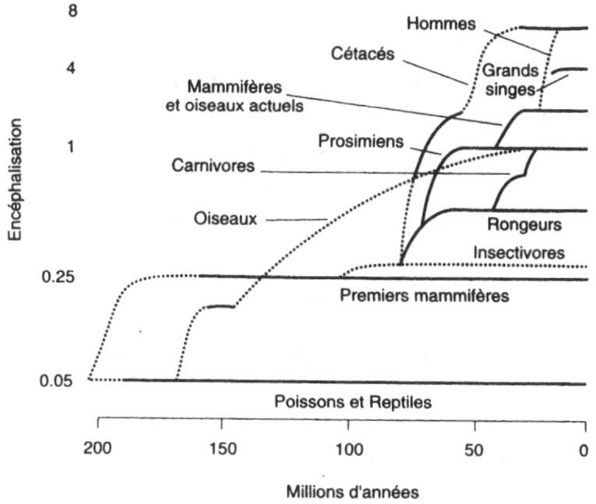

Au fur et à mesure qu'apparurent de nouveaux groupes, la taille du cerveau a graduellement augmenté.

leur cas n'est pas clairement établi. Quoi qu'il en soit, les oiseaux les plus anciens se situaient au même niveau, à peu près, que les mammifères archaïques, alors que les oiseaux modernes sont proches de la moyenne des mammifères modernes.

Cette esquisse à grands traits de l'évolution du cerveau des vertébrés est loin de prendre en compte tous les détails. Cependant, elle permet de faire ressortir quelques faits marquants. Tout d'abord, la constance, et ensuite le caractère occasionnel, ponctuel, de certains changements. On peut interpréter le mouvement global de l'évolution de différentes façons, suivant, sans doute, ses propres préjugés philosophiques. Ceux qui contestent l'existence d'un sens de l'évolution passant par des changements progressifs et allant dans une direction déterminée vont mettre l'accent sur la constance observée au sein des différents groupes. Gould est un défenseur bien connu de cette thèse. Ceux qui sont à la recherche de forces fondamentales à l'œuvre dans l'évolution vont mettre l'accent sur les changements. Le regretté Allan Wilson, de l'université de Californie, à Berkeley, défendait ce dernier point de vue.

Selon Wilson, le cerveau a pour ainsi dire alimenté son propre développement. Lorsqu'un nouveau comportement apparaît au sein d'une population, les membres de cette population qui y sont génétiquement prédisposés l'adoptent. La sélection naturelle favorise donc les prédispositions génétiques à l'innovation et à l'apprentissage. Il se forme ainsi une boucle de rétroaction *(feedback)* qui, en principe, doit accélérer le processus. C'est le comportement qui soutient l'évolution, et non des changements climatiques, ou d'autres forces extérieures. Wilson disait : les gros cerveaux font de plus gros cerveaux, et ainsi de suite.

Maintenant, la centaine de millions d'années de calme plat dans l'encéphalisation des mammifères archaïques ne plaide guère en faveur d'une boucle de rétroaction. Mais Wilson disait, lui : représentez les grands changements au fil des temps, des reptiles aux mammifères archaïques, jusqu'aux mammifères modernes, singes et hommes, et vous constaterez un accroissement du taux de croissance. « Une courbe de ce genre manifeste la présence d'un processus autocatalytique. » C'est ce que Wilson affirmait lors d'une conférence au début de 1991, peu avant sa mort. « Le cerveau a piloté sa propre évolution à travers la lignée qui a conduit à l'homme. »

Pour Ayala, « l'aptitude à obtenir et à traiter de l'information » était une adaptation qui favorisait les espèces. De ce point de vue, on comprend que la taille du cerveau ait augmenté au fil de l'évolution, d'un grand groupe à un autre. Certains biologistes acceptent le fait que la complexité ait augmenté, néanmoins ils le considèrent comme un effet, et non comme une tendance. Ils veulent dire qu'il ne s'agit que du résultat d'une compétition entre, par exemple, un prédateur et sa proie, qui aboutit à des espèces prédatrices plus performantes, et des espèces-proies plus agiles. Ces progrès ne sont que le fruit de la compétition et ne constituent pas une tendance mécanique de l'évolution elle-même. Mais, si les organismes, en tant que systèmes complexes, sont appelés à augmenter leur « aptitude à obtenir et à traiter de l'information », alors, au fil des progrès de l'évolution, et tout particulièrement au moment des grandes innovations, on observera un mouvement allant globalement vers de plus gros cerveaux.

Je me doute que cette conclusion sera mal reçue par les puristes qui m'accuseront de « cerveau-centrisme ». Ils noteront que de nombreux phénomènes dans le monde ont eu davantage d'influence sur les espèces que l'activité collective de leurs neurones. Ils ont parfaitement raison : les bactéries, par exemple, et les champignons, autre exemple. Gould a soulevé, au sujet du cerveau, la préoccupation suivante : « On voit bien se profiler, à peine voilée, la question de la conscience humaine... Si vous croyez que l'augmentation de la taille du cerveau au fil de l'évolution est un phénomène inexorable, alors, la conscience humaine devient prévisible, elle cesse d'être une incongruité [15]. » Quoi qu'il en soit, il me paraît impensable de ne pas reconnaître la complexité biologique bien réelle du cerveau, et la supériorité indéniable du cerveau humain. Je suis d'accord avec Edward Wilson lorsqu'il écrit : « N'usons pas de notre philosophie pour nier ce que nous savons être vrai en notre cœur [16]. »

En ce sens, donc, l'homme est l'apogée de l'évolution. Il est la plus haute réalisation de la machinerie biologique. Soyons honnêtes : nous sommes parvenus là grâce à de multiples coups de chance, et nous ne pouvons pas, comme Teilhard de Chardin, prétendre que nous étions prédéterminés. On ne peut guère chercher de réconfort dans la croyance que l'évolution de *Homo sapiens* était inévitable. Mais il est probable que l'émergence d'aptitudes mentales comparables aux nôtres, et d'un certain degré de conscience de soi, comme le nôtre, était inévitable, et, dans une certaine mesure, prévisible, à un moment donné de l'histoire de la Terre. Justement, c'est dans notre espèce que ces événements se sont réalisés.

CHAPITRE VII

L'INFINIE BEAUTÉ DES FORMES

La dernière phrase du livre de Charles Darwin, l'*Origine des espèces,* est aussi célèbre que lyrique [1] :

« N'y a-t-il pas une véritable grandeur dans cette manière d'envisager la vie, avec ses puissances diverses attribuées primitivement par le Créateur à un petit nombre de formes, ou même à une seule ? Or, tandis que notre planète, obéissant à la loi fixe de la gravitation, continue à tourner dans son orbite, une quantité infinie de belles et admirables formes, sorties d'un commencement si simple, n'ont pas cessé de se développer et se développent encore ! »

Quand la première espèce humaine est apparue, il y a cinq millions d'années, elle n'était qu'une espèce parmi d'autres, dans cette infinité de formes splendides, à laquelle nous autres, *Homo sapiens*, appartenons également. Nous sommes le fruit des vicissitudes de la vie – le résultat d'un mélange savant entre les processus de l'évolution et les effets capricieux des extinctions. Les autres espèces qui partagent cette Terre forment avec nous une communauté globale dont la diversité est pratiquement sans précédent. Nous avons vu, au chapitre précédent, qu'au cours des 100 derniers millions d'années le moteur de l'évolution a produit une nette augmentation de la diversité biologique, sans égale dans l'histoire de la vie multicellulaire, si l'on excepte la grande explosion qui eut lieu à ses débuts. L'extinction de la fin du Crétacé a brièvement et spectaculairement interrompu cette croissance, mais l'accroissement de la diversité qui a suivi a conduit à un monde où, encore récemment, il existait un nombre d'espèces plus grand qu'à toute autre époque de l'histoire de la Terre.

La richesse du flot de la vie apparaît de façon spectaculaire, aux yeux des paléontologues, dans les sédiments fossiles. Bien que j'aie consacré une grande partie de ma carrière à l'histoire de la famille humaine, je n'ai jamais perdu de vue le contexte écologique plus large au sein duquel elle s'est developpée. Les biotopes de l'Afrique de l'Est, qui sont ce que je connais le mieux, ont connu de grands bouleversements évolutionnistes au cours des quinze derniers millions d'années. Ces modifications sont liées pour une grande part à d'importants changements géologiques. Au cours de ces quinze derniers millions d'années, des personnages différents ont évolué dans un décor sans cesse mouvant, et la scène a été occupée par des communautés écologiques complexes, en évolution permanente. Chacune de ses communautés constituait un ensemble complet. Comme le montrent les fossiles, chacune de ces communautés a connu un destin propre et, bien sûr, un futur à sa mesure. Le flot de la vie s'est exprimé, de façon transitoire, dans chacune de ces communautés. Ainsi que je vais l'expliquer plus en détail, un peu plus loin, je pense que le sentiment des paléontologues sur l'état actuel de la diversité biologique est extrêmement important. Ce n'est que récemment que les écologistes se sont faits à cette idée.

Lorsque je suis devenu directeur des parcs nationaux, j'ai été propulsé du passé vers le présent. Je me préoccupais surtout d'espèces éteintes, je devrais désormais me préoccuper d'espèces en voie d'extinction. La faune sauvage du Kenya est extrêmement variée, il n'y a guère d'endroit sur la Terre où la faune soit plus diversifiée. Ma première tâche, en tant que directeur, était de mettre en place un programme urgent d'action contre les effets dévastateurs du braconnage, particulièrement, contre le massacre des éléphants et des rhinocéros. Par la force des choses, l'image que je retenais de la biodiversité de mon pays n'allait pas au-delà de cela – au début au moins.

Mais, quand j'étais un peu libéré des exigences de mes fonctions, que je pouvais laisser aller mes pensées, notamment lorsque je pilotais un avion de tourisme entre Nairobi et le parc national de Tsavo, ou, plus à l'ouest, vers la côte et Masai Mara, ou bien encore, mais trop rarement, vers le nord en direction du lac Turkana, je redécouvrais en la survolant la richesse de la vie sur la terre.

On définit en écologie trois mesures de la biodiversité. La première, la diversité *alpha* reflète le nombre d'espèces à l'intérieur de la même communauté écologique ; la deuxième, la diversité *bêta,* est utilisée pour comparer la distribution des espèces entre deux communautés voisines dont certains caractères physiques sont différents (comme, par exemple, l'altitude). La diversité *gamma,* troisième et dernière mesure, considère les communautés écologiques à des échelles géographiques plus grandes. Elle peut englober des régions d'habitat semblable, mais néanmoins séparées par de grandes distances. Le vol entre Nairobi et le lac Turkana constitue une véritable étude de ces trois mesures. Nairobi se trouve à 1 500 mètres d'altitude, cette ville repose sur le grand dôme géologique que la croûte continentale a soulevé il y a quinze millions d'années, depuis le niveau de la mer jusqu'à 4 500 mètres, son point culminant. Volant en direction du nord, à partir de Nairobi, je dois négocier les courbes de la Vallée du Rift, qui s'élève à 1 200 mètres au-dessus de la ville. Le sol est très riche, très fertile. Une terre rouge d'origine volcanique nourrit une mosaïque de plantations de thé et de café ; on y trouve également de petits villages. Quand on passe la paroi du Rift, l'effet est spectaculaire. De partout, le paysage vous saisit ; au-dessus et au-dessous de vous, des nuages aux formes étonnantes s'accumulent – je suis toujours soulagé quand je laisse enfin derrière moi la barrière et ses dangers.

Vers l'ouest, les parois de la vallée tombent subitement, créant un contraste entre des collines verdoyantes et le fond brûlé de la vallée. À l'est de la route, les montagnes d'Aberdare sont abondamment arrosées. Elles abritent une faune très variée, allant des singes colobe blanc et noir aux léopards. On y trouvait aussi des dizaines de milliers d'éléphants, mais cette époque est révolue : le braconnage et l'extension de l'agriculture qui a beaucoup progressé sur ce sol fertile les ont décimés. On en trouve encore 5 000 aujourd'hui. À l'est, au-delà des Aberdare, on voit le mont Kenya dont le sommet enneigé dépasse tout juste les 5 200 mètres. D'un seul regard, on englobe des contrastes faramineux : les glaciers des sommets, les forêts épaisses et humides à flanc de montagne ; le désert aride sur le plancher du Rift, et, entre ces régions, une mosaïque complexe et progressivement changeante. Je sais que chacun de ces habitats, à l'exception des glaciers, abrite une grande diversité animale et végétale. La diversité *alpha* est importante. Je sais que, si je devais passer du bas au sommet des pentes du mont Kenya, je verrais des univers biologiques bien différents, passant du subtropical à l'alpin en moins d'une journée de marche. C'est la biodiversité *bêta*.

Le contraste entre les communautés écologiques que je survole en trois heures, entre Nairobi et la côte est du lac Turkana, est saisissant. On y voit tout ce que je viens de décrire, et bien davantage. Je survole l'arête du plateau de Laikipia, puis je vole encore une heure et demie pendant laquelle je vois les cratères et les écoulements de lave, les lits de lacs asséchés, les ombres évanescentes de fleuves évaporés et, pour finir, les étendues de sédiments qui forment la rive est de l'immense lac Turkana. Là où nous atterrissons, la diversité *alpha* est moindre, bien entendu : les précipitations sont plus faibles, la température est plus élevée. Et pourtant, il y a plus de vie dans cette région qu'on ne pourrait le penser à première vue. Elle suffit à nourrir des hordes d'animaux sauvages tels que les gnous et les topis, les lions et même les léopards. Le voyage nous permet de toucher du doigt la diversité *gamma* du Kenya en observant des communautés distribuées sur une très grande étendue géographique. À nouveau, la biodiversité est élevée. Il est clair que les variations de la topographie jouent un grand rôle dans cette biodiversité. C'est la mosaïque des habitats, certains en altitude, d'autres en plaine, la myriade de biotopes se distinguant par l'amplitude thermique journalière, l'humidité, les microclimats, qui engendrent la mosaïque de communautés écologiques.

Si, au lieu de voler vers le nord, j'avais mis le cap sur l'ouest de Nairobi, j'aurais traversé la Vallée du Rift, et je me serais retrouvé en Ouganda. Au-delà, le paysage serait vite devenu d'un vert ininterrompu : un tapis de forêt tropicale s'étendant d'un bout à l'autre de l'horizon. C'est le domaine des grands singes d'Afrique. La forêt tropicale abrite une grande richesse animale, c'est vrai, mais, sans les variations de relief que connaît la Vallée du Rift, cette richesse manque de contraste ; la diversité *gamma* n'est pas grande. Ici, on ne trouve pas de hordes d'animaux de prairie, pas de lézards adaptés aux déserts arides, pas de fleurs alpines. Les variations de la topographie qu'on trouve à l'est de la Vallée du Rift, et les mosaïques d'habitats qui les accompagnent, ont été à l'origine, entre autres, des premières souches humaines, à l'aube de l'évolution de notre famille.

Si j'ai évoqué ma propre expérience, autant en paléontologie qu'en matière de protection de la faune du Kenya, c'est parce qu'elle m'a permis d'introduire la notion de biodiversité, qui est le thème central de ce chapitre. Je vais maintenant porter mon regard au-delà du Kenya, au-delà de l'Afrique, et englober la Terre entière. Ce faisant, je vais poser deux questions, toutes deux également au centre des préoccupations actuelles de l'écologie de l'évolution. La première question touche à la structure de la biodiversité, et à ce qui la façonne, aussi bien à l'échelle locale que globale. Nous verrons que, alors qu'on peut en décrire la structure avec une certaine précision car elle se présente naturellement sous nos yeux, il est beaucoup moins évident d'en trouver les mécanismes de formation. La deuxième question, à savoir combien d'espèces forment la biodiversité globale – dont nous sommes l'un des éléments –, peut paraître d'une grande simplicité. Il n'en est rien. J'en donnerai les raisons un peu plus loin.

La biodiversité, dans son ensemble, a de nombreux aspects, cependant je vais me concentrer sur ses deux composantes les plus importantes. Tout d'abord, la distribution globale de la vie : où trouve-t-on les espèces vivantes ? Ensuite, je vais comparer la vie sur terre et la vie dans les océans. Ces deux composantes sont intimement liées par les rouages de l'évolution et la dynamique des écosystèmes.

La diversité biologique du monde est très inégalement répartie. C'en est même l'aspect le plus frappant. En gros, la diversité d'espèces animales est très grande près de l'équateur, et elle diminue de façon régulière quand on monte à des latitudes plus élevées, c'est-à-dire lorsqu'on se déplace vers le nord ou vers le sud, en direction des pôles. Toute personne qui vit en Europe ou en Amérique du Nord est immédiatement frappée par ce contraste qui apparaît très nettement dans le royaume animal, et pas seulement lorsqu'on observe les spectaculaires déplacements de troupeaux migrateurs, mais encore lorsqu'on regarde les lions, les léopards ou les guépards, qui attirent tant les visiteurs. Si on compare les oiseaux, fabuleusement variés et, bien entendu, l'univers rampant des insectes, le contraste avec ce qu'on peut observer ailleurs est aussi tranchant. Il apparaît de façon aussi évidente dans le monde végétal, et particulièrement dans les forêts humides où l'on trouve un mélange d'espèces d'arbres et d'épiphytes qui les habitent, et de microépiphytes qui poussent sur ces derniers. Si l'on scrutait le monde microscopique – champignons et bactéries –, on s'apercevrait encore que le Kenya abonde en innombrables formes de vie, et surpasse de beaucoup tout ce qu'on peut voir dans les pays d'où affluent les touristes.

Les biologistes connaissent « le gradient latitudinaire de diversité », ainsi qu'on le nomme depuis de nombreuses années. Celui-ci a inspiré de multiples hypothèses qui ont donné naissance à l'écologie théorique. Les conséquences pour la biologie de la conservation en sont également très importantes : la destruction d'un kilomètre carré d'habitat tropical peut mettre en danger dix fois plus d'espèces que la destruction d'une surface identique dans des régions tempérées. La biodiversité des forêts vertes tropicales est particulièrement riche. Celles-ci couvrent un soixantième des terres émergées et, pourtant, abritent plus de la moitié des espèces. C'est pourquoi la destruction incessante de ces forêts nourrit de lourdes inquiétudes.

S'il faut insister sur le rôle des forêts, il ne faut pas pour autant négliger les autres habitats tropicaux, comme l'a montré une étude récente. Une enquête portant sur presque 1 000 espèces de mammifères d'Amérique du Sud – effectuée par le biologiste Michael Mares de l'université de l'Oklahoma – a montré que, pour certaines espèces au moins, la diversité était plus grande dans les régions sèches (comme les llanos du Venezuela et de la Colombie, les plaines du *campo cerrado*, et les garrigues du Brésil, la forêt d'épineux du Chaco et les pampas argentines). « On pense souvent que les terres sèches sont moins riches en espèces vivantes », écrit ce chercheur, dans son article de la revue *Science*, « mais s'agissant des mammifères, elles sont les régions du continent les plus riches en espèces vivantes [2] ». Cette découverte ne remet pas en cause le fait que les forêts tropicales sont des régions à haute diversité biologique, elle montre simplement que le champ où doit être cherchée la biodiversité est plus large qu'on ne le croit. Dans un commentaire accompagnant l'article de Mares, les écologistes Stuart Pimm et John Gittleman, de l'université du Tennessee, ont écrit : « On ne sait guère où se trouve effectivement la diversité, pourquoi elle se cache là, et ce qu'il en adviendra [3]. »

Avant d'en arriver à des explications sur l'abondance des espèces au niveau des tropiques, je vais montrer, par quelques exemples, à quel point le gradient peut réserver des surprises. Supposez que vous adoriez les fourmis, et que vous partiez à leur recherche à travers l'Amérique, de l'Alaska au Brésil. Supposez que vous comptiez le nombre d'espèces dans chaque région. Au départ de votre long voyage, vous ne compteriez que trois espèces, mais arrivé à destination, le nombre s'élèverait à 222. Il y a une différence de presque deux ordres de grandeur. Le plus grand adorateur des fourmis est, bien entendu, le biologiste de Harvard, Edward Wilson. À une conférence sur la biodiversité, qui eut lieu à Washington en 1987, il a affirmé : « dans un seul arbre du Pérou, j'ai identifié quarante-trois espèces de fourmis, à peu près autant que dans toutes les îles Britanniques réunies ».

Ceux qui ont un penchant prononcé pour les arbres ou pour les oiseaux racontent le même genre d'anecdotes. Par exemple, le biologiste de Harvard, Peter Ashton, a compté le nombre d'espèces d'arbres dans vingt-cinq acres de forêt de Bornéo. Il a abouti au chiffre de 700. Le même chiffre donne le nombre d'espèces d'arbres dans *toute* l'Amérique du Nord. George Stevens est un biologiste qui a passé du temps dans ces deux parties du monde. Il résume ainsi la différence entre ces deux régions, telle qu'on peut l'observer à l'œil nu : « Quand on voyage en Alaska, on est frappé par la pauvreté biologique de l'endroit. Certes, la géologie en est fascinante, mais la faune et la flore sont partout identiques. Alors qu'au Costa Rica la moindre différence de terrain vous permet de voir de grandes différences d'habitat [4]. » On le voit partout, la distribution d'espèces épouse grossièrement la forme de la Terre en suivant ses gradients.

Jusqu'il y a peu, on devinait à peine cet effet au sein des espèces marines, qui sont bien moins accessibles aux chercheurs en écologie – particulièrement la vie du fond des océans. Dans les océans, qui étaient jadis considérés comme des déserts biologiques, on découvre aujourd'hui des formes de vie extrêmement variées. Depuis les premières découvertes, dans les années 1970, de créatures puisant leur énergie des sources thermales associées au volcanisme d'origine tectonique, on s'aperçoit que certaines de ces formes sont de la plus étrange facture.

La vie qui commence à se dévoiler sous les vagues des océans se révèle très proche, dans ses caractères, de la vie terrestre, comme le confirme une étude très importante conduite par des chercheurs des États-Unis, d'Écosse et d'Australie, à la fin de 1993. La plus grande diversité se trouve au voisinage de l'équateur, la richesse en espèces décroît, au fond des mers, quand on remonte en latitude. Dans leur article, ces chercheurs rapportent qu'« [ils ont] été surpris par la présence de ces gradients latitudinaires, parce que tout le monde pensait que les gradients d'environnement physique – qui organisent la vie à grande échelle en surface – ne pouvaient affecter les communautés vivant à de grandes profondeurs [5] ». Écologiquement parlant, on a toujours considéré que les grands fonds étaient déplorablement monotones, sous toutes les latitudes. On s'attendait donc à ce que les différences de diversité entre latitudes fussent très faibles. Les chercheurs en déduisent, avec raison, que leurs découvertes ont des conséquences pour la conservation, tout comme pour la destruction des habitats terrestres. Ainsi, la recherche pétrolière, ou minière, le stockage de déchets, auront des impacts à diverses échelles sur la biodiversité, suivant qu'on se trouve sous des eaux tropicales ou arctiques.

Le fait que le gradient d'espèces peuplant les grands fonds soit « inattendu » nous amène à nous intéresser aux causes des structures globales. Nous pouvons formuler au moins une hypothèse acceptable : le gradient de diversité serait lié au gradient de certains déterminants physiques importants qu'on retrouve aussi sur terre, tels que la chaleur ou l'ensoleillement. Intuitivement, on sent bien que les habitants des terres émergées et ceux des eaux très profondes doivent être très différents, et, en réalité, ils le sont. De très nombreux habitants du fond des océans vivent en général dans le noir complet. Leurs fluctuations de température sont très amorties. Ce n'est pas le cas sur la terre ferme. Il est clair qu'un mécanisme fondamental de spéciation doit y être à l'œuvre, et qu'il se manifeste différemment dans des environnements très distincts. Quand on cherche à comprendre quel est le mécanisme à la source de cette structure à grande échelle, le problème n'est pas le manque d'hypothèses, mais plutôt le trop-plein. On a proposé de nombreuses explications au fil des ans, souvent contradictoires. Pareilles contradictions sont le signe que nous sommes loin d'avoir résolu la question. Je vais maintenant décrire quelques-unes de ces hypothèses.

Une des hypothèses qui a le vent en poupe depuis un certain temps porte le nom d'« hypothèse temporelle ». Selon cette hypothèse, les tropiques connaissent leurs conditions climatiques caractéristiques depuis plus longtemps que les régions tempérées. Cela tient aux glaciations périodiques qui affectent les zones tempérées plus intensément. Par conséquent, la biodiversité a eu davantage de temps pour se développer sous les tropiques. C'est du moins ce qu'on prétend. Cependant, on connaît des régions du monde qui ont été relativement épargnées par les glaciations, y compris certaines zones situées très au nord où la diversité des espèces n'est pas aussi riche que le modèle le supposerait. L'hypothèse temporelle, donc, ne tient pas. Pas plus que l'« hypothèse de productivité », qui a également des adeptes de longue date.

Les tropiques semblent bénis par la nature : ils baignent dans des températures d'une douceur délicieuse, bénéficient d'une lumière abondante et, en de nombreux endroits, l'eau douce coule à profusion. L'expérience quotidienne nous enseigne que ce sont les conditions idéales pour que les plantes prospèrent. Comme les animaux dépendent des plantes, une grande diversité végétale et animale peut s'établir. C'est exact, mais il faut sauter une étape dans le raisonnement, en supposant qu'une productivité élevée (c'est-à-dire une biomasse importante) engendre nécessairement un haut degré de diversité. Pourquoi devrait-on trouver beaucoup d'espèces dans un environnement fécond, plutôt qu'un petit nombre d'espèces profitant chacune davantage de l'environnement ? (Les forêts de conifères du Nord fournissent une énorme biomasse, mais les espèces qu'on y trouve sont peu nombreuses ; la biomasse des prairies est peu élevée, mais le nombre d'espèces y est grand.) Le point faible de cette théorie, c'est qu'il n'existe aucun lien clair entre la productivité et le nombre d'espèces.

Remarquons que l'hypothèse temporelle ne suppose pas que, sur les tropiques, l'évolution se produise de façon particulière, mais elle invoque simplement le temps, qui doit être plus long pour permettre une plus grande accumulation d'espèces. L'hypothèse de productivité suppose, elle, que l'évolution possède sous les tropiques des caractéristiques particulières. Elle implique que les tropiques possèdent quelque chose de singulier qui y favorise un taux plus élevé de spéciation que celui des régions tempérées. Quand on se promène dans le *bush,* dans la savane, ou bien dans les forêts épaisses et humides, on se retrouve au milieu d'un kaléidoscope d'espèces, une richesse du vivant présente à toutes les échelles, comme des images fractales, qui semble nous montrer partout du doigt la créativité propre à l'évolution. On dirait bien que les tropiques sont le berceau de la vie, qu'ils produisent « une quantité infinie de formes », à une cadence élevée. Mais il existe une autre explication : l'environnement tropical est peut-être simplement plus tolérant, les espèces s'y éteignent peut-être moins vite qu'aux latitudes plus élevées.

L'idée est intellectuellement satisfaisante. Aux latitudes élevées, les animaux et les plantes doivent traverser des hivers rigoureux, au cours desquels la mortalité peut être élevée. Une population rendue vulnérable par une réduction locale de ses effectifs peut s'éteindre au cours d'un hiver particulièrement difficile. La lutte pour la survie semble plus dure aux latitudes élevées, les fluctuations saisonnières étant plus grandes.

Jusqu'il y a peu, on ne pouvait dire si la diversité tropicale était le fruit d'une innovation exceptionnelle de l'évolution sous ces latitudes, ou la conséquence d'un taux d'extinction moins défavorable. Il y a quelques années, David Jablonski s'est penché sur cette question en analysant le matériel paléontologique. Il s'était dit que si les fossiles révélaient que les apparitions de nouvelles espèces étaient plus fréquentes dans les régions tropicales, la question serait réglée. Il choisit d'analyser les espèces d'invertébrés marins depuis le Mésozoïque, il y a 225 millions d'années environ, pour aborder le problème. Il observa que, sous les tropiques, l'apparition de nouvelles espèces était effectivement plus fréquente ; « cela prouve directement que les régions tropicales ont été des sources très importantes de nouveauté au sens de l'évolution », écrit-il en juillet 1993, dans un article publié dans la revue *Nature.* « Ces régions ne sont pas simplement des havres où la biodiversité augmente parce que les taux d'extinction sont faibles [6]. » Ce résultat important a précisé la question posée aux biologistes : quelle que soit la particularité des tropiques, elle favorise *effectivement* l'innovation au fil de l'évolution.

De nos jours, les biologistes s'accordent à penser que les nouvelles espèces se forment principalement sous l'effet de ce que l'on appelle la « spéciation allopatrique ». Ce terme signifie simplement que si les populations d'une espèce existante se retrouvent isolées les unes des autres pour une raison ou pour une autre, alors l'espèce peut accumuler un nombre suffisant de différences génétiques et d'adaptations, sur une période relativement courte, pour devenir une espèce dérivée indépendante (c'est le point central de l'hypothèse du *« turnover-pulse »* d'Elisabeth Vrba, que j'ai évoquée plus haut).

Comment l'environnement tropical peut-il favoriser la spéciation allopatrique ? Deux suggestions ont été faites, que je vais décrire ci-dessous.

Mais, avant cela, je dois souligner qu'il serait naïf de s'imaginer les tropiques comme une ceinture d'habitats également féconds, faisant chacun tourner la machine de l'évolution et ses innovations à un rythme plus rapide qu'aux latitudes tempérées. Les biologistes commencent à comprendre que, s'agissant d'une espèce donnée, tous les habitats n'ont pas le même potentiel. Dans un certain habitat, l'espèce peut très bien prospérer, alors qu'elle s'effondre et disparaît dans un habitat voisin. Cependant, comme les animaux et les plantes (de par la dispersion de leurs graines) sont mobiles, les individus du premier habitat migrent continuellement vers le second, ce qui tend à uniformiser les populations des deux habitats voisins. On parle alors d'« habitat-source » et d'« habitat-puits », pour des raisons évidentes. Il est vraisemblable que les notions d'habitat-source et puits s'étendent à la production d'espèces. Ainsi, un carré de forêt tropicale apparemment uniforme peut très bien être une mosaïque d'habitats favorisant la spéciation à des degrés différents.

Pour de nombreux biologistes, cette faculté de favoriser la spéciation est une conséquence de la stabilité des habitats tropicaux. « Lorsque le climat est plus stable, il est probable que les ressources alimentaires sont également plus stables », explique Wallace Arthur, un écologiste du Sunderland Polytechnic, en Grande-Bretagne. « Par suite, les espèces peuvent devenir plus pointilleuses sur le choix de leur nourriture – leur niche alimentaire peut être plus étroite – sans nuire à leur survie [7]. » L'étroitesse de leur niche alimentaire pousse ces espèces à rester dans des régions peu étendues, où elles trouvent l'alimentation qui leur convient. Cela implique, d'une part, que davantage d'espèces pourront, selon toute vraisemblance, occuper une région de surface donnée, et, d'autre part, que la spéciation sera encouragée. Le caractère uniforme du climat tropical permet à de petites populations de survivre, même à la limite de leur zone, alors que sous des latitudes plus difficiles, plus au nord, ces populations courent un plus grand risque de disparaître ; là-haut, les espèces ont moins de chances de démarrer ; c'est ce que suggère Arthur. Selon ce scénario, le moteur de l'évolution est à chercher dans la stabilité ; cette dernière fournit également un environnement propice à la coexistence de nombreuses espèces. Ce scénario est-il correct ?

Non, si l'on en croit une hypothèse plus récente, d'après laquelle *l'instabilité* est le moteur de l'évolution. Au cours des années 1970 et au début des années 1980, les écologistes de l'évolution débattaient âprement des forces susceptibles de façonner les communautés. Au début de la controverse, on pensait généralement que la compétition entre espèces déterminait la composition des communautés ; elle fixait en particulier les conditions de la coexistence de certaines espèces. En dix ans, la compétition a beaucoup perdu de partisans, même si elle est toujours considérée comme un facteur agissant sur les structures des communautés. Un écologiste de l'université de Californie, à Santa Cruz, Joseph Connel, a joué un rôle important dans ce changement de point de vue. Il se souvient de son voyage en Australie où il était parti étudier la barrière de Corail, alors qu'il était un fervent adepte de la compétition. La nature s'est chargée de changer son point de vue : un ouragan a balayé en un tour de main son site de recherches, et une grande partie de la communauté qu'il étudiait a été anéantie. Ce fut, pour Connel, une leçon instructive : des forces autres que la compétition jouaient un rôle important dans le monde naturel. Certes, un ouragan constitue une perturbation de l'environnement plutôt spectaculaire et inhabituelle, mais d'autres perturbations de moindre importance se produisent aussi, et plus fréquemment. Elles sont également plus créatrices, mais d'une façon plus indirecte.

Les communautés qui résistent aux perturbations finissent rapidement par être dominées par quelques espèces. Infligez une contrainte à cette communauté, en ménageant par exemple une trouée dans la forêt, et d'autres espèces auront une chance d'entrer dans cette communauté. En extrapolant, on peut penser que des contraintes répétées pourraient favoriser l'évolution de nouvelles espèces. Cela peut paraître contraire au bon sens. Il semblerait plus simple d'imaginer un environnement stable et inoffensif, berceau tranquille de l'évolution, entourant de ses soins les espèces émergentes au moment où elles sont le plus vulnérables. Pourtant, il semble de plus en plus que les contraintes et les instabilités soient les véritables accoucheuses de l'évolution.

Ainsi, la forêt tropicale amazonienne, très riche en espèces, a subi de terribles perturbations, particulièrement au cours de la dernière époque glaciaire, il y a 10 000 ans, et au début de l'époque récente, où les conditions ont été plus clémentes. Au début, alors qu'il faisait très froid, le continent était loin d'être recouvert par un manteau forestier. Au lieu de cela, on trouvait des fragments de forêts dans les habitats favorables, là où des microclimats protégeaient les espèces adaptées à des environnements plus chauds. Le débat roule depuis longtemps sur la façon dont ces fragmentations peuvent favoriser la spéciation. Certains avancent que dans ces fragments forestiers, ou refuges, les populations de chaque espèce se sont retrouvées isolées et qu'elles ont génétiquement dérivé les unes par rapport aux autres. Cela colle très bien avec l'hypothèse de la spéciation allopatrique. Mais on n'a guère trouvé de preuves convaincantes de l'existence de ces refuges. Peut-être les perturbations de l'environnement ont-elles simplement poussé le moteur de l'évolution, l'environnement devenant créatif en passant d'une complète stabilité à une complète instabilité, ou chaos. (Dans la forêt amazonienne, la grande civilisation Maya a accentué cette perturbation en défrichant beaucoup, à certains endroits.)

La créativité naturelle, à la frontière entre la stabilité et le chaos, est également apparente dans les océans, où l'on observe une structure curieuse. La vie marine est bien plus diversifiée dans les grandes profondeurs. Comparées à cette diversité, les communautés évoluant près des côtes paraissent un peu pâlichonnes. De nouvelles espèces apparaissent dans ces deux types d'endroits, mais de façon plus prolifique dans les grands fonds marins. Pourtant, les nouveautés évolutionnistes les plus importantes – des espèces montrant des caractères adaptatifs radicalement nouveaux et non de simples variations sur des thèmes existants – se produisent plus fréquemment dans les communautés côtières. Ce phénomène semble bien réel. C'est le résultat d'une plus grande innovation et non la survie sélective de quelques drôles d'oiseaux près des côtes. La raison en reste néanmoins mystérieuse. Ce qu'on peut dire des communautés côtières, c'est que, à cause des vagues, elles sont bien plus chahutées que les communautés des grandes profondeurs. Il semble que la contrainte favorise l'innovation évolutionniste.

Si les perturbations sont les accoucheuses de l'évolution, pourquoi existe-t-il une différence entre les régions tropicales et les régions tempérées ? Récemment, George Stevens a proposé une explication. Selon lui, les espèces tropicales sont souvent spécialisées, très adaptées à des conditions bien définies, alors que les espèces des régions tempérées doivent, par nature, être adaptées à des conditions moins bien définies, elles tolèrent des fluctuations saisonnières de température et de flux lumineux. Les espèces tropicales sont donc plus vulnérables aux perturbations, qui donnent également leur chance à de nouvelles espèces. Les espèces tempérées sont bien plus tolérantes, et, donc, elles fréquentent moins souvent les franges créatrices de l'évolution.

Que dire des grands fonds marins où prévaut un gradient d'espèces lié à la latitude, identique à celui de la terre ferme ? Les gens pensent généralement que le fond des mers est un endroit extrêmement monotone, où rien ne change. Si cela est exact, alors l'hypothèse des perturbations s'écroule. Mais, comme le laissent entendre les écologistes John Cage et Robert May dans leur commentaire sur la découverte du gradient d'espèces des grandes profondeurs : « Après tout, les grands fonds océaniens ne sont peut-être pas aussi uniformes, globalement, qu'on le pense [8]. » Peut-être bien. Ainsi, il n'y a pas si longtemps, on pensait que les grands fonds étaient un véritable désert biologique, et l'on sait maintenant qu'ils fourmillent d'une vie qui rivalise en variétés, par endroits, avec les forêts tropicales.

Comme nous venons de le voir, la diversité est organisée à grande échelle d'une manière vraiment frappante. Nous avons également vu que le processus évolutionniste, qui crée « une quantité infinie de formes », fonctionne d'une façon que les biologistes ne sont pas encore parvenus à percer.

La biodiversité possède une seconde organisation à l'échelle globale, également très importante. Cette dernière nous apparaît lorsque nous comparons les terres et les mers. De toutes les espèces recensées aujourd'hui, 15 % seulement vivent dans les océans – pour la plupart dans les grands fonds ou dans leur voisinage –, le reste vit sur la terre ferme. Si l'on ajoute que les océans couvrent pratiquement les trois quarts de la surface de la Terre, on voit que ce déséquilibre est particulièrement marqué. De ce fait, le royaume terrestre semble abriter une diversité bien plus grande que le royaume marin. Il faut cependant relever un paradoxe, lié au niveau hiérarchique où l'on fait la comparaison.

J'ai parlé jusqu'ici d'espèces, c'est-à-dire du degré le plus bas dans la hiérarchie. Mais si nous faisons maintenant la comparaison de la diversité marine et de la diversité terrestre au niveau des embranchements, le tableau est très différent. Sur les trente-trois embranchements existant, trente-deux sont représentés par des animaux marins, alors que douze seulement sont représentés par des animaux terrestres. Les deux tiers des embranchements ne sont représentés que par des animaux marins, alors que 3 % seulement des embranchements sont exclusivement terrestres. (La différence est faite d'embranchements représentés à la fois par des animaux marins et par des animaux terrestres.) De ce point de vue, les mers abritent une variété de formes bien plus grande que les habitats terrestres. Autrement dit, on trouve dans les mers de nombreux thèmes, et peu de variations sur ces thèmes, alors que, sur terre, on trouve bien plus de variations, mais sur des thèmes moins nombreux.

On a vu les chercheurs avancer une pléthore d'explications pour rendre compte de la différence entre les nombres d'embranchements et les nombres d'espèces marines et terrestres ; ces explications sont aussi nombreuses que pour le gradient d'espèces latitudinaire. C'est le signe d'une grande incertitude. Il est parfois difficile de répondre aux questions les plus simples telles que : pourquoi la vie terrestre est-elle dominée par les espèces d'insectes, alors qu'on en trouve très peu dans les mers ?

L'explication la plus évidente du plus grand nombre d'embranchements dans les mers est que c'est là que la vie multicellulaire a commencé, au cours de l'explosion du Cambrien. Tous les embranchements existants sont apparus à ce moment-là, ou peu après. Tous les embranchements ont donc eu l'occasion de laisser des descendants dans les océans, alors que, sur terre, on ne peut trouver que ceux qui ont évolué et se sont adaptés aux conditions terrestres. Cela n'explique pas pourquoi il existe beaucoup moins de variations sur la même architecture de base dans les mers que sur la terre ferme – après tout, la vie marine a pris 100 millions d'années d'avance sur la vie terrestre. Les deux environnements doivent avoir quelque chose de différent, qui rend le moteur de l'évolution plus puissant sur terre.

Si le fond des océans était formé de grandes étendues identiques, comme on l'a supposé jusqu'il y a peu, alors on comprendrait les raisons d'une moindre diversité.

L'hétérogénéité de l'environnement – celles du climat et de la topographie – et son changement sur des échelles de temps relativement courtes favorisent l'évolution des espèces. Mais aussi varié que soit l'environnement des grands fonds marins, il est probablement bien plus hétérogène qu'on ne l'a supposé.

La complexité spatiale des grandes forêts tropicales et, jusqu'à récemment, des forêts tempérées, ne se rencontre pas ordinairement dans la mer (si l'on excepte les récifs coralliens, qui abritent des espèces très variées). Bien qu'il veuille bien reconnaître que ce fait joue un rôle, Robert May, qui a dirigé une étude sur cette question, reste sceptique : « J'ai du mal... à accepter que ce fait puisse expliquer le rapport 85/15 qui existe en faveur du nombre d'espèces terrestres par rapport aux espèces marines [9]. » Il fait également remarquer une différence curieuse entre les forêts tropicales et les récifs coralliens, qui passent souvent pour des entités analogues, chacun dans son élément : « Les récifs coralliens regorgent de formes de vie animales très apparentes... à l'opposé, on ne voit que rarement les vertébrés dans les forêts tropicales, et les invertébrés eux-mêmes ne sont pas si faciles à dénicher [10]. » Pourquoi cette différence ? Personne ne saurait le dire.

Beaucoup d'autres hypothèses ont été proposées, pour expliquer la différence entre la richesse d'espèces terrestres et marines. La plus prometteuse invoque la taille et le rayon d'action des espèces. Les espèces marines, qui sont en général plus petites que les espèces terrestres, ont également un rayon d'action plus vaste. Un rayon géographique plus grand se traduit en général par un nombre d'espèces plus faible. Ceux qui ont à l'esprit la perspective de l'écologie de l'évolution trouvent cette hypothèse intéressante, mais reconnaissons-le, elle demeure spéculative.

Après avoir expliqué les formes que prend la diversité globale, je vais me tourner vers la composition même de cette diversité, et poser la question suivante : combien d'espèces trouve-t-on sur la Terre aujourd'hui ?

À cette question simple, Robert May apporte une réponse simple : « Nous ne savons pas, à un facteur dix près, avec combien d'espèces nous partageons la Terre [11]. » La plupart des estimations tombent entre cinq et cinquante millions, certaines estimations allant même jusqu'à cent millions. Pourquoi une telle incertitude ? Peu de biologistes, en fait, se sont réellement penchés sur cette question, et ceux qui l'ont fait ont été dépassés par les difficultés rencontrées pour tenter de parvenir à une estimation fiable.

C'est effectivement un fait assez remarquable que nous autres, modernes, qui sommes tellement obsédés par les chiffres, soyons si ignorants en matière de comptes naturels. Pourtant, nous sommes intimement liés à la nature et, finalement, nous en dépendons. Nous savons assez précisément combien il y a d'étoiles dans notre galaxie, la Voie lactée : environ cent milliards. Nous savons combien il y a de paires de nucléotides dans le matériel génétique humain : trois milliards. Et nous pouvons calculer à quelques heures près l'instant de l'impact d'une comète avec Jupiter, comme cela c'est produit à quatre heures de l'après-midi (heure de la côte est des États-Unis), le 16 juillet 1994. Et, cependant, nous ne pouvons pas chiffrer précisément le nombre d'espèces existant aujourd'hui et composant la biodiversité. Ce n'est pas qu'on ne sache pas comment le faire, c'est qu'on n'a pas fait l'effort nécessaire. C'est-à-dire que les gouvernements ont dépensé des centaines de millions de dollars pour l'étude systématique des étoiles, mais seulement une minuscule fraction de la même somme a été consacrée à une étude systématique de la nature terrestre.

La recherche de l'ordre naturel a commencé vraiment avec Aristote, mais il a fallu attendre 2 000 ans pour que l'histoire naturelle devienne une discipline respectable de la science occidentale. La classification des plantes et des animaux est devenue progressivement une discipline importante de la science moderne. Au début, elle servait à mettre en valeur les produits de l'atelier divin. C'est Linné qui a établi le système moderne de classification dans ses *Systema naturae*, au milieu du XVIIIe siècle. Il a recensé environ 9 000 espèces de plantes et d'animaux, en utilisant un système qui partait des relations existant entre eux (dans le sens de la création, bien entendu, il ne s'agit pas de succession dans le temps). Cette entreprise modeste, mais révolutionnaire, qui commençait l'étude systématique de la nature, démarrait un siècle après que Newton eut développé la loi de la gravitation, qui a permis de faire les calculs de la récente collision entre Jupiter et la comète. Depuis l'époque de Linné, le nombre d'espèces recensées a substantiellement augmenté, bien sûr, et le chiffre actuel approche les 1,4 million environ. Je dis environ, car il n'existe aucun dépôt centralisé de toutes les espèces décrites, de sorte que ce chiffre n'est qu'une estimation. C'est assez cocasse : il existe *effectivement* une banque centralisée de toutes les séquences d'ADN que les laboratoires de biologie moléculaire produisent à travers le monde, alors qu'une telle banque n'existe pas pour les organismes dont on tire le matériel génétique.

85 % des espèces connues sont terrestres, et la majorité d'entre elles, environ 850 000, sont des arthropodes (c'est-à-dire des insectes, des araignées et des crustacés). La plupart des espèces d'arthropodes sont des insectes, et la moitié d'entre elles sont des cafards ou des hannetons. On prétend que ce fait a inspiré au biologiste anglais J. B. S. Haldane une épigramme fameuse. À un homme d'Église qui lui demandait un jour ce que l'étude de la nature lui avait appris sur Dieu, Haldane aurait répondu que ce dernier « avait une passion immodérée pour les cafards ». Cette histoire, sans doute apocryphe, reflète bien la réalité si les dernières études sont confirmées, elle la sous-estime, même.

Des 300 000 espèces de plantes connues, la plupart sont des plantes à fleurs. (L'abondance des insectes et, indépendamment, des fleurs n'est sans doute pas le fruit du hasard, ces deux types d'organismes ayant évolué conjointement au cours des 100 derniers millions d'années.) On a recensé environ 69 000 espèces de champignons, et autant d'êtres unicellulaires, en gros. Dans ces derniers, on n'a décrit que 5 000 espèces de bactéries. Le monde qui attire le plus notre attention, c'est-à-dire celui

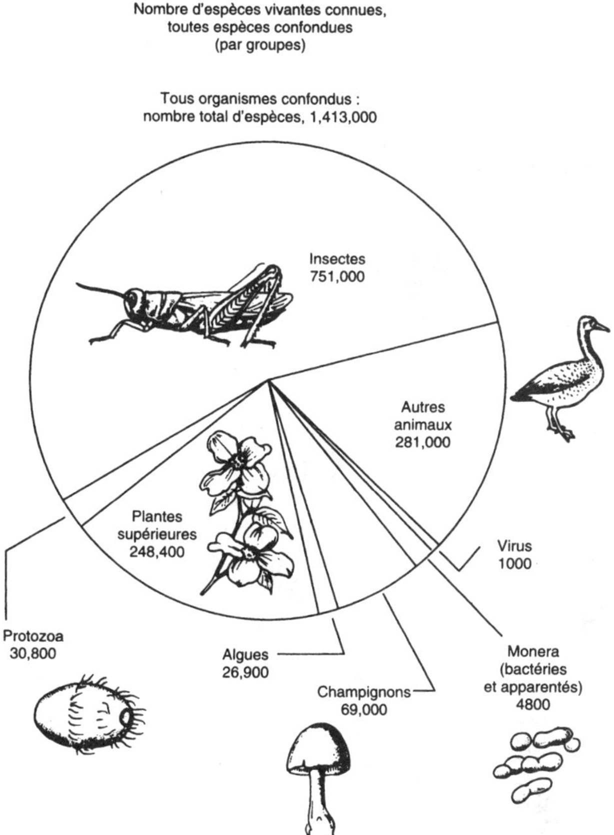

La diversité actuelle du vivant est dominée par les insectes et les plantes supérieures, cependant, il reste encore de nombreuses espèces à découvrir parmi les bactéries, les champignons et d'autres groupes assez peu étudiés. Au bout du compte, le nombre total d'espèces doit se situer entre dix et cent millions. (Avec l'aimable autorisation de The Belknap Press de l'Université de Harvard, Cambridge, Mass., The Diversity of Life *de Edward O. Wilson, Copyright 1992 by Edward O. Wilson.)*

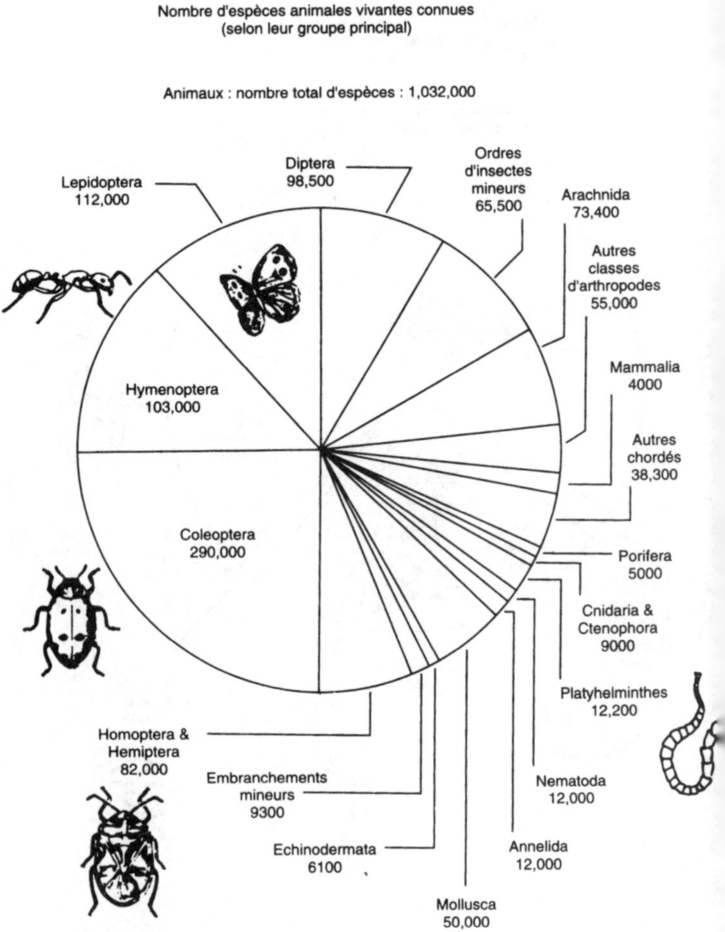

Parmi tous les animaux connus des savants, les insectes sont de très loin les plus nombreux. Ce déséquilibre fait que la plupart des espèces animales connues sont des espèces terrestres ; en revanche, la plupart des embranchements (échinodermes, etc.) – les plus hautes unités de la taxinomie – sont marins. (Avec l'aimable autorisation des éditeurs de The Diversity of Life *de Edward O. Wilson, Cambridge, Mass., The Belknap Press of Harvard University Press, Copyright 1992 by Edward O. Wilson.)*

des vertébrés, peut s'enorgueillir de 40 000 espèces dont 4 000 espèces de mammifères, 9 000 espèces d'oiseaux, le reste étant composé de reptiles, d'amphibiens et de poissons. Avant d'oser penser avec fierté que le nombre de mammifères est somme toute assez comparable à celui des bactéries, il convient d'y réfléchir à deux fois. Un groupe de recherche norvégien a récemment analysé le contenu bactérien d'un gramme de terre d'une forêt de hêtres et la même quantité de sédiments prélevée sur la côte norvégienne. Dans les deux cas, les chercheurs ont identifié pas moins de 5 000 espèces, le recouvrement entre les deux échantillons étant nul. Il est clair que les 5 000 espèces de bactéries recensées à ce jour ne représentent qu'une minuscule partie de la réalité.

Non seulement cette liste sous-estime de façon importante le nombre réel d'espèces terrestres, mais, en outre, la liste est biaisée de diverses façons. Tout d'abord, elle reflète le goût subjectif de l'homme pour les animaux à fourrure et à plumes. Beaucoup plus de taxinomistes étudient les oiseaux et les mammifères que les insectes, les nématodes ou les bactéries. Bien qu'on découvre tous les ans de nouvelles espèces d'oiseaux et de mammifères, elles sont peu nombreuses. Le nombre final de ces espèces ne sera peut-être pas très éloigné du nombre connu actuellement. La situation est différente pour le reste – presque tout le reste – de la nature, comme l'illustre l'exemple des bactéries. Le second biais favorise les régions tempérées de l'hémisphère Nord, parce que c'est là que travaillent la plupart des taxinomistes (les gens qui classifient les organismes). Le gros des espèces est concentré autour des tropiques, et pourtant, pour chaque espèce connue dans les tropiques, on peut compter deux espèces dans les latitudes plus élevées de l'hémisphère Nord.

Une des premières tentatives pour établir une estimation du nombre d'espèces d'insectes a été faite par l'écologiste britannique Carrington Williams. Il l'a publiée en 1964 dans un livre intitulé *Patterns in the Balance of Nature*. Il est parvenu au chiffre de trois millions, en combinant un échantillonnage local et des extrapolations.

Dans les vingt ans qui ont suivi, des biologistes de terrain, travaillant en général à titre indépendant, ont rassemblé des informations dans des habitats très différents, dont certains habitats nouveaux comme les fonds abyssaux des océans. Le nombre total d'espèces s'est élevé au moins à dix millions.

Puis, provoquant l'un des plus spectaculaires coups de tonnerre en biologie systématique, Terry Erwin, de la Smithsonian Institution, a annoncé en 1982 qu'il existait probablement trente millions d'espèces d'insectes, pour la plupart, occupant le faîte des arbres des forêts tropicales. Erwin a obtenu son estimation en comptant les populations d'insectes à partir d'un échantillon très important d'arbres de la forêt panaméenne. Il y est parvenu en répandant un insecticide très haut dans les arbres, et en ramassant les cadavres d'organismes qui tombaient à terre. Un travail osé, mais, aussi important qu'il fût pour la science, ce travail a été très largement ignoré. Quelques années plus tard, Edward Wilson faisait remarquer : « Si des astronomes devaient découvrir une nouvelle planète au-delà de Pluton, la nouvelle ferait la une de tous les journaux à travers le monde. La découverte que le monde vivant est plus riche que ce qu'on a pensé n'a pas eu cette chance, bien que cela soit bien plus important pour l'humanité [12]. »

Depuis l'annonce d'Erwin, l'intérêt s'est refocalisé sur cette question restée sans réponse. À nouveau, il ne s'est pas agi d'un effort concerté ; des biologistes travaillant indépendamment, chacun dans son domaine de recherche, se sont lancés dans l'estimation. Ainsi, David Hawksworth, de l'Institut mycologique international de Kew, en Grande-Bretagne, prétend que l'estimation actuelle de 69 000 espèces de champignons est sous-estimée d'au moins un facteur vingt. Il a montré que pour chaque espèce de plantes vascularisées européennes, il existe environ six espèces de champignons ; or, on connaît 300 000 espèces de plantes de cette sorte, ce qui donne probablement 1,8 million d'espèces de champignons. Si l'on découvre encore d'autres espèces de plantes, alors ce nombre, déjà très élevé, s'élèvera encore

Nid de la poule d'eau – Fulica chloropus *(Linnaeus)* – *Musée de Rouen.*

Retour des fourmis après la bataille.

L'araignée mangeuse d'oiseaux (Mygale avicularia) *tuant un oiseau-mouche. D'après Sybille de Merian.*

Calosoma (Calosoma inquisitor) *poursuivant un bombardier* (brachinus crepitans), *qui couvre sa retraite.*

plus. Peter Hammond, du Muséum d'histoire naturelle de Londres, prétend que la situation est la même pour les nématodes. On recense 15 000 espèces de ces minuscules vers. Ce sont les parasites universels des plantes et des animaux, qui peuvent vivre aussi bien dans la mer qu'en eau douce. D'après les calculs de Hammond, il en existe peut-être plus de 300 000 espèces à travers le monde.

Avec cette estimation, et d'autres, le nombre total d'espèces approche les cinquante millions, et ce nombre est peut-être encore sous-estimé. Robert May, lui, parvient, à un total de cent millions d'espèces, à travers ce qu'il décrit comme un « survol rapide, mais certes pas déraisonnable ». Son calcul repose sur l'idée que « chaque espèce d'arthropodes et de plantes vascularisées (qui forment à eux deux la quasi-totalité des espèces connues) possède au moins un nématode parasite, un protozoaire, une bactérie et un virus spécialisés [13] ». Vous l'avez compris : que le nombre total d'espèces soit trente, cinquante ou bien cent millions n'y change rien, la vie est essentiellement tropicale et invisible. L'univers que nous connaissons, fait de grands vertébrés et de grandes plantes, ne représente qu'une petite fraction de toute la diversité du vivant. La diversité de la vie, telle qu'elle s'offre à nos yeux, est constituée de relativement peu de grands organismes, et d'un nombre plutôt élevé de petits organismes. On comprend que cette situation est liée à la manière dont l'énergie circule dans les communautés écologiques. Mais nous ne savons pas prédire, à partir des premiers principes, l'étendue de la diversité. L'écologie et la biologie de l'évolution n'ont aucun moyen théorique de préciser si la Terre peut abriter un million, ou bien dix, cinquante ou bien encore cent millions d'espèces.

Les nombres d'espèces que je viens d'évoquer sont entachés d'erreurs, parce que chacune de ces estimations repose sur des extrapolations à partir de l'une ou l'autre mesure faite sur le terrain. Il y a fort à parier que certains calculs se révéleront faux, lorsqu'on aura constaté que les rapports entre nombres d'espèces (comme par exemple, les champignons et les plantes) diffèrent en divers endroits du monde. Cependant, c'est la façon la plus appropriée de compter les espèces. Il a fallu environ 230 ans aux biologistes pour identifier et décrire 750 000 espèces d'insectes. S'il y en a bien trente millions, au moins, comme l'estime Erwin, alors, s'ils travaillent en utilisant les mêmes méthodes que par le passé, les entomologistes ont du pain sur la planche pour les 10 000 ans à venir. Ghilean Prance, le directeur des jardins botaniques de Kew, estime que l'établissement de la liste complète des plantes d'Amérique occuperait les taxinomistes pendant quatre siècles, en supposant que leur rythme de travail demeure le même que par le passé.

Les taxinomistes étudiant les plantes et les insectes ne se contentaient pas de compter les espèces : ils les ont également décrites. Chaque entrée de la liste du catalogue représente une forme de vie unique, l'héritage de centaines de millions d'années d'évolution, dont nous ne sommes qu'un représentant. Mais le nombre d'entrées connues est désespérément petit, ce qu'il nous reste à compter représente un défi gigantesque, si l'on tient compte des ressources que la science occidentale a consacrées à cette tâche. Comme l'a remarqué May : « On ne sait pas, à un facteur dix près, combien d'espèces par-

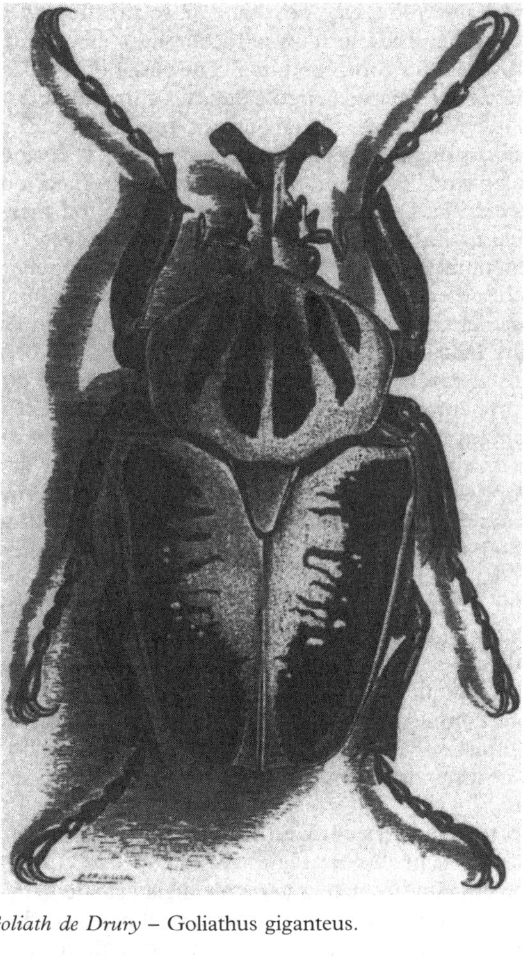

Le Goliath de Drury – Goliathus giganteus.

tagent cette Terre avec nous. » Cela donne une idée un peu déprimante de l'intérêt que nous portons à la grande diversité de la vie terrestre.

Devons-nous suivre Edward Wilson quand il nous exhorte à « ni plus ni moins qu'un décompte total, un catalogue de toute la vie terrestre [14] » ? Une telle entreprise serait assez coûteuse, c'est certain, mais certainement moins que de séquencer la totalité du génome humain, qui absorbe quatre milliards de francs par an, moins que de construire une station orbitale, dont le coût total tourne autour de 150 milliards de francs. En tant que directeur du Wildlife Conservation Department, qui a pris le nom de Kenya Wildlife Service presque un an après que j'en ai pris la direction, j'ai pu estimer jour après jour le prix du sauvetage des espèces, en général les plus spectaculaires. Je peux affirmer que certains pays qui se débattent dans de grandes difficultés pour sauver la nature, mise en péril par la croissance incessante de la population, verraient d'un bon œil l'arrivée de 500 millions de francs par an. Mais l'ambition de Wilson n'est pas absurde. Cette entreprise est utile pour la science et, plus fondamentalement, est utile pour l'humanité. En tant qu'apogée de l'évolution, en tant qu'espèce sensible, notre devoir est de chercher à en savoir autant que possible sur cette « infinité de belles formes », avec qui nous partageons la Terre.

CHAPITRE VIII

L'INTÉRÊT DE LA DIVERSITÉ

De nos jours, lorsque les écologistes parlent de diversité biologique, ils se sentent souvent obligés d'en justifier l'intérêt. Il y a un quart de siècle, on ne ressentait pas ce besoin, parce que, de toute façon, bien peu de gens s'intéressaient à la biodiversité. La question de son intérêt ne se posait même pas. Auparavant, au tournant de ce siècle, l'intérêt potentiel de la biodiversité ne faisait pas l'objet de commentaires, mais pour des raisons différentes. On considérait alors le kaléidoscope d'espèces qui constituent la diversité du vivant comme un élément indissociable de la vie. Les naturalistes étaient en admiration devant la créativité de la nature. Certains y voyaient la main de Dieu, d'autres un effet de l'évolution. De nos jours, cependant, les commentaires sur l'intérêt de la biodiversité sont devenus une « industrie domestique », pour employer le mot du biologiste David Ehrenfeld, de l'université Rutgers. Il ajoute : « des dizaines d'entre nous passent leur temps chez eux, assis derrière un traitement de texte à remâcher les arguments scientifiques, économiques ou philosophiques pour ou contre la sauvegarde de la diversité [1] ».

Ce changement d'attitude a plusieurs causes. Au cours des dix ans qui viennent de s'écouler, l'écologie de l'évolution est devenue une science à part entière, et nous a permis de mieux comprendre la complexité du monde naturel. Cette meilleure compréhension a joué un rôle important dans ce changement d'attitude. L'écologie plonge ses racines dans les travaux de nombreuses générations de naturalistes, mais elle n'a commencé à accéder au statut de science que depuis les années 1940, sous l'impulsion des pionniers, tels Charles Elton, G. Evelyn Hutchison et Robert MacArthur. Le mariage entre la biologie de l'évolution et l'écologie est encore plus récent. Son principal résultat est de nous avoir fait percevoir le monde actuel comme perpétuellement changeant. Nous ne considérons plus les organismes individuels comme des phénomènes naturels isolés sur lesquels nous pouvons gloser, mais comme les composants d'un écosystème évoluant tous ensemble. La biodiversité apparaît donc comme la manifestation d'un changement collectif ; les mécanismes qui en sont la cause gardent encore beaucoup de leurs secrets, néanmoins nous comprenons le phénomène bien mieux que par le passé. La complexité des interrelations et interconnexions qu'on y découvre nous laisse béats d'admiration. En un sens, nous avons retrouvé l'étonnement des naturalistes du XIXe siècle devant les merveilles de la nature, mais en découvrant plus avant les mécanismes de la diversité. Nous pouvons admirer ce que nous voyons, mais en le resituant dans un contexte scientifique.

On s'est aperçu récemment que la diversité biologique était en grand danger de destruction. C'est une des raisons urgentes qui poussent les écologistes à défendre fréquemment la biodiversité. Les écologistes veulent connaître les conséquences de cette perte (question complémentaire de l'intérêt à préserver la diversité), et aussi formuler des arguments qui permettraient de mettre un terme à cette destruction. Plus nous avancerons vers la fin de cet ouvrage, plus le spectre de l'extinction massive des espèces – due surtout à la destruction des habitats naturels sur l'autel de l'industrialisation et de l'expansion agricole – s'annoncera clairement. Dans ce chapitre, j'aborderai la question de l'intérêt de la biodiversité – comment le mesurer, sous tous ses aspects. Le constat de sa dégradation nous y oblige. Comme nous l'avons vu plus haut, il existe peut-être cinquante millions d'espèces sur la Terre aujourd'hui. Est-ce grave d'en perdre quelques-unes ?

Les naturalistes du XIXe siècle auraient sans doute répondu par l'affirmative, au motif que chacune de ces espèces fait partie d'un tout, et que chaque partie du tout doit être respectée. De nombreux écologistes contemporains pensent de même, mais le débat sur l'intérêt de la biodiversité s'est engagé sur une voie très différente. La menace qui pèse sur la biodiversité vient de l'usage des ressources matérielles, c'est pourquoi la réponse des écologistes s'est de plus en plus traduite en termes matériels.

Les entreprises minières et forestières savent quel profit elles tireront des arbres qu'elles auront abattus ou des minerais qu'elles auront extraits du sol, quand, dans le même temps, elles auront détruit des habitats naturels. Sans parler des fermiers qui transforment les forêts en pâturages. L'industrie domestique, qu'évoquait David Ehrenfeld, consacre beaucoup de ses efforts à évaluer la valeur monétaire des habitats qui vont disparaître si on les exploite à des fins commerciales. On avance l'idée que, si l'on peut montrer qu'il est financièrement plus intéressant de sauver les espèces et les écosystèmes que de les détruire, alors on tiendra un argument très fort. Comme le note Ehrenfeld, « les gens craignent, s'ils ne parviennent pas à traduire leurs peurs et leurs inquiétudes sous cette forme, d'être tournés en ridicule [2] ». C'est pourquoi les écologistes ont très largement laissé les économistes poser le débat sur l'intérêt de la biodiversité. Le danger c'est que, ayant accepté de se jeter dans la gueule du loup, ils risquent fort de finir dévorés.

L'évaluation de l'intérêt de la biodiversité est un problème extrêmement complexe. L'expérience quotidienne, en tant que directeur du Kenya Wildlife Service, m'a enseigné en effet que l'économie joue un rôle important. Par exemple, les habitants de ces régions n'ont qu'une seule préoccupation : leur survie. Il faut donc qu'ils voient et palpent les bénéfices économiques de l'entretien des parcs où les animaux sauvages sont prospères. Autrement, comment leur interdire de songer à exploiter la terre à des fins agricoles ou pastorales ? On peut s'attaquer à cette question de diverses manières, aussi le débat sur ce point est-il très animé. Toutefois l'économie ne peut pas – et ne doit pas – fixer à elle seule le cadre de la discussion. Je veux ici en explorer les limites. Je vais emprunter certaines voies bien connues de ceux qui s'inquiètent depuis quelques années pour la biodiversité. D'autres éléments sont apparus récemment. Certains touchent de près à ce qui est ma grande passion depuis trente ans : la place de *Homo sapiens* dans le monde naturel. Nous sommes un produit de l'évolution, une espèce parmi toutes celles qui constituent la complexité globale de la biosphère.

Je distingue trois raisons principales de trouver un intérêt à la biodiversité. La première cadre parfaitement avec les raisons économiques que j'ai évoquées plus haut. Il s'agit des bénéfices que nous pouvons tirer de notre environnement : aliments, matières premières, médicaments, par exemple. Le deuxième intérêt que nous pouvons trouver à la biodiversité est moins tangible, au sens ordinaire du terme, mais il n'est pas moins important. Il s'agit du maintien de l'environnement physique, de la circulation des gaz, des substances chimiques et de l'eau atmosphérique. Il en va ici du bon état de santé de l'environnement global, dont nous-mêmes, et nos autres compagnons terriens, dépendons. Le troisième intérêt est encore moins tangible. Il s'agit du plaisir que les êtres humains ressentent en découvrant la diversité de la vie qui les entoure. D'autres l'ont dit avant moi, je pense que ce n'est pas seulement une expérience abstraite, mais que cela touche à quelque chose de profondément enfoui en nous. L'esprit de *Homo sapiens* est le produit d'une longue évolution. Il aime la diversité du vivant, et elle lui est psychologiquement nécessaire. En appauvrissant la biodiversité, que ce soit par des moyens naturels ou artificiels, on amoindrit une composante fondamentale de l'être humain.

On a tellement traité la question des aspects économiques de la biodiversité ces dernières années que je n'y consacrerai qu'une courte discussion. Comme je l'ai dit, les écologistes se sont lancés avec énergie dans ce débat économique et ont réuni un dossier qu'on peut qualifier de très convaincant. Les sommes qu'on y évoque sont souvent impressionnantes. On le sait, la mentalité occidentale aime penser et discuter en termes numériques. Les chiffres parlent d'eux-mêmes et, lorsqu'ils sont justes, ils peuvent avoir une grande force de conviction. Mais les défenseurs de la biodiversité qui suivent cette pente tombent parfois dans des chausse-trapes.

Le bénéfice matériel immédiat que nous pouvons retirer de la biodiversité est de trois sortes : alimentaire, matériel, et médical. Des trois, l'alimentaire est le plus évident ; c'est aussi celui qui a la plus longue histoire. Jusqu'il y a à peine 10 000 ans, les hommes vivaient en petits groupes, se nourrissant de chasse et de cueillette et arpentant des territoires immenses, tout comme l'avaient fait leurs ancêtres pendant au moins 100 000 ans. (L'évolution de ce mode de vie remonte à au moins deux millions d'années.) Les hommes exploitaient une quantité inimaginable de ressources alimentaires, des steppes glacées aux forêts tropicales, des prairies tempérées aux savanes brûlantes, des zones côtières aux hauts plateaux. Les régimes alimentaires étaient souvent variés, ce qui reflète une exploitation intelligente de ce que la nature pouvait offrir dans son infinie variété. Il y a 10 000 ans, les hommes ont commencé à produire de la nourriture par l'agriculture, grâce à leur expérience de ce qu'on pouvait faire pousser ou domestiquer. Des croisements artificiels – d'abord involontaires, puis intentionnels – ont amélioré la qualité de certaines plantes et de certains animaux. De moins en moins d'espèces satisfaisaient les besoins alimentaires d'un nombre de plus en plus grand de gens. De nos jours, vingt espèces de plantes fournissent 90 % de la ration alimentaire végétale de tous les besoins du monde. Trois seulement – maïs, riz et blé – représentent à elles seules plus de la moitié des récoltes.

On peut s'étonner qu'une pareille productivité repose sur un groupe aussi restreint de plantes, et y voir un triomphe de l'agriculture moderne. Nombreux sont ceux qui le disent. Mais cette idée est bien fragile, car la concentration de la production agricole sur quelques espèces à peine – c'est-à-dire la monoculture – rend les cultures vulnérables. Des maladies sont susceptibles de provoquer des dégâts terribles. Si une mutation rendait un agent pathogène pour les plants hybrides employés actuellement, et si ceux-là étaient sans défense, ce serait un désastre, auquel échapperait une culture variée. La logique de cette idée est si simple que même les économistes peuvent la comprendre, et ils commencent à le faire. Ces dernières années, on a vu de nombreux efforts pour replanter des variétés de semis jusque-là délaissées.

Au cours de l'histoire, environ 7 000 espèces de plantes ont été cultivées, il suffit d'y puiser diverses variétés. À vrai dire, il existe au moins 35 000 mille variétés de plantes comestibles, que l'on pourrait exploiter, et peut-être le double. Il est insensé de se priver de ces richesses, car on peut y trouver des variétés capables de prospérer dans un environnement défavorable, ou bien en présence d'agents pathogènes mortels pour des cultures classiques. Des variétés sauvages de maïs et de tomates ont été récemment croisées avec des espèces de culture, et ont transformé l'agriculture industrielle. L'histoire de la découverte de ces espèces a maintenant rejoint les légendes qui circulent parmi les biologistes et les ingénieurs agronomes. Dans les deux cas, les populations de variétés sauvages étaient si petites qu'elles auraient facilement pu disparaître, par suite de la destruction des habitats, du développement économique, ou, simplement, d'un mauvais coup du sort. Elles auraient aussi bien pu rester totalement inconnues. Les ouvrages spécialisés regorgent d'exemples de ce genre. Le message est simple : l'intérêt du niveau actuel de biodiversité est qu'il constitue le matériau à partir duquel on fera demain une agriculture plus variée et plus robuste.

J'insiste ici sur l'exploitation des variétés sauvages en tant que cultures à part entière. Le potentiel en est considérable. On peut également les croiser avec d'autres cultures, de façon à transmettre certains caractères utiles aux cultures existantes, comme, par exemple, la résis-

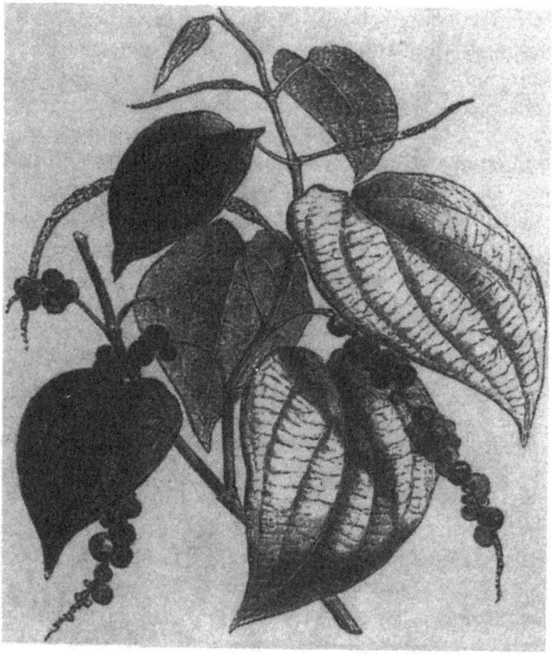

Arbre à poivre noir – Piper nigrum (Linnaeus).

tance à certaines maladies. Les outils de la biologie moléculaire, mis au point récemment, ont largement augmenté le potentiel agricole des variétés sauvages et de leur capital génétique. Il y a dix ans, Thomas Eisner, qui est botaniste de l'université de Cornell, a proposé l'analogie suivante. Une espèce, a-t-il dit, est semblable à un livre, dont les pages sont les gènes. Chacune contient une information génétique qui est le produit de millions d'années d'évolution. Mais ce n'est pas un livre relié dans une couverture rigide, dont toutes les pages seraient strictement agencées. Les pages de ce livre sont un peu flottantes, « ces pages, les gènes, peuvent être sélectivement transférées de manière à modifier d'autres espèces ». Les ingénieurs agronomes ne sont plus réduits à faire passer

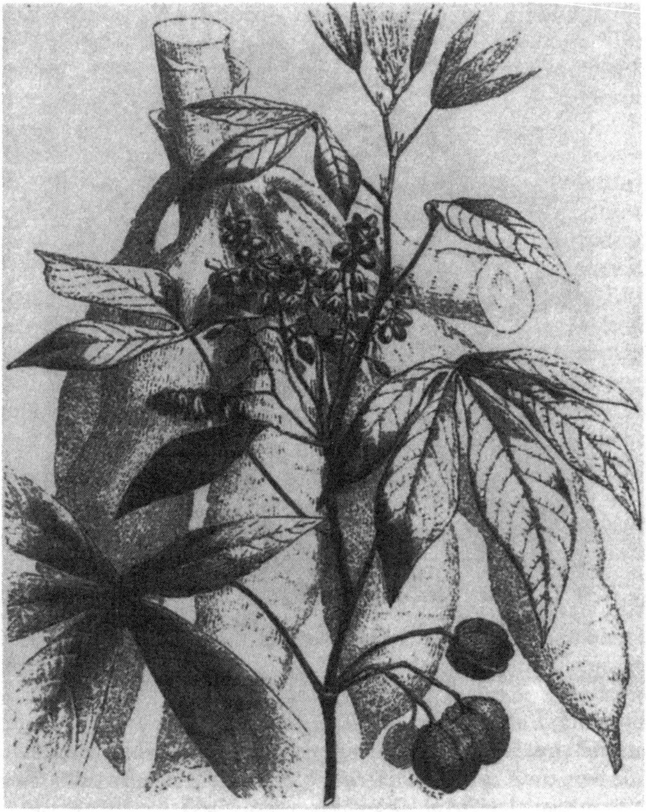

Le tapioca – Manihot utilissima (Pohl). *Les sociétés technologiquement primitives utilisent un très grand éventail de plantes pour leur alimentation et leur médication. De nos jours, on n'exploite plus qu'une poignée de plantes, mais la nature regorge de végétaux potentiellement comestibles que la déforestation est en train de mettre en danger.*

les gènes utiles d'une espèce à une autre espèce très voisine. En principe, l'ingénierie génétique rend les bibliothèques génétiques qui ont évolué ensemble depuis l'explosion du Cambrien – il en existe un nombre incalculable – accessibles à un nombre indéfini de recombinaisons entre espèces sans commun rapport. Chaque fois qu'une espèce s'éteint, ce potentiel s'amenuise, les enfants de nos enfants n'auront aucun moyen de récupérer ce capital génétique.

Il est impossible de chiffrer la part actuelle de l'agriculture qui repose sur des espèces jadis peu prisées, néanmoins le chiffre dépasse certainement les trois milliards de francs par an. Qui peut prédire les conséquences économiques de l'exploitation, par exemple, du palmier buriti, du macor, de l'arbre à tomates, du haricot ailé, de l'iguane vert, de la vigogne et de bien d'autres espèces sauvages de plantes ou d'animaux, qu'on les exploite pour elles-mêmes, ou au travers de leur capital génétique ? On pourrait, comme pour les cultures traditionnelles, produire ces espèces en grande quantité. La plupart sont simplement prélevées, en petite quantité, dans leur habitat naturel. La notion d'exploitation limitée des espèces exotiques dans leur habitat naturel lui-même fait l'objet d'âpres controverses au sein des écologistes. Certains avancent qu'il est probablement plus facile de préserver un écosystème si les gens peuvent en tirer un bénéfice au travers d'une exploitation raisonnable. On résume cette idée par « servir ou périr », et je suis un ardent défenseur de cette philosophie. D'autres pensent que l'action de l'homme a toujours pour effet de nuire aux écosystèmes, et qu'on ne peut les préserver qu'en maintenant les écosystèmes dans leur état originel (quel qu'il soit), c'est-à-dire en évitant toute exploitation et même tout contact.

Partisans de la philosophie que j'ai évoquée plus haut, Charles Peters, Alwyn Gentry et Robert Mendelson ont conduit récemment une étude du potentiel économique d'un hectare de forêt tropicale péruvienne. On évalue en général ces habitats par la mesure de la quantité de bois qu'on peut en extraire, une fois pour toutes. Mais la forêt a d'autres richesses que le bois. Outre de nombreuses ressources alimentaires, la forêt produit des huiles, du latex et des fibres ; de façon détournée, elle produit aussi des médicaments. L'hectare péruvien que Peters et ses collègues ont étudié peut contenir 842 arbres, représentant 275 espèces environ (une surface équivalente de forêt tempérée peut accueillir au mieux une demi-douzaine d'espèces). C'est cette diversité d'espèces qui autorise une exploitation riche et variée, comme nous allons le voir immédiatement.

Peters et ses collègues ont calculé le revenu annuel de tous les aliments, fibres, huiles et autres produits marchands que la forêt peut offrir. Ils ont trouvé un revenu de l'ordre de 2 000 francs. C'est le revenu annuel que la forêt fournit de façon répétée, de sorte que, au sens des économistes, la valeur nette actuelle est de plus de 30 000 francs. Ajoutez à cela un abattage sélectif des arbres, et vous arrivez à 35 000 francs. Il faut comparer ce chiffre aux 5 000 francs que rapportent à l'hectare l'abattage pur et simple et la vente du bois (une pratique courante) et environ 15 000 francs rapportés par la transformation en pâturage pendant de nombreuses années. Peters et ses collègues ont écrit, dans un article de la revue *Nature*, paru en 1989, qui présentait les résultats de leurs travaux, qu'« il ne fait pas de doute que l'exploitation raisonnée des ressources forestières autres que le bois ne constitue la façon la plus immédiate et la plus profitable de préserver la forêt amazonienne en l'intégrant à l'activité [3] ». Il faut bien comprendre que lorsqu'on coupe un hectare de forêt et qu'on expédie le bois à des scieries ou à des papeteries, on ne récupère que 5 000 francs. Il faut deux ans et demi pour atteindre le même revenu en exploitant les produits de la forêt de façon rationnelle. La différence peut paraître minime, mais le bénéfice à court terme est souvent préféré au bénéfice à long terme.

On a reproché à ce calcul du bénéfice d'une exploitation rationnelle de la forêt d'être trop optimiste, ou bien d'être trop pessimiste, ce qui laisse à penser qu'il est peut-être juste. Dans tous les cas, cet exercice démontre qu'il est au mieux imprévoyant et au pire criminellement destructeur de ne mesurer la valeur d'une forêt tropicale qu'au prix du bois de coupe. Insistons encore sur le fait que, si elle est bien exploitée, la forêt produit toutes sortes de richesses, conséquences de la biodiversité qui constitue son écosystème. Les arguments d'économistes comme

Julian Simon, de l'université du Maryland, qui prétend qu'on peut tirer un plus grand bénéfice de la terre en coupant la forêt et en plantant à la place des espèces étrangères, comme par exemple des eucalyptus ou des pins, sont faux, on peut le démontrer.

Le profit qu'on peut tirer de la biodiversité, et particulièrement de la diversité des espèces de la forêt tropicale, peut prendre des formes très variées. On s'est beaucoup intéressé récemment, et avec raison, au potentiel pharmaceutique et médical de ces espèces. Les anthropologues savent depuis longtemps que les indigènes utilisent un grand nombre de plantes non seulement à des fins alimentaires, mais également pour soigner des blessures. J'ai pu le constater dans mon propre pays, particulièrement chez les Massaïs. Il m'est arrivé à l'occasion d'avoir recours aux vertus antibactériennes et anti-inflammatoires du jus de sansivaria, une plante succulente qui pousse dans les régions arides du Kenya. L'utilisation des herbes dans la médecine traditionnelle a longtemps été considérée comme pittoresque et mystique, mais elle a servi dernièrement au développement de médicaments puissants utilisés par la médecine occidentale. En fait, des extraits de plantes constituent une proportion significative (25 %) des produits de départ des médicaments prescrits par la médecine occidentale. L'aspirine n'est pas le moindre de ces médicaments. Elle est préparée à partir d'un composant chimique qu'on trouve dans la filipendule. Cette modeste molécule donne le médicament le plus utilisé au monde. 13 % des médicaments occidentaux sont faits à partir d'éléments produits par des micro-organismes, et encore 3 % à partir d'animaux. En réalité, presque la moitié de tous les médicaments utilisés en médecine vient d'êtres vivants.

Nombre de ces remèdes, comme la pénicilline, ont été découverts il y a des dizaines d'années. Leur existence nous paraît aller de soi. D'autres, comme la vincristine et la vinblastine, des alcaloïdes extraits de la pervenche de Madagascar sont entrés dans l'arène plus récemment. Ces molécules ont été découvertes complètement par hasard. Elles guérissent certains patients atteints de cancers mortels, comme des leucémies aiguës et la maladie de Hodgkin. L'épopée de la pervenche et des services qu'elle rend à la médecine occidentale constitue un exemple et un contre-exemple de bon usage des ressources naturelles comme mine de médicaments.

Les plantes sont des usines chimiques sophistiquées qui produisent un grand nombre de molécules. Celles-ci remplissent un grand nombre de fonctions, parfois liées au métabolisme quotidien de la plante, parfois comme défense contre un prédateur. Les alcaloïdes végétaux, notamment, repoussent très efficacement les herbivores. Les 250 000 espèces de plantes existant aujourd'hui à travers le monde – chacune est le produit de centaines de millions d'années d'évolution au sein d'environnements extrêmement variés – fournissent une palette d'alcaloïdes et de médicaments de tous types pratiquement infinie. La vincristine et la vinblastine font partie des soixante alcaloïdes que produit la minuscule pervenche de Madagascar. Elles sauvent des milliers de vies et atteignent presque le chiffre de vente d'un milliard de francs par an. Ces vies sauvées représentent une des richesses de la nature. C'est le bon côté de l'histoire de cette pervenche. Le mauvais côté est que Madagascar, le pays d'origine de la plante, n'a pas reçu un centime des bénéfices que les compagnies pharmaceutiques ont retirés de l'exploitation du patrimoine génétique de l'île.

L'île de Madagascar, une île exotique de l'océan Indien, abrite une faune et une flore extraordinairement riches, très souvent uniques. Les habitants de ce pays seraient peut-être plus enclins à ralentir et même à arrêter la déforestation massive qui est en cours, s'ils voyaient les bénéfices d'une forêt bien conservée, comme, par exemple, les revenus des médicaments qu'on peut y découvrir. L'héritage génétique d'un pays est autant une ressource nationale que ses minerais. Les entreprises occidentales qui exploitent cet héritage et en tirent des bénéfices financiers doivent en payer le juste prix. Je suis heureux de constater que les compagnies pharmaceutiques occidentales ont accepté d'instaurer des relations plus équitables depuis qu'elles ont augmenté leurs efforts pour trouver des médicaments parmi les plantes tropicales. Le géant de l'industrie pharmaceutique, la société Merck, a accepté de verser un million de dollars au Costa Rica à partir de 1992 et sur deux ans pour bénéficier de la possibilité de chercher d'éventuels médicaments dans les nombreuses forêts de ce pays. C'est un premier pas dans le bon sens. D'autres suivent cet exemple.

Il y a dix ans, l'industrie pharmaceutique américaine dépensait plus de vingt milliards de francs par an en recherche et développement de drogues de synthèse. Le chiffre des ventes de médicaments extraits directement des plantes atteignait le double : quarante milliards environ. Et pourtant, aucune société pharmaceutique n'avait de véritable programme de recherche de nouveaux médicaments dans les plantes supérieures. Les choses ont changé depuis que la science occidentale a admis que les plantes sont de remarquables laboratoires chimiques, et que les médecines traditionnelles ne sont pas forcément une plaisanterie. De nombreuses entreprises importantes, plusieurs organismes nationaux de recherche se sont lancés dans la course. Il faut s'attendre à ce que le nombre de médicaments d'origine naturelle augmente. Bien sûr, il faut des années avant qu'un médicament ayant fait la démonstration de son effet pharmacologique apparaisse sur les ordonnances, mais les bénéfices de ces médicaments vont certainement devenir gigantesques. Le mérite en revient aux communautés écologiques du monde, qui contribuent collectivement à la biodiversité globale. Il faut en tenir compte lorsqu'on évalue leur potentiel économique.

Il ne fait aucun doute que le biotope a un grand intérêt économique, que ce soit par l'amélioration des cultures existantes ou l'émergence de cultures nouvelles, par l'exploitation de ces matières premières ou l'utilisation de molécules comme médicament. On peut chiffrer cet intérêt et utiliser ces chiffres dans les controverses avec les économistes. Certains écologistes n'ont pas voulu entrer dans la controverse soulevée par Julian Simon et d'autres économistes, et se sont abstenus de chercher une valeur monétaire aux habitats naturels. Hugh Iltis, botaniste à l'université du Wisconsin, a découvert une variété de tomates qui a rapporté quatre-vingts millions de dollars au cours des dix dernières années. Il a très fermement expliqué son point de vue lors d'une grande conférence sur la biodiversité : « J'entends le tintamarre fait par les économistes, les personnes bien-pensantes et les promoteurs de tous poils qui exigent que nous, biologistes, " prouvions ", ici et maintenant, que la biodiversité a un " intérêt " et que l'on démontre que la déforestation de la forêt tropicale fait du " mal ", et je trouve cela très irritant. C'est plutôt à eux, les partisans d'une destruction sans retenue de démontrer au monde qu'une espèce animale ou végétale ou bien un écosystème exotique ne sont pas utiles, sont insignifiants du point de vue écologique, avant que la société leur permette de les détruire [4]. » De nombreux écologistes sont d'accord, en privé, avec Iltis. Mais ils se sentent obligés d'attaquer les économistes sur leur propre terrain et avancent donc publiquement des chiffres en dollars, pensant ainsi défendre les écosystèmes. Cette tactique est très dangereuse.

Certes, les gros chifres ont quelque chose de spectaculaire, mais ils ne sont jamais très sûrs, et ne constituent en aucun cas une bonne défense de la biodiversité. Qui peut sérieusement prétendre que les bénéfices que j'ai évoqués plus haut dépendent de la pérennisation des 250 000 espèces de plantes ? Il va de soi que nous ne savons pas dans quelle plante se cache le médicament qui guérira le SIDA, ou le gène d'une prochaine culture. La moitié des 250 000 espèces représente déjà une vaste bibliothèque d'où nous pourrions tirer tous les avantages que nous désirons, pour peu qu'on s'en donne la peine. Et que dire des espèces qui n'ont aucun avantage matériel à nous offrir ? Ne valent-elles rien ? Dans le discours économique, elles n'ont aucune valeur. Comme le dit David Ehrenfeld : « Si j'étais un de ces nombreux exploitants et démolisseurs de la diversité biologique, je verrais d'un très bon œil que mes adversaires, les conservateurs, s'engluent dans des estimations chiffrées [5]. »

La valeur d'une chose, au sens usuel, change selon les circonstances. Les plumes avaient autrefois une grande importance économique, parce qu'on les utilisait dans toutes les occasions où il fallait écrire. Elles n'en ont plus guère. Les plantes ont un potentiel pharmaceutique qui pourrait disparaître instantanément si l'on découvrait de nouvelles façons d'élaborer des médicaments. Pour tout dire, l'émergence de la chimie théorique au travers de puissantes simulations numériques et la possibilité qu'elle offre de « transformer » des molécules de manière contrôlée sont sur le point, peut-être, de causer une révolution dans l'industrie pharmaceutique. Celle-ci pourrait ôter tout son intérêt aux forêts tropicales, de ce point de vue. Les écologistes se retrouveraient privés d'un argument très important en faveur de l'existence des forêts, et les économistes auraient gagné. Ehrenfeld note qu'« on ne se rend pas compte qu'en cherchant à chiffrer l'intérêt de la diversité, nous ne faisons que légitimer le processus qui est en train de l'anéantir, un processus pour lequel ce qui compte le plus, avant toute décision, c'est le montant des bénéfices et des coûts, en dollars sonnants et trébuchants. Si nous persistons dans notre obstination à chiffrer l'intérêt de la diversité, alors qu'il devrait apparaître comme évident, il ne nous restera plus rien que notre folie le jour où la poussière aura gagné [6] ».

Je partage cette logique et ce sentiment, mais je n'affirmerais pas que l'économie ne joue aucun rôle. Quand on a été responsable, quotidiennement, d'un service de conservation, et sur le terrain, comme je l'ai été, on sait qu'on ne peut ignorer les questions économiques. Un écosystème, parc naturel ou réserve, a une valeur touristique, par exemple ; il doit aussi procurer des avantages matériels à son voisinage, sinon les habitants n'ont pas de raison de le préserver. Cependant, les tentatives pour chiffrer l'intérêt des écosystèmes avec les outils habituels de l'économie sont ridicules et vouées à l'échec.

Admettons que Julian Simon et ses partisans aient raison quand ils proposent de remplacer la forêt tropicale par des plantations et des pâturages, pour en améliorer la valeur au sens économique. Supposons encore que l'industrie pharmaceutique n'ait bientôt plus aucun besoin des différentes molécules que l'évolution a mises au point pendant des millions d'années. Peut-on dire pour autant que les écologistes n'auront plus d'arguments pour défendre la biodiversité ? Non. Certes, nous dépendons directement et de façon évidente de la nature pour ce qui est des aliments, mais la nature qui nous entoure nous est également bien utile d'une manière indirecte, mais non moins importante. Anne et Paul Ehrlich, biologistes de l'université de Stanford, appellent cela les « services des écosystèmes ». Ce sont les communautés de plantes qui maintiennent dans notre environnement des conditions favorables à la vie. Nous en dépendons d'une façon si fondamentale qu'il est presque gênant de devoir invoquer pareil argument en faveur de la biodiversité. Quand Julian Simon suggère que l'élimination de la forêt tropicale ne nous causerait aucun préjudice, pense-t-il réellement que la destruction de plus de la moitié des espèces vivantes – pas seulement les plantes, les animaux également – n'aura pas d'effets sur le fonctionnement du biotope terrestre. On le dirait bien.

L'atmosphère terrestre est riche en oxygène et en dioxyde de carbone depuis un milliard d'années. C'est le résultat de la photosynthèse, dont seuls les organismes marins étaient capables, au début ; par la suite des organismes fonctionnant de façon analogue ont conquis les terres. L'eau circule dans le complexe terrestre ; par exemple, un arbre de la forêt tropicale pompe au cours de son existence presque douze millions de litres d'eau du sol et les renvoie dans l'air. La distribution des pluies sur toute la terre dépend de ce processus continu qui se produit au sein d'un nombre incalculable d'arbres au niveau de l'équateur. Les forêts sont le poumon de la planète. Mais les arbres, qu'ils soient tropicaux ou tempérés, ne vivent pas tout seuls. Des chercheurs danois ont compté récemment 46 000 vers de terre, 12 millions de vers annelés (cousins des précédents) et 46 000 insectes sous un seul mètre carré de sol forestier danois. Un gramme de ce sol contient plus d'un million de bactéries, 100 000 cellules de levure et 500 000 fragments de champignons.

Ces chiffres n'ont rien de bien clair, mais ce ne sont pas les chiffres qui comptent, car ils nous montrent autre chose qu'une foule bigarrée de différentes formes de vie : ils nous révèlent qu'un écosystème est un réseau varié et vivant d'interactions. Vers la fin de l'*Origine des espèces*, Charles Darwin élabore une représentation imagée de ce tissu d'interactions ; il y voit le produit de l'évolution : « Il est intéressant de contempler un rivage luxuriant, tapissé de nombreuses plantes appartenant à de nombreuses espèces abritant des oiseaux qui chantent dans les buissons, des insectes variés qui voltigent çà et là, des vers qui rampent dans la terre humide, si l'on songe que ces formes si admirablement construites, si différemment conformées, et dépendantes les unes des autres d'une manière si complexe ont toutes été produites par des lois qui agissent autour de nous [7]. »

Ces interactions sont parfois très surprenantes. Ainsi, il n'y a pas très longtemps, les biologistes ont été très étonnés lorsqu'ils ont découvert que les champignons présents partout dans le sol étaient indispensables à la survie des plantes les plus évoluées. Un nombre incalculable de filaments de champignons vit en étroite symbiose avec les racines des plantes. Ils leur fournissent les minéraux essentiels, sans lesquels les plantes dépériraient. Dans chaque écosystème local, on trouve des micro-organismes, des plantes plus évoluées, des invertébrés et des vertébrés qui coexistent au sein d'un labyrinthe d'interconnexions. Ils agissent ensemble pour créer et maintenir les propriétés physico-chimiques des gaz atmosphériques et du sol. Les écosystèmes fonctionnent comme des ensembles intégrés, et non comme des espèces vivant à proximité mais isolées les unes des autres. *Homo sapiens* est l'un des éléments de ce tissu d'interconnexions.

Il y a vingt ans, le chimiste et inventeur James Lovelock a élevé d'un cran le concept d'interconnexion des écosystèmes. Il l'a amené au niveau global. Il a proposé l'« hypothèse Gaïa », selon laquelle tous les écosystèmes de la planète sont profondément interdépendants, et fonctionnent tous ensemble d'une façon inséparable de l'environnement physique. La mise en place et le main-

Ce n'est que récemment qu'on a découvert que les racines des plantes sont enchevêtrées dans un vaste réseau de radicelles de champignons, dont elles dépendent pour leur subsistance. Voici un exemple d'interaction entre organismes, qui est un élément central de la biodiversité passée et présente.

tien des conditions nécessaires à l'existence de la vie sont une des conséquences de cette interdépendance. Certains partisans enthousiastes de cette idée sont allés jusqu'à suggérer que le biotope terrestre était comme un unique organisme, dont le but est de se maintenir lui-même. C'est la raison pour laquelle cette hypothèse n'a pas été prise au sérieux par les biologistes : elle avait un air trop mystique. Cependant, les écologistes ont récemment amputé l'idée de ses tenants mystiques et ont reconnu que Lovelock avait vu juste : de même que la survie d'un écosystème particulier dépend de l'interaction entre les espèces qui le composent, de même la bonne santé écologique de la Terre est la conséquence de l'interaction entre tous les écosystèmes.

La théorie Gaïa nous permet de comprendre plus en profondeur l'intérêt de la biodiversité. L'auteur de cette théorie a dit lors d'une fameuse conférence sur ce sujet : « Nous n'avons plus à justifier l'existence des forêts tropicales humides par le prétexte difficilement défendable qu'elles pourraient receler des plantes contenant des drogues susceptibles de guérir certaines maladies humaines. La théorie Gaïa nous oblige à reconnaître que ces forêts nous sont bien plus utiles que cela. Elles sont capables de faire circuler, par leur “ transpiration ”, de très grands volumes de vapeur d'eau ; cette vapeur forme des nuages qui nous protègent du soleil et maintiennent la fraîcheur de la planète. Si on remplaçait ces forêts par des cultures, on provoquerait un désastre à l'échelle mondiale [8]. » Sans parler des prédictions catastrophistes, l'essentiel de cette théorie a été testé à de nombreuses reprises, et elle en est ressortie renforcée. On a montré que le bon fonctionnement des écosystèmes maintient l'équilibre de nombreux cycles chimiques, et pas seulement celui de l'eau. Bien que beaucoup soient encore attachés aux aspects mystiques de cette théorie, elle a néanmoins acquis un véritable statut scientifique, et nous devons tenir compte de ses conclusions.

Nous pouvons admettre que le fonctionnement global du biotope terrestre est nécessaire à la stabilité de l'environnement physique terrestre, dont dépend la vie telle que nous la connaissons. Mais que peut-on en déduire de plus à propos de la biodiversité ? Pour reprendre la question que j'ai posée plus haut, mais cette fois dans un autre contexte : les 50 millions d'espèces vivantes sont-elles nécessaires au fonctionnement de Gaïa ? 600 000 espèces de plantes suffiraient-elles, au lieu des 25 millions qui existent aujourd'hui ? Les 600 000 espèces de cafards et hannetons sont-elles vraiment nécessaires ?

L'écosystème mondial fonctionnera tant que chaque écosystème qui le compose pourra se maintenir, et résister en particulier à des perturbations occasionnelles, comme les tempêtes et les incendies. Si cette persistance, cette stabilité, reposent fondamentalement sur la diversité que nous connaissons aujourd'hui, alors celle-ci a son intérêt. En revanche, si la richesse de la biodiversité n'est pas indispensable, alors il faut chercher ailleurs l'intérêt de la biodiversité actuelle. (Bien entendu, la biodiversité peut être essentielle à d'autres titres.) Les écologistes débattent depuis des années de l'équation diversité-stabilité sans parvenir à se mettre d'accord. Le désaccord est particulièrement net entre chercheurs de terrain et théoriciens. Mais la réponse est peut-être pour bientôt.

Les biologistes de terrain pensaient généralement que la complexité des interactions entre les espèces au sein des écosystèmes jouait un rôle important dans leur stabilité. Cette opinion reposait davantage sur leur intuition que sur des faits réellement démontrés, et ce, pour deux raisons. Tout d'abord, il est notoirement difficile de faire des expériences d'écologie sur le terrain. L'échelle des phénomènes autant géographique que temporelle est souvent désarmante. Comment modifier un écosystème naturel, mettre en place des mesures, et attendre cinquante ans avant d'obtenir un résultat ? Les avis se fondaient sur un nombre très faible d'observations. Ensuite, quand on fait de la biologie sur le terrain, et qu'on s'immerge dans l'écosystème que l'on veut étudier, on a rapidement l'impression que tous les détails jouent un rôle dans l'émergence du tout. Cette impression, ressentie « avec les tripes », a longtemps pesé sur les opinions des biologistes. Cependant, au début des années 1970, des modèles théoriques semblaient montrer que les systèmes contenant le moins d'espèces étaient les plus stables. Ces modèles ont été élaborés principalement par Robert May, à Oxford. Leur conclusion, en résumé, est que plus le nombre d'éléments composant le système est élevé, et plus grandes sont les chances que quelque chose aille de travers. Si, en outre, les composants sont étroitement liés, alors un dysfonctionnement dans une partie du système est susceptible de provoquer l'effondrement du tout. Intuition contre modèles mathématiques élaborés : le face-à-face a duré des années.

Tandis que persistait la controverse, les biologistes ne cessaient de poser la même question : si les écosystèmes n'ont pas besoin d'une grande diversité, alors pourquoi sont-ils si riches en espèces différentes ? Deux points de vue sortirent du lot : l'hypothèse du rivet et celle de la redondance. La première hypothèse, qui a été émise par les époux Ehrlich, stipule que chaque espèce joue un petit rôle, mais néanmoins un rôle significatif dans le fonctionnement de l'écosystème, comme chacun des rivets qui servent à assembler un avion. La perte de quelques espèces – comme la perte de quelques rivets – affaiblit l'ensemble, mais pas forcément au point de créer un danger. Perdez-en encore quelques-uns et la catastrophe vous guette, surtout si vous soumettez le système à une épreuve difficile, comme une perturbation de l'environnement, dans le cas d'un écosystème, ou bien une zone de turbulences, s'agissant d'un avion. L'hypothèse de la redondance a été proposée par l'écologiste australien Brian Walker. Selon cette hypothèse, la plupart des espèces sont superflues – elles ressemblent davantage à des passagers dans un avion qu'à des rivets, pour reprendre cette image. Un petit nombre d'espèces clés sont nécessaires pour garder l'écosystème en bonne santé. Plusieurs espèces, parmi toutes les espèces du système, peuvent jouer le rôle d'espèces clés. Quel est le bon modèle ?

James Lovelock est arrivé dans l'arène avec un modèle de son cru : une simulation numérique appelée « Daisyworld », qui fabrique de mini-écosystèmes. Daisyworld semblait montrer qu'un écosystème est d'autant plus stable qu'il contient plus d'espèces. Ce résultat renforçait l'idée d'une relation directe entre biodiversité et stabilité, l'hypothèse du rivet. Les théoriciens refusaient d'admettre les conclusions de Lovelock. Mais il leur a bien fallu ouvrir les yeux quand furent connus les résultats de nouvelles expériences d'écologie, en 1993 et 1994. Des chercheurs anglais et américains ont testé, indépendamment, l'effet de la diversité sur la productivité et la stabilité des écosystèmes.

La productivité est simplement définie par la quantité de matière vivante qu'un écosystème peut produire en un intervalle de temps donné. Cette notion est aussi importante pour l'agriculture que pour les écosystèmes naturels.

Michael Swift, un biologiste du UNTSBFP *, au Kenya, a démontré que la diversité profite aux systèmes agricoles. Le meilleur moyen pour augmenter le rendement d'un champ de maïs est d'y ajouter des melons, des arbres et des fèves qui fixent l'azote, et non d'essayer d'y introduire de force encore plus de plants de maïs. John Lauwton et ses collègues ont également montré, grâce aux expériences conduites dans les champs expérimentaux de l'Imperial College, en Angleterre, que l'on obtient des gains de productivité élevés en diversifiant les espèces. Ce résultat paraît logique, quand on y pense. Les individus d'une même espèce luttent pour les mêmes ressources et, particulièrement, pour leur espace. Des individus d'espèces différentes – certains petits, d'autres moyens, d'autres plus élevés – peuvent tirer parti de l'espace chacun à leur façon. L'espace disponible est mieux utilisé, le nombre d'individus est plus élevé, et la productivité est plus grande.

Faut-il y voir la raison du haut degré de diversité de la plupart des écosystèmes naturels ? Jusqu'à un certain point seulement, au-delà duquel, semble-t-il, la productivité décroît à nouveau. Ainsi, bien que les espèces d'arbres des forêts de l'Asie de l'Est soient environ six fois plus nombreuses que les espèces d'arbres nord-américaines et huit fois plus nombreuses que les espèces européennes, la productivité de ces forêts est en gros la même. La productivité n'est donc qu'une partie de la réponse. La stabilité pourrait en être l'autre partie.

David Tilman, de l'université du Minnesota, et John Downing, de l'université de Montréal, ont fait une découverte qui passe, sans conteste, pour être l'une des plus importantes faites depuis longtemps : il y a un lien direct entre la diversité en espèces et la santé d'un écosystème naturel. Ils ont procédé à une expérience qui a duré onze ans, sur la prairie naturelle du Minnesota. Par chance, cette expérience a vécu la plus grande sécheresse que la région ait eu à connaître depuis cinquante ans. Ce qui

* *United Nations Tropical Soil Biology and Fertility Program. (N. d. A.)*

aurait pu être une catastrophe pour l'expérience s'est révélé une chance extraordinaire, car le phénomène a permis d'établir la différence entre les écosystèmes riches en espèces et ceux qui sont pauvres. Les premiers ont beaucoup moins souffert que les seconds. Ils ont perdu moins d'espèces, et leur productivité a peu diminué du fait de la sécheresse. Ils s'en sont remis beaucoup plus vite. Les auteurs de ce travail ont affirmé, en 1994, dans la revue *Nature*, que « [leurs] résultats viennent à l'appui de l'hypothèse de diversité-stabilité, ils montrent que le fonctionnement des écosystèmes dépend de leur biodiversité. Nos résultats contredisent l'hypothèse de la redondance, car nous observons toujours que la biodiversité joue un rôle significatif dans la résistance à la sécheresse, et la récupération [9] ».

Les espèces semblent mieux décrites par l'image des rivets dans la carlingue d'un avion que par celle des passagers enfoncés dans leur fauteuil. Mais, là encore, on ne sait pas dire combien de rivets on peut se permettre de perdre avant que l'avion coure un danger. Quoi qu'il en soit, les biologistes ont récemment émis un avis très important en faveur du lien entre la diversité et la stabilité. Cet avis sonne l'alarme pour la défense de la diversité des espèces. Le Comité scientifique sur les problèmes d'environnement, une partie du Programme des Nations unies pour l'environnement, s'est donné rendez-vous en Californie au début de l'année 1994 pour faire le point sur les faits et les opinions concernant cette question. Après avoir humblement reconnu que personne ne possédait une réponse complète à ces questions, le comité a conclu qu'un haut degré de diversité représente un avantage réel, bien qu'un certain degré de redondance existe dans de nombreux écosystèmes. Qui peut se dire suffisamment savant en ces domaines pour tirer en toute quiétude sur cette corde ?

Les zones reculées et sauvages m'ont toujours passionné. En outre, j'aime beaucoup les animaux. Quand j'étais adolescent, mon plus ardent désir était de devenir gardien de réserve, en pleine nature, pistant des animaux dangereux et vivant une vie pleine d'aventures. Lorsque je suis devenu directeur du Wildlife Service, j'ai dû aborder des questions pratiques liées à la conservation des espèces en gardant à l'esprit le problème du développement ; j'ai dû faire face aussi à l'horreur quotidienne des cadavres d'éléphants laissés par les braconniers, et ma passion viscérale pour la nature en est sortie renforcée.

En accompagnant mes parents dans leurs fouilles à la recherche de vestiges des premiers hommes, je me suis enrichi, enfant, d'une profonde connaissance des animaux et de leur environnement. J'ai aussi appris à m'en sortir seul dans la nature. Comment trouver de l'eau et de la nourriture dans ce qui paraît un désert pelé ? Comment pister et prendre au piège les animaux sauvages ? J'ai appris inconsciemment à faire corps avec la nature, à la respecter sans en avoir peur. Je ne m'en suis pas rendu compte sur le moment, mais j'ai eu une enfance exceptionnelle, car elle m'a permis de rester en contact avec quelque chose de fondamentalement humain. La plupart des gens n'ont pas eu cette chance, bien que beaucoup, inconsciemment, aspirent à cet état.

Pendant 150 000 ans, nos ancêtres *Homo sapiens* ont été des chasseurs-cueilleurs. Ils ont fréquenté des habitats très variés. Ce modèle de vie si performant remonte à l'apparition du genre *Homo*, quelque part dans le passé, il y a plus de deux millions d'années. Depuis cette date, le volume cérébral a augmenté et l'esprit humain s'est développé de façon concomitante. Cette évolution s'est produite chez des chasseurs-cueilleurs. Ce style de vie était extrêmement proche de la nature, dépendait même complètement de la nature, et il fallait être attentif à tous ses aspects. Il ne fait pas de doute que les autres espèces représentaient, pour nos ancêtres, des sources de nourriture et d'aliments divers ; le spectacle de la nature devait les remplir d'étonnement, si on en juge par les peintures qu'ils ont laissées dans les grottes et les abris ornés d'Europe et d'Afrique ; ils se savaient partie intégrante de ce monde si varié. J'ai souvent écrit que, bien que nous vivions maintenant dans un monde moderne et technologique, nous avons des mentalités de chasseurs-cueilleurs. Je le ressentais d'instinct, sinon objectivement, quand j'écoutais, enfant, les histoires que mon père me racontait, et lorsque je me promenais plein d'assurance dans les régions sauvages de la gorge de l'Olduvai. Il y a quinze ans, Edward Wilson a baptisé cet instinct « biophilie ».

Wilson a récemment défini la biophilie comme « le sentiment inné d'être lié aux autres êtres vivants [10] ». Wilson évoque là quelque chose de profondément enfoui dans l'esprit humain, quelque chose que des millions d'années d'évolution ont parfaitement intégré à notre existence. Ce sont des sentiments qui touchent au cœur même de l'humanité, à l'essence même de notre histoire. Certains de ces sentiments à l'égard de la nature peuvent être négatifs, comme la phobie, fréquente, des serpents, ou de l'idée même de serpent. Mais beaucoup d'autres sont positifs. Pour quelle autre raison les gens chercheraient-ils à se reposer du stress urbain en visitant des sites sauvages ? Pourquoi donc les zoos des États-Unis et du Canada seraient-ils plus fréquentés que tous les stades des deux pays réunis ? Pourquoi les gens cherchent-ils, s'ils le peuvent, à posséder une maison de campagne ?

Le psychologue Roger Ulrich a montré que si l'on donne aux gens le choix entre une scène de ville et une scène champêtre, ils préfèrent dans leur immense majorité regarder la seconde. Cette préférence remonte peut-être même à notre passé ancestral. Si l'on donne aux gens à choisir entre diverses scènes rurales, les gens préfèrent massivement regarder des paysages plantés d'arbres épars plutôt que des alignements d'arbres formant une ligne continue. Gordon Orians, écologiste à l'université de Washington, interprète cette préférence comme un lien profond avec nos origines en Afrique de l'Est, car le paysage choisi ressemble aux savanes arborées. Certains trouvent cette idée délirante, mais, de même que l'amour spontané pour certains animaux, et la phobie instinctive d'autres, elle touche à quelque chose qu'on ne peut ignorer. L'hypothèse qui se cache derrière la « biophilie » est que notre attitude face à la nature sauvage, qu'elle soit positive ou négative, est un élément fondamental de la nature humaine. C'est un héritage des millions d'années de chasse et de cueillette.

La culture occidentale, et sa civilisation high-tech, a fini par occulter le lien essentiel entre l'esprit humain et le monde naturel, tout en promettant de beaux jours sur des mondes extérieurs à notre planète ou à notre système solaire. Elle refuse de voir ce lien, mais ce lien existe toujours. Les autres cultures ne font pas cela. Il y a cinquante ans, l'Américain Luther Standing Bear *, d'origine indienne **, écrivait : « Nous sommes issus de la terre, et la terre de nous. Nous aimons les bêtes et les oiseaux qui ont grandi avec nous sur cette terre. Ils ont bu la même eau que nous, ont respiré le même air. La nature est un tout. De cette conviction naissait une grande paix en nos cœurs et une bienveillance à l'égard de tous les êtres vivants [11]. » La culture occidentale en est venue non seulement à considérer l'homme comme un être spécial (ce que nous sommes certainement à bien des égards), mais aussi comme un être séparé du reste du monde. C'est comme si nous étions arrivés sur la Terre dans notre forme actuelle, parfaitement achevée, pour exercer notre domination sur les autres créatures terrestres. Ce n'est pas la vérité, bien sûr, mais on tombe facilement dans le panneau consistant à considérer *Homo sapiens*, dans l'esprit de l'évolution, comme le produit d'un long processus, et à le considérer pourtant comme spécial, et séparé du reste du monde.

Il est vrai que rien dans le reste de la création ne ressemble à l'homme. Il est encore vrai que le fossé est énorme entre l'esprit de *Homo sapiens* et celui de nos plus proches parents, les grands singes d'Afrique.

Cependant, si l'on consacre son existence entière à reconstruire le chemin qui a conduit nos lointains ancêtres, du singe à l'homme au fil de l'évolution, alors ce fossé disparaît. On peut déjà trouver et identifier phy-

* Ours debout. *(N. d. T.)*

** L'expression *Native American* est devenue la dénomination officielle (politiquement correcte) des « Indiens », de même *African American* désigne les Noirs américains, *Caucasian American*, les Blancs (de même, *Asian American, Hispano-American*). *(N. d. T.)*

siquement les espèces qui nous relient à nos lointaines racines – *Homo erectus* et *Homo habilis* –, mais nous pouvons aussi nous faire une idée de leur comportement. Et, surtout, nous pouvons saisir le contexte dans lequel notre évolution s'est produite, le glissement progressif et constant des écosystèmes dont nos ancêtres étaient partie intégrante. Cette intimité entre la nature et les premiers hommes s'est inscrite dans la conscience humaine. C'est à cela que faisait allusion Luther Standing Bear. Cette intimité, nous la percevons chacun à notre façon, quotidiennement, et peut-être différemment. Cette communion avec la nature nous permet de voir l'intérêt de la biodiversité, dont nous sommes aujourd'hui un des éléments, sans faire référence à des avantages économiques directs, alimentaires, matériels, ou pharmaceutiques, et sans référence non plus aux « services » rendus par les écosystèmes qui sont la condition de notre survie. L'intérêt des espèces qui nous entourent est inscrit dans l'âme humaine – ce n'est pas quelque chose que dirait facilement un scientifique, néanmoins cet argument est recevable.

L'intérêt de la biodiversité est que l'homme la porte en lui, dans son esprit et dans son âme, et qu'elle l'élève.

L'ÉQUILIBRE DE LA NATURE

Les communautés écologiques ne vivent pas dans une douce harmonie, mais elles sont bien plutôt forgées par des forces multiples, les unes relevant des lois du chaos, les autres du hasard. On y constate, par-dessus tout, un changement constant et dynamique.

Dans le passé, les humains ont eu un impact considérable sur ces communautés, montrant par là combien ces écosystèmes sont menacés quand une espèce les envahit.

Le destin de l'éléphant moderne ne révèle pas seulement notre impact potentiel sur la nature, mais aussi les défis que nous devons affronter en tentant de protéger les systèmes écologiques complexes.

CHAPITRE IX

STABILITÉ ET CHAOS EN ÉCOLOGIE

Traversez le globe du pôle à l'équateur et vous verrez ce qu'on a appelé « l'infinie diversité de la nature », écrite en lettres majuscules. Des toundras glacées aux alpages, des forêts et des prairies tempérées aux forêts tropicales et aux savanes, vous pourrez observer une grande gamme de communautés écologiques différentes. Cette variété est l'une des principales motivations des Américains et des Européens qui, chaque année, visitent mon pays, le Kenya. Le contraste entre les communautés de plantes, d'animaux, d'insectes et d'oiseaux de leur pays d'origine et celles du pays qu'ils visitent est énorme. Non seulement le nombre d'espèces des écosystèmes augmente quand on passe des hautes latitudes aux basses latitudes, mais les types d'espèces dans ces communautés changent également. (On ne trouve pas d'ours polaire sous les tropiques, pas plus qu'on ne trouve de grands primates – à part l'homme – dans les faunes des régions tempérées ou arctiques.) Cette distribution à grande échelle est, bien entendu, en partie le fruit de l'adaptation des espèces aux conditions physiques locales, dont la température et l'humidité sont les plus évidentes. Une communauté écologique locale est donc constituée d'un ensemble d'espèces qui, malgré leurs différences, ont une adaptation commune : l'adaptation à leur environnement physique local. Néanmoins, il n'est pas nécessaire d'être globe-trotter pour reconnaître la grande, sinon infinie, variété de la nature. Où que vous vous trouviez dans le monde, vous trouvez des communautés écologiques différentes, parfois très différentes les unes des autres. J'ai décrit plus haut les contrastes spectaculaires entre les écosystèmes qui occupent la grande Vallée du Rift au Kenya. Là aussi, il est facile d'identifier une des principales causes de cette biodiversité : du fond de la vallée jusqu'au sommet des parois du Rift, une kyrielle de microclimats offre à des espèces différentes des conditions de vie contrastées. L'évolution et l'adaptation fonctionnent à toutes les échelles, produisant des structures à toutes les échelles.

Un écologiste de l'université du Nouveau-Mexique, John Wiens, a dit qu'un des buts de l'écologie est d'« identifier les structures, les *formes* des écosystèmes naturels et d'expliquer les *processus* qui les sous-tendent ». Dans tout ce que j'ai décrit jusqu'ici, le processus principal, comme je l'ai laissé entendre, est lié à l'adaptation des espèces aux conditions physiques locales. Mais quiconque s'est promené en forêt ou dans une prairie et est un peu observateur sait bien qu'on traverse ainsi une mosaïque de paysages, et non un ensemble complètement uniforme.

Une espèce d'arbres peut être très présente pendant une partie de la promenade, puis absente ; un certain type de fleurs sera très rare dans la partie sud de la prairie, puis abondant dans sa partie nord. C'est une mosaïque de communautés écologiques semblables, quoique différentes. Par quels processus ces structures se sont-elles formées ? On ne repère aucune différence évidente entre les environnements situés aux deux extrémités de la prairie, alors pourquoi ces écosystèmes ne sont-ils pas identiques ?

Cependant, il se peut que même l'observateur le plus aguerri ne perçoive pas certaines différences cruciales dans l'environnement, comme, par exemple la chimie du sol, ou des variations de profondeur de la nappe phréatique. Comme l'a expliqué récemment Seth Rice, biologiste de l'université de Caroline du Nord, ce type d'explication a le vent en poupe, en ce moment, auprès de certains écologistes. « Dans tous les écosystèmes, l'environnement varie en fonction du temps et de l'espace », a-t-il écrit dans un article très important, « la structure en patchwork est due à des gradients physiques et chimiques qui sont omniprésents [1] ». En d'autres termes, les formes du monde biologique sont le reflet des formes sous-jacentes du monde physique, révélées par le processus local d'adaptation. Vraiment ? Il semble à première vue acceptable, et même évident, que ce type de facteur puisse façonner les écosystèmes, mais on commence à comprendre depuis quelques années que d'autres forces sont aussi à l'œuvre. Des forces bien moins évidentes, et qui choquent même le sens commun.

Nous entrons ici dans un domaine – celui de l'écologie des communautés – qui pose un des problèmes scientifiques les plus importants et les plus ardus. Il tourne tout entier autour d'une seule question : comment une communauté écologique devient-elle ce qu'elle est ? On s'est longtemps plu à penser que les communautés sont simplement comme elles doivent être, car les conditions physiques leur imposent d'être ainsi. Bien plus, on considérait que les membres de telle ou telle communauté étaient très précisément adaptés à ces conditions et que leurs interactions étaient si intimes – chacun dépendant de tous les autres – qu'une communauté composée d'espèces différentes n'aurait pas pu survivre au même endroit. C'est peut-être une façon un peu exagérée de présenter la chose, pourtant elle résume bien le contenu des théories écologiques récentes. Cette image des structures fondamentales des communautés écologiques accompagne souvent la notion d'« équilibre naturel ».

Cette expression, et ce qu'elle implique, une fois encore, semble à première vue acceptable, elle a même quelque chose de rassurant. Si les écosystèmes sont comme ils doivent être, alors, lorsqu'ils sont perturbés, la nature s'arrange pour rétablir rapidement leur intégrité. Il y a cinq ans, Fairfield Osborn, le fils de Henry Fairfield Osborn, a écrit un livre, *Our Plundered Planet*, où il exprime cette idée : « la nature est une expression de la beauté, elle a quelque chose de symphonique, mais derrière chacun de ses aspects les plus essentiels et immuables, derrière chacun de ses écarts, derrière toute sa tranquillité et toute son immutabilité se cache une machine active coordonnée dans un but précis ». La machine opère pour maintenir les communautés dans leur état d'équilibre. Dans les cercles écologiques et dans le grand public, l'expression « équilibre naturel » est devenue symbole de l'harmonie fondamentale de la nature, censée refléter la justesse du monde tel que nous le percevons. L'écologie a véhiculé pendant un temps un parfum de mysticisme. Bien que ce mysticisme ait disparu, il y a une vingtaine d'années, l'expression est restée. Débarrassée de toute idée de projet, l'équilibre naturel en est venu à signifier la capacité d'une communauté écologique à résister à une perturbation et à s'en remettre ; on a trouvé l'expression plus objective de *stabilité*. On utilise invariablement les termes d'« équilibre » ou de stabilité, les deux termes étant assez flous, comme l'a remarqué Stuart Pimm [2].

Comment se forment les communautés écologiques ? C'est une grande question. De même comment évoluent les caractéristiques et les comportements au sein de cette communauté après qu'elle s'est formée ? Ces questions sont d'une complexité inouïe, parce qu'elles dépendent d'un grand nombre de variables (c'est-à-dire, d'espèces individuelles) qui peuvent interagir de bien des façons – et tout cela dans un environnement physique souvent très changeant. Le spectre de structures possibles au sein de cette communauté est donc immense, et même infini. Essayer de comprendre pourquoi certaines figures apparaissent et non d'autres est un pari téméraire.

Tout cela peut paraître bien académique. En un sens, il existe un besoin réellement urgent de comprendre comment fonctionne la nature, et d'où vient cette biodiversité dont nous faisons partie. C'est également vital si l'on désire protéger la biodiversité, et préserver l'infinie variété de la nature. Par exemple, il faut parvenir à comprendre la composition, en termes d'espèces, des communautés écologiques, mais il faut aussi comprendre ce qui fait fluctuer les populations de ces espèces au sein de leur communauté. Il faut comprendre ce qui rend une communauté vulnérable aux perturbations extérieures, et particulièrement à celles induites par l'homme alors que d'autres communautés y résistent. Il faut savoir pourquoi certaines communautés se remettent rapidement des mauvais coups, quand d'autres n'y parviennent que lentement. Il faut découvrir pourquoi certaines espèces étrangères peuvent facilement envahir certaines communautés, mais pas certaines autres, et comprendre les conséquences de telles invasions.

Il faut déterminer quelles espèces courent un risque d'extinction et quelles autres jouent un rôle si important dans leur communauté que leur extinction implique une cascade d'autres extinctions. Toutes ces questions figurent en bonne place dans les manuels d'écologie et dans les livres qui traitent de conservation.

Nous allons commencer ce chapitre en explorant les découvertes récentes (et qui défient l'intuition) touchant aux causes des fluctuations de population, qui sont parfois régulières et parfois erratiques. Ceci nous amènera à devoir envisager que la nature, le plus souvent, n'est pas en équilibre, mais qu'elle est chaotique. Certains trouveront cette idée si déconcertante qu'ils auront du mal à l'accepter. Elle semble en effet bien loin de toute notion d'harmonie fondamentale. Je débattrai ensuite des moyens grâce auxquels les écologistes ont commencé à comprendre les processus de formation des écosystèmes. Pour y arriver, les chercheurs ont le plus souvent recours à de puissantes simulations numériques. Nous verrons que les communautés écologiques semblent réfléchir à leur façon, car elles se perfectionnent au cours du temps, devenant de plus en plus résistantes aux invasions par des espèces étrangères. Je vais parler de la dynamique des invasions – ce qui fait qu'un envahisseur est victorieux, et quelles sont les conséquences de sa victoire. C'est une question importante dans le contexte de la conservation. Pour finir, je ferai quelques remarques prudentes sur la manière dont les conservateurs devraient chercher à stabiliser les écosystèmes – c'est-à-dire en les laissant changer. Là encore, nous irons à rebours de ce que l'intuition suggère, imitant en cela beaucoup de découvertes touchant aux communautés écologiques. La nature a plus d'un tour dans son sac.

Au Muséum d'histoire naturelle de la Smithsonian Institution, à Washington, se trouve une vitrine qui ne manque jamais de donner la chair de poule à ceux qui la regardent : on y voit une fausse cuisine entièrement recouverte de myriades de cafards, des centaines de milliers, peut-être des millions. Ceux qui parviennent à surmonter leur écœurement peuvent lire la légende et y découvrir que la meute entomologique qui se trouve sous leurs yeux descend entièrement d'une unique femelle – en théorie, du moins. Heureusement une telle fécondité est rarement réalisée. Comme l'a observé Darwin dans l'*Origine des espèces*, la plupart des organismes ont la faculté de produire plus de petits qu'il n'en survivra effectivement. Quelque chose contrecarre ce potentiel (ceux qui n'aiment pas les cafards en seront satisfaits). Ce « quelque chose » comprend la pénurie de ressources alimentaires, la compétition avec d'autres espèces, la prédation, les difficultés climatiques, les maladies, et d'autres facteurs encore. Bien que, sur des périodes de temps longues, le nombre moyen d'individus puisse être relativement stationnaire, à court terme, ce nombre zigzague autour de la moyenne. Certaines de ces fluctuations sont faibles. D'autres sont spectaculaires, parfois même terribles, les populations explosant, ou au contraire s'effondrant au cours de booms ou de *« busts* * », comme les appellent les écologistes.

Pour comprendre la dynamique à court terme des communautés écologiques – c'est-à-dire à l'échelle de quelques dizaines d'années –, il est crucial de mieux comprendre les fluctuations des espèces individuelles, au sein de ces communautés. Comme l'a fait remarquer Robert May : « Cette connaissance n'est pas seulement importante d'un point de vue fondamental, elle a aussi des conséquences pratiques si l'on veut prédire les effets vraisemblables de l'intervention humaine, ou de causes

* « Faillites. » *(N. d. T.)*

naturelles, comme l'exploitation économique d'une population, ou la modification des climats [3]. »

Pour les tenants de l'équilibre naturel, les fluctuations de population reçoivent une explication immédiate, sinon précise. On considère que les populations des diverses espèces sont en équilibre ou proches d'un équilibre au sein de la communauté qu'elles composent. Si elles ne sont pas soumises à des perturbations extérieures, les interactions entre plantes, herbivores et carnivores qui constituent une communauté finissent par atteindre un état stationnaire – les populations de ces espèces partagent un équilibre subtil. Pour reprendre l'image de Fairfield Osborn, c'est une « machine coordonnée » qui ronronne gentiment. Les rouages de cette machine sont nombreux : des ressources qui ne sont pas inépuisables, des compétitions entre espèces, le tribut payé aux prédateurs, et, même, les conséquences des maladies. Dès lors qu'une communauté d'espèces est parvenue à l'équilibre, la force principale susceptible de perturber cet équilibre est climatique. Des changements peuvent se produire dans le long terme, ou bien à court terme avec des épisodes très brutaux comme des tempêtes ou des changements de température. Des modifications climatiques favoriseront certaines espèces et nuiront à d'autres. Supposons qu'une tempête décime une certaine espèce de plantes, alors les herbivores qui s'en nourrissent souffriront également ; à son tour, la population de prédateurs qui chassent ces espèces va s'effondrer par manque de nourriture. Dans le même temps, d'autres proies de ce prédateur auront peut-être plus de chances de s'en sortir, ce qui produira un accroissement de leur population. Une tempête peut donc provoquer à la fois une réduction de population chez certaines espèces, et une augmentation de population chez d'autres espèces.

Quand les populations des différentes espèces fluctuent, l'équilibre disparaît temporairement. Mais au bout du compte, après que les populations ont oscillé autour de leur point d'équilibre, cet équilibre est à nouveau atteint – jusqu'à ce qu'une autre perturbation extérieure se produise. Comme les communautés écologiques ne profitent guère de longues périodes de tranquillité, les populations fluctuent presque constamment sous l'effet de perturbations extérieures. L'histoire récente du lynx du Canada constitue un exemple classique, souvent cité dans les ouvrages d'écologie. Le lynx a été trappé pendant plus de deux siècles, de 1735 à 1940, pour sa fourrure. Les livres de comptes des compagnies peaussières ont fourni aux écologistes un ensemble de données inégalées permettant l'étude historique de cette population animale. On discerne très bien dans les données une structure précise qui révèle que le nombre de lynx est passé par des périodes de boom spectaculaires et des périodes de rechute. Par exemple, entre 1830 et 1910, la population a atteint des maxima tous les neuf ou dix ans, après lesquels elle retombait rapidement. Cette structure s'est répétée avec une certaine régularité, mais le maximum de population, au pic, a varié considérablement, entre 10 000 et 70 000 individus. Quand les écologistes ont commencé à analyser ce phénomène, ils ont émis l'hypothèse qu'il résultait d'une interaction prédateur/proie, entre le lynx et sa proie de prédilection, le lièvre aux pattes blanches. Quand un prédateur a réduit d'un facteur cent la population de proies, ses ressources en nourriture s'en trouvent réduites d'autant, et la population de prédateurs commence elle aussi à chuter. La pression exercée par les prédateurs diminue et la population de proies peut récupérer ; la population de prédateurs suit d'un peu plus loin. C'est l'impression que donnait l'analyse des rapports entre le lynx du Canada et le lièvre aux pattes blanches, qui pouvait expliquer les oscillations.

En fait, ce n'était pas aussi simple. La population de lièvres oscillait à cause de ses propres ressources en nourriture, et la population de lynx ne faisait que suivre cette oscillation. Ce scénario est assez logique, et a permis à cette chaîne d'interactions de durer plus longtemps. Malgré cela, le phénomène ne semblait pas parfaitement régulier, parfois, il avait même l'air erratique. En réalité, ce mélange de régularité et de désordre apparent est le propre de fluctuations de nombreuses espèces. Les essaims d'insectes se manifestent de cette façon. De

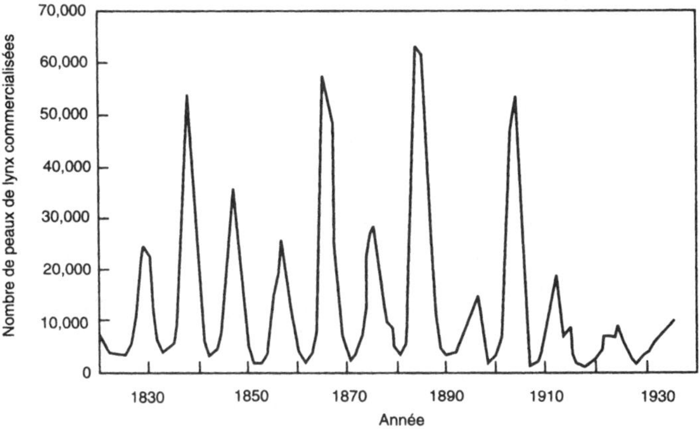

Le lynx est l'exemple classique d'une espèce dont la population fluctue régulièrement, comme le montre la figure. On pensait à une époque que le lynx était un des éléments d'un système dynamique instable, en association avec sa proie principale, le lièvre à pattes blanches. On a compris récemment que ce cycle vient en fait de l'interaction entre les lièvres et les plantes dont ils se nourrissent. La population de lynx suit plutôt passivement les changements de la population de lièvres.

même, les accroissements soudains de populations d'oursins dans le nord-ouest de l'Atlantique, et celles de certains crabes dans le nord-ouest du Pacifique. Chaque fois qu'on observe des communautés écologiques, on constate qu'il existe des fluctuations de populations et que, en outre, elles paraissent aléatoires. Qu'il s'agisse de plancton ou d'éléphants, de mites ou de souris, le tableau est le même. Comment expliquer cela dans le contexte de l'équilibre naturel des populations ? La réponse est simple : tout ce qu'on peut observer dans l'histoire des populations – régularité ou désordre apparent, ou bien encore n'importe quelle combinaison de ces deux propriétés – est attribué à des forces extérieures, comme, par exemple, un changement de climat. Que l'historique d'une population soit parfois imprévisible est censé refléter la complexité des perturbations extérieures. C'était cela l'idée.

Il y a vingt ans a commencé la remise en question de cette interprétation. Certains écologistes se mirent à penser que la dynamique *interne* de ces communautés écologiques suffisait peut-être à engendrer ces phénomènes. Ce désordre apparent n'est peut-être pas si désordonné, après tout ; c'est peut-être un des aspects d'un phénomène connu sous le nom de « chaos ». La plupart du temps, quand on entend parler de chaos, on pense immédiatement à quelque chose de désordonné, d'aléatoire, dont le comportement erratique ne peut être analysé. Mais ceux qui ont lu le livre de James Gleick, *La Théorie du chaos*, savent que les mathématiciens ont identifié récemment des systèmes erratiques, imprévisibles, qui ne sont pas aléatoires. On peut souvent décrire le comportement de ces systèmes avec des équations mathématiques simples. Bien qu'il soit gouverné par des lois

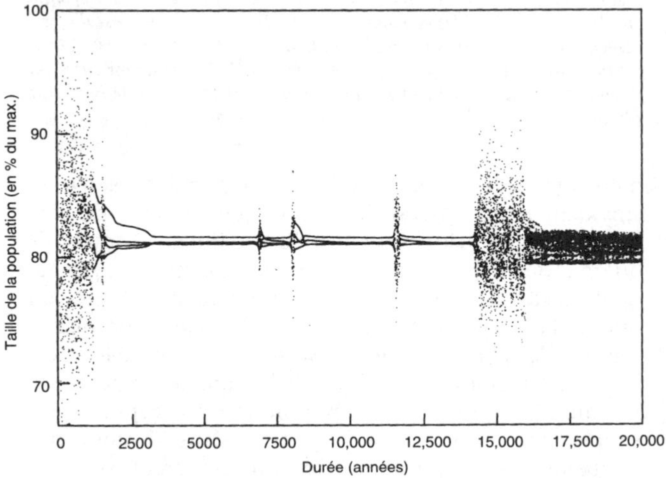

La figure représente une simulation par ordinateur de la population de crabes de Dungeness. Remarquez que de temps en temps la population fluctue énormément, bien qu'aucune action extérieure n'intervienne. C'est un exemple de comportement imprévisible et inattendu que le chaos produit dans les systèmes vivants. (Avec l'aimable autorisation de Alan Hastings et Kevin Higgins.)

mathématiques, le système possède paradoxalement un comportement effroyablement complexe, qu'il est virtuellement impossible de prédire. C'est, en fait, une définition grossière de ce que les mathématiciens appellent « chaos déterministe ».

On a trouvé et analysé de tels systèmes dans de nombreux phénomènes physiques, comme les variations atmosphériques, ou la turbulence en mécanique des fluides. Pourtant, peu de gens savent qu'un des premiers systèmes potentiellement chaotiques à avoir été étudié est précisément la dynamique des populations écologiques et leurs fluctuations. Il s'agissait des travaux de Robert May, il y a vingt ans, présentés dans un article désormais classique de *Nature*. Les écologistes se sont aventurés lentement sur la route ouverte par May, en partie à cause de la persistance tenace de la notion d'équilibre naturel des populations, et en partie parce que les systèmes biologiques de ce type sont bien plus complexes et difficiles à analyser que les systèmes physiques. Comme l'a écrit May un jour : « Pour certains écologistes, le chaos s'apparente à de la magie noire [4]. » Obsédés par la notion d'équilibre, les écologistes ont continué à glaner des éléments en sa faveur, tout en laissant constamment de côté les comportements chaotiques, pour lesquels on supposait que quelque chose d'autre était à l'œuvre.

Au cours des deux ou trois dernières années, on a enfin trouvé des cas de véritable comportement chaotique au sein de communautés écologiques, aussi bien sur le terrain que dans les modèles théoriques. Nous devons maintenant adopter un tout nouveau point de vue sur le monde naturel et sur les événements qui façonnent les structures que nous observons. Ce point de vue est contraire à l'intuition, et donc difficile à accepter.

Au milieu des années 1980, David Tilman, écologiste à l'université du Minnesota, a posé la question suivante : comment différentes concentrations d'azote dans le sol affectent la croissance du *pant-creeper*, une herbe sauvage américaine ? Quand il mit au point son expérience, il ne songeait pas particulièrement aux phénomènes chaotiques, mais son ouverture d'esprit fut assez grande pour lui permettre de les reconnaître lorsqu'il tomba dessus. Pour de faibles niveaux d'azote, la croissance était stationnaire pendant des périodes de cinq ans, indépendamment de la répartition, serrée ou lâche des graines. Mais pour des niveaux d'azote élevés, le tableau était très différent. On y reconnaissait la signature habituelle des comportements chaotiques : des croissances et des décroissances erratiques, imprévisibles. À un moment donné, la densité d'herbe est brutalement tombée à 1/6 000e de sa valeur peu avant, provoquant quasiment sa disparition. La description de ce qui se passe réellement dans le champ est triviale. Un niveau élevé d'azote provoque une croissance rapide et exubérante. En hiver, la mort des herbes laisse un épais tapis de feuilles qui empêche la croissance au printemps suivant, d'où la suite de booms et d'effondrements de populations, d'intensités variables. Une croissance modérée, alimentée par des niveaux raisonnables d'azote, parvenait à maintenir des niveaux annuels réguliers. Quand Tilman publia ses travaux, à la fin de l'année 1991, ils furent accueillis à la fois avec consternation et avec excitation.

Dans ce domaine de l'écologie, la théorie prédomine, essentiellement parce que les expériences du type de celle conduite par Tilman ne sont pas faciles à mettre au point. Comme je l'ai dit plus haut, les manipulations expérimentales sur les écosystèmes sont d'une difficulté notoire. L'année où Tilman présentait ses résultats, Robert May et deux de ses collègues présentaient les résultats d'un modèle mathématique (d'un parasite et son hôte) qui possédait un comportement très proche de celui du système de Tilman. Il montrait des oscillations sur de nombreuses « générations » par suite d'interactions entre les « espèces » : il n'y avait pas de perturbations externes. Le modèle décrivait les espèces et leur interaction en termes mathématiques. La complexité de la dynamique provenait de l'intérieur même du système : rien n'était imposé de l'extérieur. Il est important également de remarquer qu'un comportement apparemment aléatoire, imprévisible résultait d'équations mathématiques simples. C'est la signature du chaos déterministe. Plus récemment, Alan

Hastings et Kevin Higgins, de l'université de Davis en Californie, ont rencontré un comportement semblable dans leur modélisation de la population de certains crabes. Là encore, avec des équations mathématiques simples, les chercheurs ont pu décrire l'espèce et sa répartition le long d'une portion théorique de côte. Une fois de plus le comportement était aléatoire et imprévisible, entrecoupé de périodes de stabilité et de périodes de grandes fluctuations. Ainsi faisaient-ils remarquer dans leur article paru dans *Science,* au début de 1994, que : « Les croissances explosives sont peut-être le propre de la dynamique des populations, toutes conditions physiques ou biologiques demeurant par ailleurs inchangées [5]. »

Un pas essentiel vers la compréhension des structures qui apparaissent dans les phénomènes naturels a été franchi avec la démonstration que la taille d'une population peut varier de façon spectaculaire et imprévisible en l'absence de perturbations extérieures, du fait même des interactions internes au système. « Le concept de chaos est à la fois étourdissant et quelque peu effrayant », remarquent William Schaffer et Mark Kot, deux écologistes de l'université d'Arizona, qui ont beaucoup œuvré pour l'analyse du chaos dans les écosystèmes. « D'un côté, il offre une alternative déterministe à cette idée que les fluctuations de population sont toujours le fruit de perturbations extérieures. Mais, dans le même temps, le chaos risque de saper les fondements conceptuels de l'écologie contemporaine [6]. » Il est certain que les concepts écologiques actuels vont être secoués, néanmoins, du point de vue de la biodiversité, le chaos est une force positive. Comme je l'ai expliqué, les communautés stables peuvent finir sous la domination d'une ou de quelques espèces peu nombreuses. En revanche, les fluctuations de population peuvent conduire les communautés à des niveaux de diversité plus élevés. On peut donc observer que le comportement erratique, qui est la conséquence de la dynamique interne des communautés écologiques, est aussi une force qui œuvre en faveur de la biodiversité. Mais le chaos réserve encore aux écologistes bien d'autres surprises. Au début de ce chapitre, j'ai décrit le patchwork naturel dont beaucoup d'environnements sont faits. Chaque morceau contient des communautés écologiques semblables mais cependant différentes. L'interprétation conventionnelle de ces différences est qu'elles reflètent des variations faibles mais importantes des paramètres physiques de l'environnement. Le chaos en propose une explication différente. Le modèle parasite-hôte de Robert May et de ses collègues a révélé que non seulement la *taille* des populations fluctue au cours du temps, mais leur distribution *spatiale* est également irrégulière – elle prend une forme mosaïque. En travaillant sur des modèles comprenant trois espèces réparties sur un territoire (théorique, uniforme), ils ont trouvé que la dynamique des interactions séparait souvent les espèces. Dans un article paru à l'été 1994, dans *Nature*, ils observent que, « dans certains cas extrêmes, ce modèle produit des îlots relativement statiques dans l'habitat, donnant l'impression qu'il existe des poches d'habitat plus favorables [7] ».

La répartition des espèces à travers les habitats (comme celles des arbres dans les forêts ou des fleurs dans les prairies) est très souvent irrégulière. On l'explique par des irrégularités physiques de l'habitat auxquelles les espèces réagissent par des résistances ou des aptitudes différentes à progresser. La théorie du chaos nous offre une perspective contraire à l'intuition dans laquelle cette explication n'est plus suffisante. Les irrégularités de la répartition des espèces peuvent venir de la dynamique interne des écosystèmes, même lorsque le sol que se partagent les différentes communautés est rigoureusement identique.

Nous voyons donc que le monde naturel n'est pas en équilibre ; ce n'est pas une « machine coordonnée » tendant vers l'équilibre. C'est plus intéressant que cela. On ne peut contester que l'adaptation aux conditions physiques locales, et à d'autres aléas comme les phénomènes climatiques, façonne aussi le monde que nous avons sous nos yeux. Mais il est clair maintenant qu'une bonne partie des structures que nous observons – spatiales ou temporelles – sortent de la nature elle-même. C'est une découverte saisissante, même si elle complique la tâche du conservateur. On pensait à une époque qu'on pourrait contrôler les populations en jouant sur les conditions extérieures (dans la mesure du possible). Il faut admettre que cette option n'est pas aussi aisée à mettre en œuvre qu'on l'a pensé. Il vaut mieux, de loin, comprendre et accepter l'infinie variété de la nature et l'infinie complexité des processus qu'elle met en jeu, reconnaître qu'il est futile de s'imaginer pouvoir la contrôler, que rester dans l'ignorance et croire qu'on y parviendra.

En 1789, le révérend Gilbert White, un pasteur du sud de l'Angleterre, a publié un petit livre merveilleux, *L'Histoire naturelle de Selborne.* Ce livre arrive en quatrième position des livres les plus réédités de l'édition en langue anglaise. Le petit volume de White rassemble des observations intéressantes sur la nature à l'intérieur et autour du village où il vivait et officiait. On s'intéresse aux espèces vivantes prises séparément au moins depuis Aristote, mais le révérend White fut le premier à mettre l'accent sur les espèces en tant que composantes d'une communauté. Bien entendu, il n'utilisait pas le langage de l'écologie des communautés actuelles. Il ne parlait pas de règle d'assemblage, de réseau, de ressource, de niveau trophique. Mais il prit conscience de l'importance des interactions entre les espèces, avec des degrés différents d'interdépendance, et cette prise de conscience est au centre du problème le plus difficile de l'écologie des communautés : comment une communauté écologique devient-elle ce qu'elle est ? Une réponse dichotomique simpliste s'offre à nous : par construction ou par hasard. On peut plus précisément poser la question suivante : les espèces qu'on trouve au sein d'une communauté donnée partagent-elles quelque chose de particulier faisant en sorte que cet ensemble d'espèces représente, pour cet habitat, un optimum ? En d'autres termes, quel ordre sous-tend la « banque entremêlée », selon l'expression de Darwin ?

Il est difficile de répondre à cette question par l'observation de la réalité, parce que les échelles de temps et d'espace des écosystèmes posent des problèmes insolubles. C'est pourquoi la plupart des percées en écologie des communautés viennent d'études faites par ordinateur, qui permettent aux chercheurs de « manipuler les écosystèmes ». Ces systèmes sont relativement simples si on les compare aux systèmes naturels, mais ont permis ces dernières années une moisson de résultats importants. Comme pour les découvertes dans le domaine du chaos, ces résultats sont très éloignés de ce que l'intuition suggère.

Ainsi, il y a dix ans, Stuart Pimm, et Mac Post, de l'université du Tennessee, ont commencé à reconstituer numériquement un écosystème de ce genre, ajoutant successivement les espèces (plantes, herbivores, puis carnivores). Chaque espèce était représentée mathématiquement par une suite de comportements reflétant son type, sa taille et ses besoins territoriaux et alimentaires. Pimm et Post refaisaient pratiquement par ordinateur ce qui se produit lorsqu'un territoire vierge est colonisé, comme cela arrive après un incendie ou après l'apparition d'une île volcanique. Une communauté écologique s'organise lentement, au cours d'un processus appelé « succession », qui débute avec les organismes les plus simples capables de se développer dans un habitat pauvre et qui incorpore progressivement de plus en plus d'espèces, qui dépendent chaque fois des espèces déjà présentes. On ne peut pas avoir d'herbivores là où il n'y a pas encore de plantes, par exemple ; et l'on ne peut pas avoir de prédateurs là où les proies ne peuvent se reproduire.

Des espèces étaient ajoutées à la communauté de manière aléatoire. On ne cherchait pas à construire une communauté d'un type particulier, l'idée consistait à permettre le développement spontané d'une communauté. Comme dans la nature, il fallait bien que les plantes précèdent les herbivores, et les herbivores les prédateurs. La dynamique de l'organisation de la communauté fut assez frappante. Au début, on pouvait rajouter des espèces facilement (dans un ordre logique toutefois). Mais, au fur et à mesure que la taille de la communauté augmentait (c'est-à-dire le nombre total d'espèces), de nouvelles espèces éprouvaient davantage de difficultés à s'établir dans la communauté. Quand le nombre d'espèces était parvenu à plus de douze, l'invasion par une nouvelle espèce était devenue très difficile, et, si elle réussissait, se traduisait par la disparition d'une ou de plusieurs espèces déjà établies. Ce phénomène rappelle le « coin » de Darwin, idée consistant à considérer les espèces comme coincées les unes contre les autres, de sorte que l'introduction d'un nouveau coin en chasse certainement un autre. Pimm et Post observèrent, dans un contexte écologique, la réussite d'une espèce étrangère envahissant une communauté existante, et les conséquences pour cette communauté. La réussite était facile dans des communautés renfermant peu d'espèces et difficile dans les communautés qui en possédaient un nombre élevé. L'écologiste britannique Charles Elton a suggéré, il y a plus de trente ans, qu'un phénomène de ce genre devait se produire dans la nature. Mais pour quelle raison ?

L'explication habituelle est que, au fur et à mesure qu'on augmente le nombre d'espèces dans une communauté, les niches écologiques libres sont de moins en moins nombreuses. Un envahisseur potentiel en quête d'une niche aura plus de mal à s'établir si la niche qui lui convient est déjà occupée. Dans ce cas, l'envahisseur devra battre l'espèce présente pour s'établir dans la communauté. Si la niche est libre, l'envahisseur s'installe sans coup férir, cela paraît logique, d'un point de vue écologique, mais apparemment ce n'est pas la bonne explication. Le véritable défi qui attend un envahisseur potentiel ne consiste pas à lutter contre l'occupant de la niche qui lui convient, mais à s'adapter à la communauté dans son ensemble. Le modèle numérique élaboré par Ted Case, de l'université de San Diego en Californie, l'a montré très clairement. Il a construit plusieurs modèles numériques de communautés et joué sur l'intensité des interactions entre les espèces dans chacune de ces communautés. Dans certains exemples, les interactions étaient plus fortes que dans d'autres.

« Quand des communautés sont composées de nombreuses espèces en interaction forte, l'invasion par une autre espèce, quelle qu'elle soit, ou presque, devient plus difficile, écrit-il dans son article, et ces communautés créent une espèce de " barrière d'activation ", même pour un adversaire très fort, qui repousse les envahisseurs lorsque leur nombre est insuffisant [8]. » Si l'hypothèse de la niche était correcte, on s'attendrait à ce qu'un envahisseur potentiel, supérieur à une espèce établie, l'emporte. Et pourtant il n'y parvient pas. Les communautés dans lesquelles les interactions entre espèces sont plus fortes sont moins sensibles à une invasion par des espèces étrangères que celles où les interactions sont plus lâches, et résistent même à l'invasion par un envahisseur en principe supérieur. Et Case de conclure : « Ces modèles mettent en lumière les propriétés collectives de la communauté, par opposition aux aptitudes de l'envahisseur : c'est le niveau collectif qui va déterminer les chances de succès d'un envahisseur [9]. » Si ce résultat est exact, il est d'une extrême importance non seulement pour mieux comprendre la dynamique des écosystèmes, mais aussi dans le contexte de la conservation. Il est fréquent que les conservateurs aient à préserver une espèce au sein d'une communauté, qui est inférieure à un envahisseur d'origine exotique. Si l'on suit le modèle de Case, il est évident que l'adversaire le plus faible aura davantage de chances de s'en tirer si la communauté jouit d'une plus grande richesse d'espèces, c'est-à-dire si elle est intacte, protégée des perturbations extérieures. Si l'on protège donc une communauté dans son ensemble, on accroît la sécurité des membres les plus faibles, à travers le réseau protecteur qui traverse la communauté.

L'expression « réseau protecteur » a quelque chose de surnaturel, mais nous allons comprendre d'où elle vient : elle est issue des chaînes alimentaires que certains ont décrites comme « les routes qui sillonnent la célèbre " banque entremêlée " de Darwin... et qui montrent comment une communauté est structurée, et comment elle fonctionne [10] ». La « carte » des routes révèle les interactions entre espèces au sein de la communauté, comme, par exemple, qui mange qui. Les biologistes sont depuis longtemps fascinés par ces diagrammes. Parfois, le réseau alimentaire semble effroyablement compliqué. Les biologistes pensaient au début que ces diagrammes étaient propres à chacune des communautés. Mais, en faisant abstraction des complexités apparentes, ils commencèrent à comprendre : tous ces diagrammes sont très semblables, et ce, quelle que soit la communauté qu'ils représentent. Ils ont des propriétés communes. Par exemple, la longueur des chaînes alimentaires, c'est-à-dire la suite de qui mange qui dans la communauté – ainsi que le rapport entre le nombre d'espèces de prédateurs et d'espèces de proies. Où que vous regardiez dans la nature, des organisations semblables surgissent. Que des points communs apparaissent entre des communautés différentes, là où on pourrait s'attendre à une infime variété suggère qu'il existe quelque chose de plus fondamental. Il semble qu'un ordre émerge de la dynamique interne du système, et cet ordre n'est pas imposé par des circonstances extérieures.

Les interactions que Ted Case a rentrées dans son ordinateur représentent des réseaux alimentaires empruntés au monde réel. On peut donc expliquer le caractère protecteur d'un certain degré d'interaction entre espèces par des propriétés de la chaîne alimentaire elle-même. Il n'est pas nécessaire d'invoquer une force mystérieuse pour expliquer les observations – contraires à l'intuition – que l'on peut faire.

Les écosystèmes qui se forment spontanément dans les modèles numériques de Stuart Pimm et Mac Post possèdent des réseaux d'interactions entre espèces ressemblant de près aux chaînes alimentaires observées dans la réalité. Cette propriété laissait penser que, quoique simples, les modèles étaient réalistes. Mais ces modèles ont conduit à d'autres découvertes. Le premier résultat, souvenons-nous, avait été que les communautés pauvres en espèces étaient envahies facilement, alors qu'il était plus difficile d'envahir des communautés contenant de nombreuses espèces. Difficile, mais pas impossible. Si on laisse une communauté riche évoluer et mûrir, elle n'atteint pas un état stationnaire, et, au contraire, on assiste à une lente rotation des espèces. En d'autres termes, certaines invasions réussissent, provoquant en général la disparition d'espèces existantes ; la composition en espèces est mouvante, et non figée. Une espèce ayant réussi à un moment donné peut, plus tard, devenir elle-même la victime d'une invasion et être éliminée de la communauté. Sa présence temporaire laisse néanmoins des traces dans la communauté, comme des traces de pas dans le sable. Le deuxième résultat de Pimm et Post est donc que les communautés anciennes, riches en espèces, sont bien plus difficiles à envahir que les communautés récemment formées. Il semble que le processus de maturation renforce le réseau protecteur au sein de la communauté. On dirait que la communauté s'améliore, d'une façon presque intentionnelle, mais qu'il est difficile de préciser.

Ce résultat n'est pas une lubie d'un modèle numérique ésotérique : la même chose, exactement, se produit dans la nature. À Hawaii, par exemple, il existe deux types d'écosystème. D'abord, il y a la forêt haute, encore intacte. C'est un écosystème riche en espèces, et ancien. Ensuite, il y a les forêts basses, qui ont été perturbées par l'activité humaine à l'intérieur et autour d'elles. Essayant de se remettre de ces perturbations, elles se trouvent dans un état d'organisation précoce, bien qu'elles soient riches en espèces. Les îles ayant été colonisées de nombreuses fois depuis l'arrivée des premiers Polynésiens il y a 1 500 ans, beaucoup d'espèces étrangères ont été introduites, soit délibérément, soit par accident. C'est l'endroit du monde où l'on trouve le plus d'espèces d'oiseaux et de plantes, notamment, introduites de l'extérieur. 28 % des insectes de l'archipel et 65 % de ses plantes ne sont pas d'origine. Tous ses mammifères y ont été introduits récemment. Il y a trente ans, Charles Elton, dans *L'Écologie de l'invasion par des animaux et des plantes*, a décrit la situation de Hawaii en ces termes : « l'un des grands bouleversements historiques de la faune et de la flore mondiale ». Chaque fois qu'une espèce étrangère parvenait à s'établir, elle provoquait des extinctions, parfois en cascade. Posons la question : où les espèces étrangères se sont-elles établies ? Était-ce dans l'écosystème récent des forêts basses, ou bien dans l'écosystème ancien des forêts hautes ? C'est bien évidemment dans le premier. Il est clair que l'écosystème ancien résistait mieux aux invasions que l'écosystème récent. En termes de théorie de l'écologie, l'écosystème ancien était parvenu à un état persistant.

Les communautés matures – qu'elles soient réelles ou informatiques – ont donc des propriétés écologiques importantes que n'ont pas les communautés récentes. On en déduit donc évidemment qu'au cours de l'organisation de cette communauté s'opère une sélection d'espèces supérieures, dans un sens qui reste à définir. Supérieures, par exemple, en terme de productivité, dans le cas des plantes ; en vitesse ou en furtivité, dans le cas des prédateurs, et ainsi de suite. Il est bien clair qu'une communauté d'espèces supérieures sera écologiquement supérieure à une communauté composée d'espèces inférieures. Cependant, lorsque Pimm et Post examinèrent de plus près les aptitudes des espèces participant à la communauté persistante, ils ne trouvèrent aucune trace de leur supériorité. En termes écologiques, ces espèces ne se distinguaient pas de celles qui avaient échoué à s'établir dans la communauté. Peut-être, ont-ils pensé, ne regardaient-ils pas les bons paramètres.

En fait, ils ne s'étaient pas trompés, comme le montraient les modèles numériques similaires, mis au point par Jim Drake, écologiste alors à l'université de Purdue. Comme Pimm et Post, Drake bâtit une communauté écologique en ajoutant de manière aléatoire des espèces, l'une après l'autre. Mais il le fit à partir d'un jeu de 125 espèces seulement. Là aussi, une communauté persistante finit par apparaître, ne comportant qu'une douzaine d'espèces, néanmoins elle était différente. Moins de la moitié des espèces de la seconde communauté étaient déjà présentes dans la première. Il répéta le processus des dizaines de fois. Il obtint chaque fois une communauté persistante différente des précédentes. Une fois encore, rien ne permettait de qualifier les espèces de la communauté de « supérieures » aux autres espèces de la pioche. N'importe quelle espèce pouvait devenir un membre de la communauté persistante, à condition d'être ajoutée au bon moment.

Ces résultats sont aussi fascinants qu'essentiels. Tout d'abord, nous constatons que des communautés persistantes peuvent se former par un processus aléatoire d'introduction d'espèces. Ensuite, la persistance (ou stabilité), propriété écologique essentielle, émerge de l'interaction entre les espèces de la communauté, et non de la supériorité individuelle de telle ou telle espèce. Ces observations sont au moins aussi importantes pour l'interprétation du caractère mosaïque de la nature. Nous avons vu plus haut qu'on explique en général les différences entre écosystèmes voisins en invoquant des réponses à des environnements physiques différents. Nous avons également montré que le chaos nous laisse présager une structure en mosaïque, même en l'absence de différences physiques au sein de l'environnement. Le travail de Pimm, Post et Drake, nous révèle maintenant une seconde source de non-homogénéité qui ne s'explique pas par une adaptation à des propriétés locales : l'histoire. La composition finale d'un écosystème persistant dépend clairement de l'ordre dans lequel les espèces essaient de le pénétrer, tandis qu'il mûrit. Parfois il vaut mieux arriver tôt, parfois il vaut mieux être en retard. Tout dépend des espèces qui sont déjà présentes. Nous avons vu dans un précédent chapitre que l'on commence à comprendre l'importance de l'histoire, des contingences, dans l'évolution. On attribue à l'adaptation un rôle moins important que par le passé. Nous voici ici dans une situation analogue : l'histoire est un des facteurs importants servant à façonner l'évolution des écosystèmes, alors que l'adaptation joue un rôle secondaire. Cette manière de voir est très différente de la manière traditionnelle.

Est-ce vraiment une propriété de la nature ? Jim Drake s'est mis à tester cette hypothèse expérimentalement en effectuant avec des micro-organismes (essentiellement des algues de diverses sortes) ce qu'il faisait avec des espèces numériques fictives. Il ajoute les espèces aléatoirement et obtient de nombreuses communautés persistantes différentes. L'histoire joue un rôle. Il y a peu, deux paléontologues ont proposé une réinterprétation du matériel paléontologique dans cette perspective. Martin Buzas et Stephen Culver, de la Smithsonian Institution et du Muséum d'histoire naturelle de Londres, ont analysé la composition des communautés marines côtières du plateau continental atlantique nord-américain, sur une période de 55 millions d'années. Pendant cette période, le niveau des mers est monté et descendu six fois. Six fois de nouvelles communautés se sont formées au voisinage des côtes, à partir des espèces qu'on pouvait trouver dans la région. Six fois la composition des communautés fut différente. Commentant ces observations, l'écologiste de la Smithsonian Institution, Jeremy Jackson, a écrit : « Le concept de communautés écologiques marines étroitement intégrées vient certainement de recevoir son coup de grâce [11]. » Absolument, et c'est également de l'eau apportée au moulin de la contingence historique.

Si ces résultats semblent contraires à l'intuition, c'est également le cas d'une observation faite par Jim Drake : « Les communautés persistantes que je fabrique dans mon ordinateur fonctionnent très bien. Je vais choisir l'une de ces communautés et essayer de la reconstruire à partir de zéro, en utilisant uniquement la douzaine d'espèces qui la compose. » Il n'y est pas parvenu. Après avoir démantibulé la communauté, il n'a pas pu la reconstruire, et peu importait l'ordre dans lequel il réintroduisait les espèces.

Stuart Pimm appelle cela l'« effet Humpty-Dumpty * ». La cause mathématique de ce phénomène est assez ésotérique, mais elle revient à dire que, pour atteindre l'état persistant Z, l'écosystème doit passer par les états intermédiaires A à Y. On ne peut pas sauter directement à l'état Z d'un seul coup. Cela peut vous laisser sceptique, comme une conversation de comptoir entre écologistes, tard le soir après un congrès chargé, et pourtant c'est très sérieux. On voudrait de plus en plus, ces temps-ci, reconstituer des écosystèmes qui ont été dégradés ou

* D'après un héros d'une *nursery-rhyme. (N. d. T.)*

détruits. On peut citer les deux exemples récents des prairies du Midwest et des Everglades, en Floride. Dans ces deux cas, et dans bien d'autres, les écologistes connaissaient la composition des communautés d'origine, grâce à des documents historiques. Jusqu'aux travaux que je viens d'évoquer (et qui sont en développement), les écologistes pensaient qu'il suffirait de rassembler les espèces et de les laisser s'ébattre dans un habitat choisi pour reformer l'écosystème en question. Ils s'étonnèrent en constatant que ça ne marchait jamais. On sait maintenant pourquoi.

Nous avons vu que la nature nous cache des choses. La dynamique des communautés écologiques est souvent contraire à nos intuitions. Elle a longtemps échappé aux chercheurs. Les communautés sont en perpétuelle transformation ; mais, même si elles ont toujours l'air de s'améliorer de façon intentionnelle, nous savons aujourd'hui que le hasard et l'histoire jouent malgré tout un grand rôle. Je finirai ce chapitre en racontant l'histoire authentique d'un écosystème qui révèle les effets de ce type de dynamique et montre l'importance des changements intervenus au cours du temps. Cette histoire est également édifiante pour ceux qui voudraient s'essayer à conserver des espèces.

Situé au nord-est du Botswana, le parc national Chobe est représentatif de divers écosystèmes du sud et de l'est de l'Afrique. On y trouve de nombreux herbivores de grande taille. Certains sont migrateurs, comme la girafe, le buffle, l'éléphant, le zèbre, le gnou et l'impala. Les lions, les hyènes, les chiens sauvages et les chacals forment une riche fraternité de carnivores. La mosaïque d'habitats formée par les prairies et les bois d'acacias abrite un riche éventail d'espèces d'oiseaux et d'insectes. L'un dans l'autre, le parc abonde d'une diversité d'espèces qui correspond sans doute à l'image que les gens se font d'une nature sauvage. Les directeurs de ce parc voudraient en préserver la diversité, car elle attire les touristes et parce que cette diversité est conforme à l'idée qu'ils se font d'un parc. Cependant, ils sont confrontés

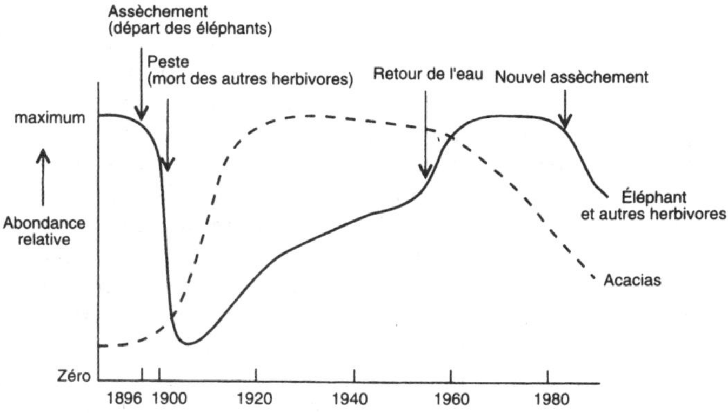

La plupart des environnements passent par des cycles dus à des forces internes et externes, comme on peut le suivre dans l'histoire du parc national Chobe, au Botswana. (Avec l'aimable autorisation de Brian Walker.)

à un grave problème : les bois d'acacias reculent, surtout à cause des éléphants, et de nouveaux arbres poussent. Les directeurs pensent que si les bois se retrouvent réduits à la portion congrue, ils auront échoué, puisqu'ils veulent que les choses restent comme elles sont. Mais maintenir le *statu quo* serait une erreur écologique ; d'ailleurs, c'est sans doute impossible. Si l'on se penche sur l'histoire écologique du parc, on comprend pourquoi. La région est alimentée en eau de surface essentiellement par le canal de Savuti. Lorsque celui-ci est plein, il coule depuis l'Angola, passe par les marais de Linyanti et se déverse dans la lagune de Savuti (qui, aujourd'hui, a rejoint la prairie). Elle était pleine à la fin du XIXe siècle, et s'est asséchée vers le tournant du siècle. Elle est restée sans eau jusqu'au milieu des années 1950. Elle s'est asséchée de nouveau en 1982 et est à sec depuis.

Peu après l'assèchement du canal, au début de ce siècle, il y eut une terrible épidémie de peste bovine dans la région. Ces deux événements ont ouvert la voie aux forêts actuelles d'acacias, de la façon suivante. Le manque d'eau a poussé les éléphants à chercher de l'eau ailleurs (la chasse a également contribué à réduire leur nombre). L'épidémie de peste bovine a dans le même temps décimé la population d'ongulés. Par conséquent, la pression alimentaire fut soudain très faible, ce qui permit aux pousses d'acacias (un régal pour de nombreux herbivores) de devenir des arbres. Quand les éléphants et les ongulés refirent leur apparition, des bois d'acacias très étendus s'étaient formés. « Nous observons aujourd'hui la coexistence de nombreux éléphants et de bois d'acacias très étendus, mais ce n'est qu'un instantané, dans un intervalle de temps très étroit ; cette situation ne semble pas tenable » – tel est le constat de Brian Walker, qui a étudié la région en détail [12].

Cette situation n'est pas tenable, en effet, car, tant que les éléphants et les ongulés de la région seront en bonne santé, ils mangeront les pousses d'acacias, qui ne parviendront jamais à maturité. Si l'on veut que les bois se rétablissent, il faut éloigner ces animaux. Comme le dit Walker : « Il faut savoir si les directeurs du parc et les touristes sont prêts à accepter une période de dix à quinze ans sans aucun animal à contempler. » Probablement pas. Bien sûr, la diversité actuelle du parc est d'origine naturelle, mais elle est le fruit d'un changement substantiel d'environnement qui s'est étalé sur plusieurs dizaines d'années. Cependant les responsables des parcs s'opposent le plus souvent au changement ; au moins lorsqu'ils s'aperçoivent qu'une espèce de grande valeur est apparemment en train de disparaître. Les écosystèmes sont chamboulés en permanence, aussi bien dans l'espace que dans le temps. À chaque instant, des espèces sont en déclin quand d'autres sont en plein essor. Le changement est vital, c'est lui qui alimente en permanence la diversité biologique. « Les conservateurs devraient consacrer moins de temps à se préoccuper de la survie de telle ou telle espèce animale ou végétale », prévient Walker, « ils devraient plutôt songer à préserver l'intégrité et la diversité des processus qui sous-tendent les écosystèmes [13] ».

Ayant replacé les écosystèmes dans la perspective que nous enseignent le chaos et la dynamique des communautés organisées, nous voyons que l'avertissement de

Walker est fondé. Mais, comme toujours s'agissant des affaires humaines, il est difficile de gérer des processus qui se produisent sur des dizaines d'années. Et personne ne peut rester impassible pendant que les bois reculent ou que les animaux meurent de faim ou de soif. Pourtant, au bout du compte, il faudra peut-être nous y résoudre.

CHAPITRE X

LES DESTRUCTIONS DU PASSÉ

Pendant la plus grande partie des deux derniers millions d'années, la Terre a subi le joug oscillant d'une ère glaciaire, passant successivement par des périodes de froid intense et des périodes interglaciaires chaudes. Les géologues appellent cette époque « le Pléistocène ». Elle s'achève brutalement, il y a 12 000 à 10 000 ans, là où commence l'Holocène, ou, plus simplement, l'époque récente. À chaque transition entre un interglaciaire et une époque glaciaire, et réciproquement, les communautés végétales ont subi de violents changements. Quand les températures globales dégringolaient, les forêts tropicales se réduisaient et se fragmentaient, les forêts et les régions boisées descendaient des latitudes élevées pour se rapprocher de l'équateur. Comme les espèces animales dépendent des plantes pour leur survie, elles migraient également, directement ou indirectement, quand elles le pouvaient. Au début des interglaciaires, le phénomène inverse se produisait. Le Pléistocène a engendré des bouffées de turbulences biotiques globales, se produisant à un rythme lent. Il n'est donc guère étonnant que cette époque ait été particulièrement riche en apparitions et extinctions d'espèces.

Du côté « extinction » de l'équation, un déséquilibre curieux s'est manifesté : les grandes espèces, et particulièrement les grands mammifères – ceux pesant plus de 50 kg –, ont semblé particulièrement vulnérables. Bien que la plus grande espèce ayant jamais existé – la baleine bleue – soit encore vivante, le monde terrestre dans lequel nous évoluons ne connaît plus de ces géants nonchalants comme le mammouth et le mastodonte, le dinothérium et le diprotodon.

L'extinction de la mégafaune, ainsi qu'on l'a désignée, a biaisé la distribution animale actuelle. C'est un caractère propre au Pléistocène, un phénomène qui a plongé les paléontologues dans la perplexité pendant des siècles.

Cependant, cette extinction de la mégafaune du Pléistocène est un mystère qui va au-delà de ce simple fait. Ailleurs qu'en Afrique la plupart des disparitions se sont produites vers la fin de cette époque ; de nombreuses disparitions ont eu lieu tout à la fin du Pléistocène, alors que les glaciers reculaient pour la dernière fois (pour l'instant). En Amérique, par exemple, cinquante espèces de grands mammifères ont glissé vers l'extinction au cours des deux derniers millions d'années, c'est-à-dire jusqu'il y a 12 000 ans. Ensuite, au cours d'une brève et catastrophique chute de la faune, qui s'est produite il y a 12 000 à 10 000 ans, quelque cinquante-sept espèces de grands mammifères ont rendu leur dernier soupir. La coïncidence entre leur disparition et la transition entre une glaciation et un âge interglaciaire nous souffle une conclusion immédiate. Alfred Russel Wallace, le co-inventeur de la théorie de l'évolution par la sélection naturelle, avançait en 1876 que le « grand et récent changement physique connu sous le nom de “ glaciation ” est la cause des extinctions [1] ». En d'autres mots, Wallace pensait que la perturbation massive des communautés végétales provoquée par l'élévation globale des températures avait porté un coup fatal à ces grands animaux. Incapables de s'adapter à leur nouvel environnement, suggérait-il, ils sont morts.

Mais Wallace changea rapidement d'avis, et montra du doigt un autre suspect possible. Il écrivit en 1911 : « Je suis convaincu que la rapidité avec laquelle un si grand nombre de grands mammifères ont disparu s'explique par l'action de l'homme [2]. » Il avait changé d'avis après s'être rendu compte que les effets sur l'environnement causés par la glaciation étaient sans doute trop limités pour provoquer des extinctions sur une échelle aussi importante. Wallace n'avait pas été le premier à suggérer que la bouffée d'extinctions de la fin du Pléistocène observée en Amérique était l'œuvre de l'homme. En 1860, l'anatomiste anglais sir Richard Owen avait envisagé que ces extinctions avaient pu être la conséquence de « l'apparition de l'humanité sur un morceau de terre jusque-là inhabité [3] ». Avant lui, même, le géologue écossais sir Charles Lyell notait sans ambiguïté : « la première idée qui vient à l'esprit de tout naturaliste [4] » est que la disparition des espèces a été causée par la chasse.

Celui-ci exagérait un peu, en ceci que l'idée n'a pas frappé tous les naturalistes, loin de là. (Avant 1850, on débattait encore pour savoir si l'homme avait cohabité avec le bestiaire du Pléistocène, l'idée d'une chasse abusive était encore plus difficilement défendable.) En épousant l'idée d'une extinction de la main de l'homme, au tout début du siècle, il lui donnait une grande force. Pourtant, la controverse entre une cause humaine ou climatique se poursuivit.

Dans ce chapitre, nous allons examiner l'impact des hommes sur les communautés écologiques au cours de l'histoire récente, et moins récente, c'est-à-dire (le plus souvent) le résultat de la colonisation de terres où l'homme n'avait auparavant pas vécu. Ce sujet est important à deux titres. Tout d'abord, la colonisation par l'homme de terres vierges est un exemple extrême d'invasion par une espèce, qui en révèle les conséquences pour les communautés existantes. Nous avons vu que des communautés anciennes, riches en espèces, peuvent souvent résister à l'invasion, quelle que soit l'espèce envahissante, ou presque. Mais *Homo sapiens* n'est pas une espèce ordinaire, et ses tentatives d'invasion sont presque toujours un succès et, d'ailleurs, sont presque toujours dévastatrices pour la communauté existante. En second lieu, s'il faut estimer l'impact de l'homme sur le monde naturel d'aujourd'hui, il nous faut une perspective historique. Le but de ce chapitre est d'établir cette perspective.

On a longtemps pensé que la faculté de l'homme à infliger des traumatismes au monde naturel, au point d'être la cause d'un nombre significatif d'extinctions, était un phénomène relativement récent de l'histoire humaine. À l'époque de Wallace, les biologistes admettaient que chaque période de la colonisation du globe par les Européens, depuis le XVIIe siècle, s'était traduite par le saccage de l'harmonie de la nature. Pour beaucoup, les premiers colons, comme notamment les Polynésiens, à travers le Pacifique, n'étaient pas, eux, à incriminer, sous prétexte qu'ils faisaient partie de cette harmonie. (En fait, les sentiments des Occidentaux à l'égard des hommes vivant dans des sociétés technologiquement primitives avaient complètement changé. Auparavant, on les ravalait au rang de bêtes barbares et cruelles, mais on en était venu à les traiter en « bons sauvages », à la Rousseau.) Mais comme l'a souligné Jared Diamond, biologiste à l'université de Californie, à Los Angeles, de nombreuses sociétés préeuropéennes pensaient la même chose de leurs prédécesseurs. Ainsi, il y a 2 000 ans, le poète romain Ovide a écrit : « D'abord, il y eut l'âge d'or, les hommes étaient honnêtes et droits par eux-mêmes. » Il faisait non seulement référence à l'honnêteté et à la pureté supposées des premiers âges – comparées à la sournoiserie et au caractère belliqueux de la civilisation grecque –, mais aussi à leur prétendue union avec la nature.

Beaucoup refusèrent l'idée que l'homme eût pu provoquer par la chasse la disparition massive des grands mammifères américains, comme le soutenait Wallace, et que, en extrapolant, il eût été responsable des autres extinctions du Pléistocène observées ailleurs dans le monde. Certains chercheurs en doutent d'ailleurs encore. Cependant, il est devenu indéniable, ces dernières années, que l'apparition de *Homo sapiens* a laissé une marque indélébile sur le reste de la nature, et peut-être dès son origine. Comme nous allons le voir, les humains causent des dégâts sur le monde dont ils sont issus de nombreuses façons.

Ce chapitre commence par l'histoire des extinctions de la fin du Pléistocène en Amérique et développe ce qu'on peut en apprendre en les comparant à des événements semblables en Afrique et en Australie. Ainsi, nous nous aventurerons dans l'histoire plus récente de la Nouvelle-Zélande, pour y mettre en lumière les preuves de l'origine humaine des extinctions. Nous expliquerons la fragilité des écosystèmes vierges des îles océaniennes, comme Hawaii, avant qu'elles ne fussent colonisées par les premiers Polynésiens et, plus tard, par les Européens. Le message des écosystèmes, leur complexité – leur interconnexion et la vulnérabilité aux atteintes d'origine humaine –, se répétera encore et encore.

L'Amérique du Pléistocène était très différente de celle d'aujourd'hui, à un point qu'on peut à peine imaginer. Quasiment les deux tiers du continent américain étaient recouverts d'un épais manteau de glace, formant la couverture glaciaire de l'Est laurentin, et la couverture de la Cordillère, à l'ouest. Un grand couloir dans l'ouest de l'Amérique du Sud (une grosse partie du Chili actuel) était également couvert de glace. Entre ces glaciers prospérait toute une ménagerie de grands mammifères, dont des herbivores comme les éléphants, les mastodontes, les paresseux géants et les glyptodontes, animaux débonnaires qui se promenaient avec leur énorme carapace. Ces léviathans étaient la proie des lions, des ours géants, des tigres-sabre dont l'un est connu sous le nom de smilodon : ses canines de vingt centimètres dessinaient sous sa gueule un sourire mortel. On trouvait également certains animaux moins exotiques comme des chevaux et des chameaux. En un claquement de doigts à l'échelle des temps géologiques, entre 12 000 et 10 000 ans avant notre époque, ces animaux ont disparu d'Amérique du Nord, avec les cinquante-sept espèces de grands mammifères qui disparurent en même temps. Un nombre encore plus grand d'espèces disparut du continent sud. Seule une poignée de petits mammifères s'éteignit. Les rats et les souris traversèrent la période sans encombre.

Ces extinctions massives coïncident précisément avec la fin de la glaciation. Il paraît donc très probable que cet événement soit la cause des extinctions. Pourtant, il n'existe que peu d'hypothèses sur la manière exacte dont les extinctions ont pu se produire. Il ne suffit pas de dire que les communautés végétales ont été considérablement affectées pour en déduire que les espèces animales se sont éteintes. C'est une des raisons pour lesquelles, en 1967, Paul Martin, paléontologue à l'université d'Arizona, a ressuscité l'hypothèse de Wallace et d'Owen, d'une chasse excessive, et donné au phénomène le nom de *« Pleistocene overkill »*. Selon lui, le changement climatique n'est pas le seul événement qui a coïncidé avec les extinctions de la fin du Pléistocène. Au même moment, une nouvelle espèce de mammifères se répandait à travers les Amériques ; arrivée il y a environ 11 500 ans (à travers le détroit de Behring), elle avait poursuivi son avancée pendant 1 000 ans atteignant la Terre de Feu, l'extrême pointe sud de l'Amérique du Sud, il y a 10 500 ans. Cette espèce, c'était *Homo sapiens*, un chasseur accompli, dont les qualités de prédateur s'étaient affinées durant des dizaines de milliers d'années en Afrique et en Eurasie. Les immigrants du Nouveau Monde sont connus des archéologues sous le nom de peuple de Clovis, d'après les pointes de flèches délicatement taillées dont on a découvert les premiers exemplaires en 1927 sur un site appelé Clovis, au Nouveau-Mexique.

Martin calcule que 350 ans après avoir pénétré en Amérique du Nord, les hordes du peuple de Clovis avaient atteint le nombre de 600 000 individus, et étaient parvenues au golfe du Mexique. Les ressources inépuisables – en terre et en gibier – qui s'ouvraient devant eux ont facilité cette fantastique expansion. Avant la fin de leur premier millénaire dans le Nouveau Monde, le peuple de Clovis était parvenu à la pointe sud du continent ; il comptait alors plusieurs millions d'individus. Cette expansion nord-sud a laissé derrière elle les traces de ses destructions. Les chasseurs tuaient facilement de grandes quantités de gibiers, animaux nonchalants inaccoutumés à ce nouveau prédateur.

Il est probable que les animaux n'eussent pas instinctivement peur de l'homme, ce qui est souvent le cas dans les régions du monde (souvent insulaires) qui ont évolué

Le dinothérium, un des géants du Pléistocène, que l'homme fit disparaître.

en l'absence des hommes. Auquel cas, ils ont dû être particulièrement vulnérables face à ces chasseurs très habiles. De leur côté, les chasseurs n'avaient guère l'habitude de ces proies. Ils ne ressentaient vraisemblablement pas les préventions habituelles chez les chasseurs à l'encontre des chasses de masse. Selon Martin, cette combinaison de circonstances a dû être mortelle, c'est le cas de le dire. On en trouve des preuves dans les ossements fossiles des espèces-proies, qui sont souvent associés à des pointes de projectiles du type Clovis, à travers l'Amérique du Nord et du Sud. Si l'on suit Martin, on peut lire le sens de progression de cette expansion sanguinaire dans la chronologie des sites fossiles. Les plus

Le glyptodonte, un autre géant du Pléistocène, que l'homme fit disparaître.

anciens se trouveraient au nord, et les plus récents au sud. Mais tous les paléontologues n'en sont pas aussi persuadés.

Avant de poursuivre mon analyse des mérites de l'hypothèse d'une chasse trop intensive, je dois dire ici que c'est un des aspects d'un problème parmi les plus controversés de l'anthropologie des époques récentes. À savoir, à quel moment les peuples d'Amérique sont-ils venus ? La découverte des pointes de Clovis, au début du siècle, suivie de centaines de découvertes du même genre dans les décennies qui ont suivi semblaient signer l'entrée des hommes sur le continent. Quand la datation au radiocarbone du matériel associé avec les pointes de Clovis livra un âge de 11 500 ans, on pensa que la question était réglée. Cependant, avant même qu'on découvre le site de Clovis, et encore après, certains maintenaient qu'il existait des signes d'occupation humaine bien antérieurs à 11 500 ans, parfois aussi anciens que 35 000 ans.

Pour certains de ces sites préclovisiens, mais certes pas pour tous, les preuves sont très convaincantes. Quand bien même ces sites seraient peu nombreux, on peut imaginer une série de migrations venues d'Amérique du Nord quand les glaciations eurent abaissé le niveau des mers suffisamment pour que le détroit de Behring disparaisse et qu'un isthme se forme entre l'Alaska et la Sibérie. Les migrations antérieures à l'époque Clovis ont pu être épisodiques ; dans tous les cas de figure, les traces archéologiques montrent qu'elles n'ont pas donné lieu à des croissances significatives de population. Ce n'est qu'avec l'arrivée du peuple de Clovis qu'on commence à deviner une croissance rapide de la population aussi bien en nombre qu'en surface occupée. Quelle que soit la date de la première entrée, elle ne remet pas en cause l'hypothèse corrélant une surexploitation par la chasse à l'expansion du peuple de Clovis, à la fin du Pléistocène.

Un des arguments avancés par Martin pour défendre son hypothèse est que cet événement est sans équivalent : « Si les changements d'époque glaciaire jouaient un rôle important dans l'extinction des grands mammifères américains, a-t-il écrit récemment, on ne comprend pas pourquoi les glaciations antérieures et les réchauffements interglaciaires n'ont pas été accompagnés par des disparitions équivalentes au sein de la faune [5]. » Les deux millions d'années qui ont précédé l'effondrement de la faune de la fin du Pléistocène ont été ponctuées par de nombreuses transitions glaciaires – interglaciaires, pourtant, elles ne se sont jamais accompagnées de grands pics d'extinction. En outre, souligne Martin, en admettant que le réchauffement de la fin du Pléistocène ait eu quelque chose de particulièrement délétère, pourquoi aucune bouffée d'extinction ne s'est produite au même moment en Afrique ou en Australie ? De plus si le climat était responsable du phénomène aux Amériques, à travers les ravages survenus dans les écosystèmes végétaux dont les animaux dépendaient pour leur subsistance, alors comment expliquer que les espèces de plantes entrant dans l'alimentation par exemple des mammouths et des paresseux géants soient demeurées si abondantes et si répandues après la disparition de ces espèces de mammifères ? Tout cela forme un faisceau de preuves assez convergent en faveur de l'hypothèse de la surexploitation par la chasse.

Le mammouth, un troisième géant du Pléistocène, que l'homme fit disparaître.

Cependant, l'argument a un revers. Ceux qui critiquent cette hypothèse se demandent pourquoi, si les chasseurs ont réussi à éliminer autant de grands mammifères, certaines espèces ont survécu, comme le bison, l'élan, l'orignal et le bœuf musqué. Si la chasse avait des effets aussi dévastateurs, pourquoi ces espèces ont-elles été épargnées ? La réponse réside peut-être dans l'histoire et le comportement propre de ces animaux. Martin observe que « nombre des survivants de la mégafaune américaine avaient eux-mêmes migré depuis l'Ancien Monde où, malgré une très longue histoire de chasse, et malgré de sévères réductions de leurs habitats, ils ont là aussi réussi à survivre [6] ». Ayant coévolué en compagnie de l'homme pendant plusieurs millions d'années, au cours desquels les aptitudes à la chasse se sont affinées, ces espèces de l'Ancien Monde ont acquis une habitude de l'homme et un instinct leur permettant de contrecarrer leurs habitudes prédatrices. Ces espèces ont emporté avec elles leurs caractéristiques qui les protégeaient lorsqu'elles ont migré en Amérique depuis l'Asie. Certains de ces survivants, comme le caribou, le bison ou l'antilope, sont connus pour se déplacer de façon imprévisible, tandis que d'autres, comme l'orignal, l'ours à lunettes ou le tapir, vivent sous d'épaisses couvertures forestières, où ils sont plus difficiles à pister. Quelles qu'en soient les raisons, ils ont survécu, mais ils ne représentent à tout prendre qu'une minorité parmi toutes les espèces de grands mammifères de la fin du Pléistocène.

Certains partisans de l'hypothèse climatique disent qu'on ne lui rend pas justice, qu'on la présente de façon trop simpliste. Une chute des températures globales n'a pas pour seul effet de fragmenter et de réduire les écosystèmes végétaux, laissant des zones résiduelles où des groupes réduits d'animaux parviennent à survivre. C'est en fait l'intégrité même de ces écosystèmes qui est remise en cause. Certaines espèces migrent vers un nouvel habitat, tandis que d'autres sont poussées vers un autre type. Il se forme ainsi de nouvelles communautés qui n'existaient pas avant le changement climatique. Russel Graham et Ernest Lundelius, respectivement biologistes de l'Illinois State Museum et de l'université du Texas, nomment ce phénomène un « déséquilibre coévolutif ». Lors d'une conférence très importante sur ce sujet, il y a dix ans, Graham a rendu compte de ce modèle en ces termes : « Les communautés de la fin du Pléistocène se caractérisent par la coexistence d'espèces qui sont aujourd'hui séparées géographiquement et écologiquement. Cela veut dire que les communautés n'ont pas migré en bloc, mais qu'au contraire elles ont réagi aux changements de l'environnement suivant leurs propres tolérances. De nombreuses espèces animales ont dû ajuster leurs stratégies alimentaires de façon importante. » Il est possible, admettent Graham et Lundelius, que certaines espèces de plantes nécessaires à l'alimentation du paresseux aient subsisté, et même qu'on les trouve encore dans les régions fréquentées par cet animal avant son extinction ; mais il lui fallait très certainement d'autres plantes, également. Ces plantes-là ont peut-être disparu de l'habitat du paresseux. Malheureusement, c'est une idée difficile à vérifier.

Bien sûr, on peut trouver une voie médiane, au sein de cette controverse, qui combine l'impact de la chasse intensive et les changements climatiques. Tel est le scénario proposé par John Guilday, spécialiste de la faune et de la flore des Appalaches. Il croit fermement que le changement brutal de climat à la fin du Pléistocène n'a pas pu ne pas produire d'effets dévastateurs sur les espèces animales ; il accepte néanmoins que la chasse ait également joué un rôle. « On peut penser qu'une chasse primitive trop intense a causé l'extinction d'espèces-proies, a-t-il écrit peu avant sa mort prématurée en 1982, mais seulement à cause des circonstances qui n'étaient pas liées à la chasse en elle-même, mais plutôt à la santé écologique globale de l'espèce disparue [7]. » Selon lui, il est invraisemblable que la chasse soit la seule coupable. « Les taxons de grands mammifères n'ont pas simplement disparu d'un tableau écologique existant ; à l'inverse, ils ont disparu à un moment de grande agitation écologique, où les biotopes s'ajustaient, se dissolvaient et se reformaient dans un contexte climatique nouveau pour émerger transformés à l'Holocène [8]. » Des niches écologiques bien établies ont disparu, d'autres se sont créées. La question essentielle est : à quel point les grands mammifères qui ont disparu dépendaient-ils de la composition exacte de la communauté écologique avec laquelle ils coévoluaient ? Une grande dépendance aurait augmenté leur vulnérabilité ; une plus faible dépendance leur aurait permis de décaler leurs stratégies de subsistance de façon à s'adapter aux nouvelles communautés. On ne connaît pas la réponse.

Pour l'instant, on n'a aucun moyen de différencier l'impact relatif de la chasse et celui du climat sur la faune américaine de la fin du Pléistocène. Les deux phénomènes se sont passés conjointement sur le continent. L'un des deux a-t-il affaibli la faune, en en réduisant sa population, suffisamment pour que l'autre achève la besogne ? Comme l'a dit Guilday : « De toute façon, la combinaison de leurs effets a été dévastatrice, et le monde s'en est trouvé très appauvri [9]. »

J'ai déjà dit que les extinctions du Pléistocène se sont produites différemment en Afrique et en Australie. La faune ne s'est pas éteinte autant à la fin de cette époque, il y a 12 000 à 10 000 ans, en Afrique et en Australie qu'en Amérique.

Cependant, ni l'Afrique ni l'Australie n'ont échappé à une réduction d'espèces au Pléistocène. En fait, l'Australie a plus souffert, proportionnellement, que les Amériques, puisqu'elle a perdu 85 % de ses grands mammifères. L'Afrique s'en est bien mieux tirée, même si elle a connu une extinction significative au début du Pléisto-

L'Europe abritait jadis de nombreux mammifères de grande taille, ce n'est plus le cas aujourd'hui.

cène. Elle reste néanmoins le continent par excellence du grand gibier. L'absence de coïncidence entre les extinctions du Pléistocène en Afrique, en Australie et en Amérique porte un coup sérieux aux partisans de l'hypothèse climatique des extinctions américaines. Les changements climatiques sont globaux, on s'attendrait aux mêmes effets sur tous les continents au même moment. On peut tourner cet argument en faveur de la chasse abusive de la façon suivante.

Tout d'abord, les extinctions, en Amérique, coïncident avec l'installation du peuple de Clovis, comme on l'a vu. Que dire de l'Afrique, qui a connu d'importantes extinctions au début du Pléistocène, et de l'Australie où les extinctions furent tardives, puisqu'elles sont intervenues il y a peut-être 6 000 ans ? L'hypothèse d'une chasse abusive prendrait davantage de poids si ces extinctions avaient correspondu exactement avec l'arrivée d'humains.

Comme Charles Darwin l'a noté, il y a plus d'un siècle, l'Afrique est le berceau de l'humanité. Les premiers membres de la famille humaine y sont apparus il y a cinq millions d'années, mais ces premières espèces humaines avaient un mode de vie très proche de celui du singe. Nous n'avons pas commencé notre carrière comme chasseurs. S'il faut en croire le matériel archéologique, la consommation de la viande est devenue importante il y a deux ou trois millions d'années, et cette augmentation a coïncidé avec l'augmentation du volume cérébral. Au moment de l'apparition de *Homo erectus*, il y a presque deux millions d'années, un mode de vie basé sur la chasse et la cueillette s'est développé. Cette progression s'est poursuivie jusqu'à récemment, avec l'invention de l'agriculture, il y a environ 10 000 ans. Je ne prétends pas que *Homo erectus* était un chasseur aussi accompli que les chasseurs des tribus technologiquement primitives actuelles. À vrai dire, Richard Klein, anthropologue à l'université de Stanford, a bien montré que la lignée humaine est devenue bien plus habile à la chasse avec l'apparition de l'homme moderne, il y a environ 100 000 ans. Avant cela, les gens choisissaient des proies dociles, faciles à prendre. Par la suite, des animaux même dangereux, comme le buffle du Cap, sont devenus des proies ordinaires. Les premiers chasseurs du genre *Homo* ont coévolué avec leurs proies potentielles pendant plus de deux millions d'années.

Paul Martin prétend que cette longue coexistence a permis aux animaux de développer des moyens de contrecarrer les habitudes prédatrices de l'homme : « La différence entre les extinctions africaines et américaines du Pléistocène est que, dans un cas, des humains se sont développés pendant des millions d'années en compagnie de grands animaux, alors que sur l'autre continent une société de chasseurs très évoluée, au sommet de son art et de sa puissance, est brutalement arrivée pour y faire un massacre. Si l'Amérique, et non l'Ancien Monde, avait été le berceau de l'humanité, alors, il est bien probable que les extinctions du Pléistocène eussent pris une tournure inverse [10]. »

Les extinctions dans la mégafaune du Pléistocène ont-elles été provoquées par l'arrivée d'un nouveau prédateur *(Homo erectus)*, auquel les proies potentielles ne s'étaient pas encore adaptées ? Une telle coïncidence serait compatible avec l'hypothèse d'une chasse trop intense. Comme il n'y a aucun moyen de le vérifier, il est également plausible que la cause en ait été un changement climatique.

Pour l'Australie, la situation est plus tranchée, quoique ne manquant pas de zones d'ombre. En raison de son long isolement géologique, la faune australienne de la fin du Pléistocène n'avait rien à voir avec celle des autres continents. Il y avait des sortes de rhinocéros, des paresseux terrestres, des kangourous géants, des animaux aux allures de tapir, des capybaras géants, mais seulement deux carnivores, une sorte de lion et un chien – tous, bien entendu, des mammifères marsupiaux, et non placentaires. (Il y avait un troisième grand carnivore, un lézard géant, encore plus grand que le varan de Komodo.) Contrairement à l'Amérique, on ne trouvait pas en Australie de mammifère comparable à l'éléphant, ni de paresseux terrestre géant. Proportionnellement, l'extinction de la fin du Pléistocène a éliminé davantage d'espèces en Australie qu'en Amérique où les trois quarts des espèces de grands mammifères ont disparu. (Mais le nombre total d'espèces est néanmoins inférieur.) Sur les cinquante espèces de la mégafaune qui existaient, il y a 60 000 ans, seulement quatre ont survécu, et ce sont toutes des espèces de kangourous. Comme en Amérique, très peu de petits mammifères s'éteignirent.

Pour diverses raisons, il est difficile de fixer précisément l'âge des dépôts fossiles où l'on trouve les mammifères australiens disparus. La meilleure estimation leur attribue un âge compris entre 100 000 et 12 000 ans ; plus probablement 60 000. Il est très voisin de la date d'apparition de l'homme sur ce continent, qu'on peut déduire des données archéologiques. Cette coïncidence suffit-elle à accuser *Homo sapiens* d'un carnage, d'une prédation à l'échelle du continent ? Paul Martin en est convaincu : « L'arrivée d'une espèce habile et sanguinaire, *Homo sapiens*, dans un continent qui, jusque-là, n'avait connu que très peu de grands carnivores (aucun, à vrai dire, du genre *carnivora*), a créé toutes les conditions pour une disparition par excès de chasse. La disparition des grands mammifères les moins agiles et les plus faciles à repérer paraît inévitable, presque normale [11]. »

Ceux qui contestent l'hypothèse d'une chasse excessive rétorquent : « Mais alors, où sont les preuves, où sont les squelettes des kangourous géants pétrifiés sur des sagaies en pierre ? » On ne trouve quasiment aucune carcasse associée à des armes préhistoriques. C'est certainement un mauvais point pour la théorie de la chasse excessive. Martin l'explique en avançant que l'intervalle de temps entre l'arrivée de l'homme, l'expansion des populations qui s'est ensuivie et l'éradication des espèces est trop court. Il n'est pas étonnant qu'il passe inaperçu dans le matériel archéologique. Il est vrai que le matériel fossile et archéologique ne retient que les évolutions lentes, non les mouvements très rapides, de sorte que l'argument de Martin est recevable. Cependant, il n'est pas possible de le tester scientifiquement, ce qui met les chercheurs plutôt mal à l'aise.

Ainsi, les éléments prouvant que l'homme produit un effet délétère sur les écosystèmes dans lesquels il s'introduit sont tous de seconde main. Que ces écosystèmes aient été ravagés à une époque si récente montre bien leur fragilité, que l'homme soit ou non responsable de ces extinctions. Changez une circonstance extérieure et ces écosystèmes s'effondrent.

On peut débattre de la cause de la disparition des géants d'Amérique, d'Afrique ou d'Australie, en revanche, pour la Nouvelle-Zélande, cette cause est claire. Les deux îles de la Nouvelle-Zélande sont isolées de l'Australie. Jusqu'il y à peu, elles abritaient un biotope unique, « si étrange qu'on ne voudrait pas le croire si l'on n'avait les restes fossiles pour nous convaincre que ce ne sont pas des fantasmagories sorties d'un film de science-fiction », comme l'a écrit Jared Diamond [12]. C'était un pays d'oiseaux, mais alors de la plus extraordinaire facture : la plupart étaient inaptes au vol. La vedette sur cette scène était le moa géant, une sorte d'autruche de trois mètres de haut et pesant 260 kg. Il existait une douzaine d'espèces de moa, dont la plus petite ne dépassait pas un mètre. Si l'on veut étudier comment l'écologie donne parfois sa chance à certaines espèces, c'est vers la Nouvelle-Zélande qu'il faut regarder, et vers les trois millions d'années d'expériences, les millions d'années de recherches expérimentales qui s'y sont produites. Les mammifères étaient pour ainsi dire inexistants (il y avait des chauves-souris), de sorte que les oiseaux et d'autres animaux ont pu occuper les niches des mammifères. Ce que Diamond décrit en ces termes : « Des moas à la place des cerfs, des oies inaptes au vol, des foulques à la place des lapins, de grosses sauterelles, des passereaux et des chauves-souris à la place des souris, et des aigles énormes à la place des léopards. Le spectacle n'aura jamais été aussi proche de ce qu'on pourrait trouver sur une autre planète où la vie aurait évolué séparément [13]. » L'aigle qui pesait environ 15 kg était le prédateur aérien le plus puissant de son temps, et c'était le seul ennemi du moa. Enfin... le seul jusqu'à l'arrivée de l'homme.

Ces îles ont été habitées pour la première fois, il y a environ 1 000 ans par les Maoris ainsi qu'on appelait les arrivants polynésiens. Le monde qui les attendait était tel que je viens de le décrire. En quelques siècles, ce monde a été effacé, transformé à la suite d'une extinction locale massive. Au bout du compte, la moitié, presque, des espèces d'oiseaux de ces îles ont disparu, y compris, les grands oiseaux et la plupart des espèces inaptes au vol. Jusqu'il y a peu, la plupart des spécialistes pensaient que les Maoris n'avaient joué aucun rôle dans les bouleversements du biotope de l'île, qu'ils s'étaient comportés en véritables conservateurs. On invoquait comme responsables les changements climatiques, dont on disait qu'ils étaient intervenus avant l'arrivée des Maoris. On admettait à la rigueur que les nouveaux arrivants polynésiens avaient trouvé les fragiles restes d'un environnement jadis plus exubérant et qu'ils avaient pu contribuer à les achever. Mais, l'un dans l'autre, l'homme, disait-on, avait dû jouer un rôle marginal dans ce massacre.

Récemment, deux nouvelles séries d'éléments ont mis à bas cette imagerie. Tout d'abord, il est devenu clair que le climat de la Nouvelle-Zélande est resté aussi favorable et propice à la vie avienne depuis la fin du Pléistocène. « Les moas ne sont pas morts le gésier vide, et le climat dont ils jouissaient n'avait jamais été aussi clément depuis des dizaines de milliers d'années », remarque Diamond [14]. Rien n'indique ici que les moas se tiraient avec peine d'une existence pitoyable dans un environnement appauvri. Ensuite, les déchets retrouvés sur les sites correspondant aux habitations des Maoris montrent clairement que les moas étaient bien présents quand les hommes sont arrivés. Les ossements le prouvent. De plus les preuves ne manquent pas, bien au contraire. On a trouvé plus de cent sites de ce type, dont certains sont extrêmement grands. Les restes de moas révèlent que les Maoris exploitaient bien la viande des oiseaux pour leur nourriture, et qu'ils la cuisaient dans des fours en terre ; ils en tiraient aussi des matières premières telles que la peau, pour les vêtements, les os, pour les hameçons et les parures. Des œufs éclatés servaient de récipients. On a trouvé à ce jour 500 000 squelettes de moas dans les sites archéologiques, dix fois plus d'individus qu'il ne devait en exister vivants à un moment donné. Les Maoris ont dû abattre des moas pendant des générations avant qu'ils ne s'éteignent.

On aurait pu penser qu'avec sa taille, sa puissance musculaire, sa vitesse de pointe, le moa eût été un formidable adversaire, même pour des chasseurs aguerris. Compte tenu de l'extrême rudesse de la montagne néo-zélandaise, il ne devait pas être facile de les pister et de les encercler. Qu'en sait-on ? Les moas, et les autres animaux propres à la Nouvelle-Zélande, ayant évolué au départ en l'absence des hommes, ils pouvaient très bien être peu farouches. Auquel cas il n'eût pas été difficile de s'en approcher pour les abattre. Mais les espèces de l'île n'ont pas eu à souffrir de l'homme uniquement à travers la chasse. Après tout, des animaux extraordinaires comme le criquet de Nouvelle-Zélande, l'escargot, le roitelet et la chauve-souris ont accompagné le moa dans son destin. Ce ne sont pourtant pas des proies très habituelles. Il est très probable que la déforestation a joué un rôle important. En défrichant la terre pour installer leurs habitations, les Maoris ont détruit l'habitat dont ces espèces dépendaient. Les Maoris ont également apporté avec eux les rats qui ont eu un effet dévastateur sur les espèces d'oiseaux terrestres, et sur d'autres encore. Les nids de ces oiseaux étaient faciles à piller pour des prédateurs omnivores aussi voraces. La Nouvelle-Zélande n'est ni la première ni la dernière terre à subir une déprédation massive consécutive à l'introduction du rat. Les rats n'éprouvent aucune difficulté à envahir un écosystème, et, en général, une cascade d'extinctions en résulte.

Avec le déclin de la population des moas, puis sa disparition complète, les aigles géants n'ont plus eu de proies. Ils ont fort bien pu s'en prendre aux hommes, animaux bipèdes semblables aux moas par la taille. Les Maoris ont dû prendre des mesures pour se protéger, et il n'existait qu'une seule issue à ce duel. En Nouvelle-Zélande, la notion d'homme-exterminateur ne fait pas l'ombre d'un doute. Même les partisans de l'hypothèse climatique, comme John Guilday, le concèdent : il admet que la cause est entendue.

En arrivant en Nouvelle-Zélande, au début du XIXe siècle, les Européens ont trouvé un peuple qui vivait apparemment en harmonie avec son environnement, qu'on croyait vierge, un instantané du monde passé. Mais les colons européens eurent tôt fait de déterrer avec leurs charrues les os et les coquilles d'œufs d'oiseaux exotiques dont on n'avait jamais vu de semblables. Ainsi se levait un coin du voile sur un aspect important de l'histoire humaine, qu'on allait tirer au clair seulement récemment. Que la première installation d'hommes en Nouvelle-Zélande ait eu des conséquences dévastatrices sur les écosystèmes existants constitue une preuve indirecte qu'il a pu en être de même en Amérique.

Sur les îles océanes, comme la Nouvelle-Zélande, et en raison même de leur isolement, l'évolution suit un chemin très excentré. Ces îles sont peuplées par les espèces, et leurs descendants, qui ont simplement eu de la chance dans un concours de circonstances.

Si l'on excepte les chauves-souris, il n'y a en général pas de mammifères sur les îles lointaines de sorte que les communautés écologiques qui y apparaissent sont très différentes des communautés continentales. Les oiseaux et les reptiles sont les principaux occupants de ces communautés, ce qui leur donne souvent cet aspect extraterrestre. Les communautés écologiques insulaires sont également très vulnérables à l'introduction d'espèces étrangères, et particulièrement de mammifères, qu'il s'agisse d'humains ou de rats (les deux allant généralement ensemble). Ainsi, seulement 20 % des espèces d'oiseaux sont insulaires, alors que 95 % des espèces d'oiseaux disparues à l'époque historique étaient des espèces insulaires. De plus la moitié des espèces d'oiseaux menacées d'extinction dans un futur proche se trouvent dans les îles océanes.

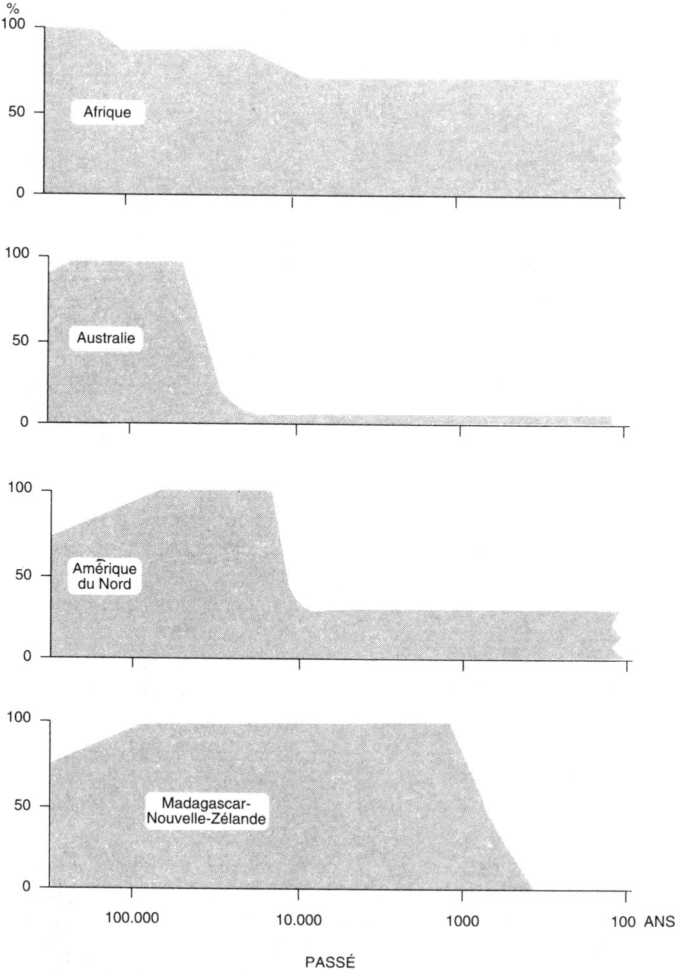

De nombreuses régions ont vu disparaître des espèces animales de grande taille au Pléistocène, mais à des moments différents. En Australie, en Amérique du Nord, en Nouvelle-Zélande et à Madagascar, les disparitions ont coïncidé avec l'arrivée de l'homme. Les disparitions sont dues à la destruction de l'habitat et à une chasse abusive.

Les îles Hawaii forment un des groupes d'îles les plus isolés du monde et abritent du coup un nombre élevé d'espèces végétales et animales qu'on ne trouve nulle part ailleurs. C'est un paradis pour écologistes et pour les biologistes de l'évolution qui peuvent y entrevoir les processus fondamentaux de la vie, souvent sous leur forme primitive. Cependant, l'occupation humaine leur a infligé des torts irréparables. Ainsi, 70 % des espèces d'oiseaux ont disparu, comme conséquence directe ou indirecte de la présence de l'homme sur l'archipel. Seul un petit pourcentage de la forêt n'a pas encore été touché, les parties situées en altitude jusqu'où les tentacules du développement économiques ne parviennent pas à s'étendre.

Jusqu'il y a peu, les chercheurs supposaient sans hésiter que le désastre écologique qui s'était produit dans ces îles avait suivi la colonisation par les Européens, à la fin du XVIIIe siècle. Ainsi, il y a à peine vingt ans, un biologiste de l'université de Hawaii écrivait que « la dégradation de l'environnement a commencé de façon sérieuse à Hawaii, quelques années après l'arrivée du capitaine Cook et de ses successeurs [15] ». Comme pour la Nouvelle-Zélande, les chercheurs pensaient que les Polynésiens, qui étaient venus sur l'archipel cinq siècles auparavant, vivaient en harmonie avec l'écosystème qu'ils y avaient trouvé. Les Hawaiiens étaient censés faire partie de l'environnement aussi bien que les lianes de Hawaii. On pensait que le capitaine Cook et ses successeurs immédiats avaient trouvé sous leurs yeux un écosystème vierge, qui avait récemment absorbé une espèce inoffensive – *Homo sapiens* – sous la forme des Polynésiens.

Dans les années 1970, cette image a vacillé. Pour commencer, Joan Aidem, naturaliste amateur travaillant sur l'île Molokai, puis Storrs Olson et Helen James, de la Smithsonian Institution, ont commencé à rassembler les morceaux de ce qui était la vie à Hawaii dans le passé. Travaillant sur les fragiles ossements d'oiseaux fossilisés, ils constatèrent que les communautés écologiques des îles étaient très différentes de ce qu'on avait cru et qu'une grande partie de ce qui faisait leur spécificité s'était éteinte en quelques siècles après l'arrivée des premiers colons polynésiens. « On savait depuis longtemps que les îles avaient été recouvertes de forêts vierges, composées surtout de plantes qu'on ne retrouve pas ailleurs dans le monde, ont-ils écrit après cinq ans de fructueuses explorations, mais ce n'est qu'au cours des douze dernières années qu'on a commencé à comprendre à quel point ces forêts pouvaient abriter des espèces d'oiseaux remarquablement variées. La plupart étaient destinées à une extinction rapide du fait de l'homme [16]. »

Cinquante espèces d'oiseaux se sont éteintes pendant la préhistoire polynésienne, dont les ibis, les oies, les râles, les hiboux, les faucons, les aigles, les corbeaux et beaucoup d'oiseaux chanteurs.

Olson et James étudiaient soigneusement la liste des disparus, sans se douter de la grande proportion d'espèces d'oiseaux inaptes au vol : dix-sept sur les cinquante. James et Olson ont pu écrire [17] : « L'existence de ces oiseaux hors du commun a été le secret le mieux gardé de Hawaii, jusqu'il y a dix ans. » Les oiseaux disparus n'appartenaient pas à des lignées ésotériques éteintes depuis longtemps. C'étaient des descendants d'espèces familières, comme le canard, l'oie, le râle ou l'ibis. Leurs ancêtres étaient sûrement très doués pour le vol, autrement ils n'auraient pas été capables de parcourir les 3 000 kilomètres entre le plus proche continent et l'archipel. Libérées des intentions mortelles des prédateurs avec lesquels elles avaient coévolué, beaucoup de ces espèces ont perdu l'aptitude au vol. C'est une évolution que les biologistes ont souvent observée dans les îles. Si les espèces n'ont plus un besoin impérieux de voler, elles cessent simplement de le faire. En termes évolutionnistes, on peut dire que cette transformation fut assez rapide. La plus ancienne parmi les grandes îles Hawaii, Kauai, a été propulsée hors des eaux il y a tout juste six millions d'années. C'était alors une île volcanique biologiquement vierge. Ces espèces ont disparu à un rythme effréné, se mesurant en siècles, et même en décennies.

Olson et James notent qu'« il semblait raisonnable de penser que la faune avienne hawaiienne avait atteint un équilibre naturel lorsque les Européens visitèrent ces îles pour la première fois » ; c'est l'idée reçue qu'ils ont contribué à renverser. « Cependant, le matériel paléontologique a montré que la faune avienne de l'archipel connue à l'époque historique ne constitue qu'une fraction de la diversité naturelle de ces îles [18]. » Sur Oahu, par exemple, on connaît sept espèces d'oiseaux contemporains, alors qu'on trouve dans les fossiles les traces de vingt-huit espèces. Ce terrible appauvrissement a coïncidé avec l'arrivée des premiers Polynésiens. D'autres recherches ont montré que la préhistoire des îles Hawaii s'est fréquemment répétée.

Les deux chercheurs de la Smithsonian Institution et d'autres collègues ont découvert dans d'autres régions du Pacifique que chaque fois qu'on trouve des fossiles d'oiseaux sur des îles océaniennes, ils sont associés à deux phénomènes : tout d'abord, les communautés écologiques actuelles sont affreusement appauvries, si on les compare aux temps préhistoriques ; ensuite, l'extinction des espèces et l'arrivée des premiers colons sont toujours concomitantes. L'exemple de l'île de Henderson, extrême, illustre bien le cas général. Henderson est une petite île du groupe des îles Pitcairn, dans le Pacifique, elle fait 37 km², et n'est pas très accueillante. Des falaises de craie abruptes surmontent des eaux profondes, le terrain est accidenté et couvert d'une végétation dense, les sources d'eau douce sont rares. De nombreuses espèces d'animaux et de plantes qu'on y trouve n'existent pas ailleurs. On la décrivait il y a peu comme « une des seules îles de cette taille située dans une partie chaude du globe encore préservée de l'activité humaine ». Comme les biologistes pensaient que l'île était restée pratiquement dans le même état depuis toujours, ils croyaient pouvoir recenser ces espèces en toute confiance et en déduire des informations sûres sur la structure et les interactions d'un écosystème entier intact.

Ils ont eu tort de le croire. Rejoint par David Steadman, du New York State Museum, Olson explora les gisements fossilifères de l'île et découvrit un tableau bien différent : l'île de Henderson n'était pas une île vierge, au moins un tiers de ses espèces d'oiseaux, si ce n'est davantage, avaient disparu depuis l'époque préhistorique. Henderson fut occupée brièvement par les Polynésiens, il y a 800 à 500 ans. On l'a surnommée « l'île mystérieuse », car personne ne sait pourquoi ses habitants en sont partis. Il existe une douzaine d'îles « mystérieuses » de cette sorte à travers le Pacifique. Dans le cas de Henderson, le vrai mystère réside dans la durée très longue du séjour des colons, compte tenu de l'adversité des conditions de vie qu'ils ont dû y connaître. En revanche, la liste des espèces disparues de ces îles ne fait plus de mystère. Et c'est la présence humaine qui les a éradiquées.

Sans aucun doute, certaines de ces espèces ont été entraînées vers l'extinction par la chasse, mais d'autres activités humaines ont également un effet délétère sur les écosystèmes naturels. En outre, alors que la chasse n'affecte qu'une ou plusieurs espèces seulement, d'autres effets de la présence humaine peuvent être plus graves. À Hawaii, par exemple, les colons ont défriché une grande partie des terres basses. Cette pratique détruit et fragmente les habitats. Abattez une forêt, et les organismes qui l'occupaient devront trouver un habitat semblable ailleurs, sinon ils périront. Coupez une tranchée à travers la forêt, et la communication et les déplacements à travers ce qui naguère était un habitat continu deviennent plus difficiles, voire impossibles. Les écosystèmes peuvent se disloquer et devenir plus sensibles à l'invasion de nouvelles espèces, ce qui peut causer plus facilement des extinctions en cascade. Une étude récente, menée par des écologistes américains et britanniques, a donné des résultats fascinants ; elle a révélé non seulement que les extinctions qui se produisent ne sont pas celles que l'on attend, mais qu'en outre elles se produisent bien après la perturbation initiale.

Les habitats qui subissent une fragmentation perdent des espèces pour plusieurs raisons. Les espèces qui rôdent sur de grandes distances à la recherche de leur nourriture, par exemple, ne peuvent survivre dans des habitats fragmentés ; c'est particulièrement le cas des carnivores les plus évolués. Les espèces dont les populations sont peu nombreuses peuvent disparaître par un coup du sort. Et ainsi de suite. Ces espèces sont condamnées, et l'on sait pourquoi. Mais lorsque David Tilman, Robert May et leurs collègues des universités du Minnesota et d'Oxford ont développé des modèles mathématiques sur les communautés complexes, ils aboutirent à un résultat insoupçonné. Les espèces les mieux adaptées dans ces communautés sont parmi les espèces les plus vulnérables. Mais cette vulnérabilité peut se révéler au bout de plusieurs dizaines, voire de centaines d'années. Voici pourquoi.

Imaginez un instant une communauté écologique formée de deux types de plantes seulement, celles qui sont bien adaptées aux conditions locales, et celles qui ne sont pas si bien adaptées. Les espèces adaptées dépensent leur énergie à exploiter les ressources de leur habitat ; elles peuvent, par exemple, avoir des racines profondes, ou bien résister à des incendies périodiques ; elles peuvent posséder de longues tiges, de telle manière qu'elles privent de lumière les espèces moins hautes. Les espèces moins bien adaptées ont adopté une plus grande mobilité qui passe par la dispersion de leurs graines. Cette stratégie leur permet de fuir et de coloniser de nouveaux habitats. Lorsqu'une communauté se retrouve isolée, à cause de la fragmentation de l'habitat, les espèces les plus en danger sont les moins mobiles ; c'est-à-dire les espèces bien adaptées. Coincées dans des morceaux isolés, ces populations localisées deviennent vulnérables aux catastrophes occasionnelles, comme la maladie, le feu, ou une pénurie alimentaire. Les populations isolées finissent par disparaître localement, jusqu'à disparaître d'étendues très grandes. Puis elles s'éteignent définitivement et sombrent alors dans l'oubli. « Les extinctions se produisent des générations après la fragmentation, c'est une dette que l'on paie dans le futur », font remarquer Tilman et ses collègues [19]. Ces travaux montrent que certains dégâts sur l'habitat ont peut-être, 500 ans après, des conséquences à retardement sur notre monde. De même les ravages actuels que l'on cause dans l'environnement préparent les dettes que devront honorer nos enfants et les enfants de nos enfants, dans les cinq siècles à venir.

On comprend maintenant que la fragmentation et la destruction de l'habitat ont été responsables d'une grosse part de la poussée d'extinctions qui s'est produite à Hawaii. Mais les hommes voyagent rarement seuls au cours de leurs migrations ; ainsi ils emportent certains animaux intentionnellement, comme les chats, les chiens, les cochons et les chèvres ; en revanche, d'autres, tel le rat, sont des passagers clandestins. Introduisez ces créatures dans des communautés insulaires n'ayant jamais connu de mammifères, et le malheur survient, par la prédation ou la concurrence. Les chèvres sont des animaux brouteurs par excellence, elles repoussent sous leur avancée les espèces locales et, peu à peu, dénudent dangereusement le paysage. Les chèvres furent introduites sur plusieurs îles des Galapagos il y a 200 ans, elles en ont transformé certaines en rochers pelés. Les prédateurs, eux, ont un impact plus immédiat, il n'est pas nécessaire qu'ils soient grands et agressifs pour représenter un danger extrême pour un écosystème. Beaucoup de lecteurs seront très surpris d'apprendre que, de tous les prédateurs qui suivent l'homme dans ses voyages, le rat est celui qui est responsable du plus grand nombre d'extinctions. Les rats sont omnivores. Ils mangent les œufs et les petits des oiseaux et des reptiles, ouvrant la chaîne de la destruction très tôt dans le cycle de la vie.

Comme nous l'avons vu, les écosystèmes ne sont pas simplement formés d'un groupe d'espèces qui se trouvent vivre, par hasard, au même endroit. Elles sont le lieu de fragiles interactions au travers de chaînes alimentaires complexes, de sorte que l'extinction d'une seule espèce peut résonner dans toute la communauté, produisant d'autres extinctions en cascade. Ainsi, plusieurs espèces de plantes hawaiiennes sont au bord de l'extinction en raison de la disparition des oiseaux-mouches, qui assuraient la pollinisation des fleurs grâce à leur bec incurvé. C'est un exemple de dépendance directe. Mais les chaînes de dépendances peuvent également être indirectes. Les grands ruminants permettent également à de plus petits animaux brouteurs de vivre là où ils ne pourraient normalement pas survivre, car l'activité des grands animaux

Le pigeon migrateur, qui était jadis un oiseau très commun en Amérique, est aujourd'hui disparu. Un ouvrage naturaliste publié en 1874 décrit l'oiseau en ces termes : « Les pigeons migrateurs traversent les forêts d'Amérique en masses si compactes qu'elles coupent rigoureusement tous les rayons du soleil, et laissent derrière elles une grande ombre sur le sol... le passage de ces colonnes peut parfois durer trois heures. » (Certaines de ces colonnes pouvaient contenir jusqu'à un milliard d'oiseaux.) Et pourtant, moins de vingt ans après que ces mots furent écrits, on ne trouvait plus de pigeon migrateur à l'état sauvage, victime d'une chasse abusive. Le même naturaliste remarquait que « dès que les pigeons sont installés dans la forêt, tous les hommes valides de la région s'y précipitent et les massacrent jusqu'au dernier ».

dégage des habitats. Les dégâts causés à ces habitats par les mégaherbivores stimulent la diversité et augmentent la productivité des plantes. On voit ce qui se passe lorsque ces « herbivores clés » disparaissent (c'est-à-dire lorsqu'ils s'éteignent localement), avec l'exemple de l'éléphant qui a disparu de la réserve de Hluhluwe, au Natal. En un siècle, trois espèces d'antilopes ont localement disparu, les populations de gnous et de waterbucks ont diminué. Avec la disparition des éléphants, l'habitat, qu'ils avaient l'habitude de régénérer, est devenu moins favorable pour les herbivores de plus petite taille.

Comme nous venons de le voir, les communautés écologiques sont des systèmes complexes. Une des conséquences de cette complexité est évidente : ces communautés sont faciles à perturber. On ne peut plus nier aujourd'hui que la présence de l'homme a représenté un élément perturbateur important. On se rend compte avec amertume de l'échelle des ravages écologiques causés par l'homme, en particulier sur les îles océaniques au cours des derniers milliers d'années. Une grande partie du monde n'est pas comme l'imaginaient les écologistes, c'est-à-dire dans un état préservé, constitué d'un ensemble de systèmes naturels intacts ; de surcroît nous devons admettre que l'espèce humaine a eu un effet terriblement nuisible sur l'écosystème global dans lequel elle est apparue il y a peu.

Il n'est pas nécessaire d'employer des machines de déforestation massive pour provoquer de grands dommages à l'environnement. Des sociétés technologiquement primitives ont réalisé un beau tableau de chasse, si l'on peut dire ; elles ont causé ce que Storrs Olson a appelé « la plus rapide et la plus profonde de toutes les catastrophes écologiques de l'histoire de la Terre [20] ». Ajoutons à cela les extinctions de masse dont elles sont peut-être responsables en Amérique et en Australie, et *Homo sapiens* peut s'enorgueillir d'un long passé de responsabilité dans les extinctions d'espèces animales.

Nous habitons désormais un monde moderne dont l'histoire se trouve derrière nous. Dans les derniers chapitres de ce livre, je vais analyser la menace que notre espèce fait peser sur le monde actuel et futur. Certains ne seront pas d'accord avec moi, mais je pense que nous sommes face à un problème très grave, qui touche aussi bien à la disparition de superbes espèces, comme l'éléphant, qu'à l'écologie globale. J'ai évoqué jusqu'ici les effets de l'homme sur le monde passé, mais je ne les invoque pas comme une justification de ce qui se trame aujourd'hui. Nous savons ce qui se passe et en connaissons les conséquences. Les sociétés de jadis l'ignoraient. Cependant, il convient de replacer les phénomènes actuels dans leur juste perspective historique.

CHAPITRE XI

HISTOIRE DE L'ÉLÉPHANT MODERNE

Les éléphants sont les plus grands mammifères terrestres vivants. Leurs formes et leurs mouvements sont majestueux, leur comportement est complexe, leur sensibilité unique en son genre dans la nature. Ils ont inspiré beaucoup de mythes. Il existe dans la religion hindoue un dieu à la tête d'éléphant nommé *Ganesh* ; il est tout-puissant et peut renverser tous les obstacles. Ganesh est aussi le patron de la littérature et de l'enseignement. On l'invoque au début des offices, ou bien au commencement d'une entreprise difficile et incertaine. Une légende hindoue raconte que l'éléphant avait le pouvoir de voler, jusqu'au jour où il atterrit sur un arbre banian, tomba sur la maison d'un ermite et la détruisit. La malédiction de l'ermite le condamna à ne plus jamais quitter la terre ferme, le privant pour toujours de la faculté de voler. Les Romains trouvaient les éléphants mystérieux, et pensaient que ces créatures adoraient le Soleil, la Lune et les étoiles. Aristote les a décrits comme « aussi proches de l'homme que la matière peut être proche de l'esprit ». Le grand historien romain, Pline l'Ancien, ajoutait que, de tout le royaume animal, ces magnifiques pachydermes étaient « les plus proches de l'homme ». On attribuait aux éléphants la capacité de comprendre le langage humain et celle de posséder un sens moral et éthique ; on leur reconnaissait une culture qui, bien que différente de celle des humains, était complexe et spirituelle.

De nos jours, les éléphants sont l'emblème de la nature « sauvage », ils sont puissants et libres, ils sont intelligents et, certes, encore bien mystérieux. Ils sont une splendide création de la nature, un lien tangible avec un passé lointain et inaccessible, ils sont les maîtres incontestés de la plaine. Si vous allez en Afrique pour découvrir la quintessence de la vie sauvage, ce sont les éléphants que vous allez voir.

Pendant mes cinq années en tant que directeur des parcs kenyans, les éléphants ont représenté mon premier souci. Les raisons n'étaient ni académiques ni esthétiques. Une macabre et incontournable réalité les poussait sans relâche vers l'extinction. La croissance inexorable d'établissements humains réduisait de plus en plus leur habitat, autrefois illimité. En outre, massacrés de sang-froid pour leur ivoire, les éléphants avaient vu leur nombre réduit de moitié dans les dix ans qui avaient précédé ma nomination comme directeur, en avril 1989. Si l'on n'y mettait le holà, ces deux facteurs de destruction allaient envoyer les éléphants au musée de l'évolution avant la fin du siècle. Il eût été écœurant que l'humanité entame le troisième millénaire avec, sur ses mains, le sang de cette magnifique espèce animale. Quel atroce témoignage de l'irresponsabilité et de la cupidité humaines. Certains semblaient s'en préoccuper comme d'une guigne. Moi pas.

Heureusement, nous avons stoppé le plongeon vers l'extinction, et je suis fier d'avoir joué un rôle dans cette réussite. Mais il ne faut pas se réjouir trop vite : l'interruption du massacre n'est qu'une première étape sur un chemin long et semé d'embûches. Trouvera-t-on encore des éléphants sauvages pour susciter l'admiration des enfants et des petits-enfants de nos enfants ? Cela dépend de la façon dont nous négocierons ces embûches. Laissez-moi décrire les circonstances dans lesquelles les éléphants ont frôlé l'extinction, et comment on a renversé la vapeur. Je ne vais pas entrer dans tous les détails. C'est un mélange de biologie de la conservation, de politique et de commerce, dont l'histoire a été racontée par Iain et Oria Douglas-Hamilton dans un livre récent, *La Bataille des éléphants*, que je recommande aux lecteurs. Ces deux auteurs, que j'ai eu la chance de compter parmi mes amis, sont deux personnes persévérantes et infatigables que j'ai eues pour alliées dans ce combat commun en faveur des éléphants. Je vais plutôt insister, ici, sur les leçons que nous pouvons tirer du cas des éléphants, de leur histoire, de leur détresse présente, de leur futur incertain.

À bien des égards, les éléphants et leur situation actuelle résument les thèmes centraux de ce livre : à savoir que nous voyons le changement s'opérer à travers le temps, et qu'à travers le changement nous voyons l'émergence de la diversité de la nature. L'éléphant est le plus grand animal terrestre ; il n'est donc pas étonnant qu'il rencontre les pires difficultés à cohabiter avec les humains.

Il faut trouver un compromis permettant d'assurer dans le long terme la coexistence des deux espèces. Le chemin qui y mène est, comme je l'ai dit, incertain. Et l'aide de Ganesh ne sera pas de trop dans cette aventure.

Pour commencer, je voudrais resituer les éléphants dans un contexte biologique plus vaste, car l'espèce moderne jouit d'un passé évolutionniste bien ancré. J'évoquerai ensuite les épisodes plus récents de l'histoire de cette espèce. Elle est liée essentiellement à ses rapports à l'homme – peut-être devrais-je dire à son exploitation par l'homme. Cela nous amènera jusqu'à l'époque actuelle où le risque d'une extinction par la main de l'homme est bien réel. Enfin, pour mieux comprendre les problèmes écologiques liés au sauvetage des éléphants, je décrirai les défis qui attendent ces magnifiques créatures, dans le parc national d'Ambroseli, qui se trouve au sud du Kenya, au pied du Kilimandjaro. L'histoire de l'éléphant se confond souvent avec celle de la biodiversité mondiale, à travers le temps et l'espace.

Dans le monde actuel, il existe deux espèces d'éléphants : l'éléphant d'Afrique, dont le nom biologique est *Loxodonta africana*, et l'éléphant d'Asie, nommé à tort *Elephas maximus*, puisque c'est le plus petit des deux. En fait, il y a deux variantes, ou sous-espèces, de l'éléphant d'Afrique : *Loxodonta africana africana*, c'est celui que rencontrent le plus souvent les visiteurs car il est le roi de la savane de l'Afrique de l'Est ; la seconde variété est appelée *Loxodonta africana cyclotis*, qui est plus petite et habite dans les forêts du Centre et de l'Ouest africain. Ce groupuscule de léviathans modernes constitue en fait la relique d'un groupe de grands mammifères, ou ordre, qui domina la faune pendant les cinquante-cinq derniers millions d'années, et qui est connu sous le nom de proboscidiens.

La racine latine de ce nom est *proboscis*, c'est-à-dire « nez ». Le choix est judicieux, puisque la trompe préhensible de l'éléphant est un trait unique parmi les mammifères. Approchez-vous d'un éléphant – apprivoisé, de préférence – et vous constaterez rapidement que la trompe est un organe très versatile. C'est davantage qu'un membre de plus, particulièrement habile, certes, à collecter la nourriture ou à renverser les obstacles. C'est le moyen donné à l'animal de connaître intimement le monde, qui lui permet de rechercher les odeurs qui flottent dans l'air ou dans les replis du corps.

Quand la discussion roule sur les plus proches voisins de l'éléphant, les non-biologistes ont généralement des réactions d'incrédulité : les vaches marines, c'est-à-dire les lamantins et les dugongs. Les vaches marines sont les seuls véritables herbivores marins ; leur parenté avec les éléphants ne repose pas tant sur leur grande taille, que sur l'anatomie de leur ossature et de leurs dents. Ils possèdent aussi des glandes mammaires sur leur poitrine, comme les éléphants, et non sur l'abdomen comme c'est couramment le cas chez les mammifères. Tirant les conclusions de ces similitudes, les biologistes classent les vaches marines et les proboscidiens dans le mégagroupe ou super-ordre des subungulidés.

L'origine des proboscidiens est auréolée de mystère, mais on sait qu'ils remontent à une période de frénésie d'activité évolutionniste qui suivit la fin du Crétacé, il y a soixante-cinq millions d'années, lorsque la collision de la Terre avec un astéroïde géant ou une comète provoqua la fin des dinosaures. Au cours de cette extinction de masse, la biodiversité terrestre fut considérablement réduite ; ce fut la dernière des cinq grandes extinctions. L'évolution a répondu rapidement à ce type d'événement en reconstruisant une biodiversité nouvelle ; à la fin du Crétacé de nombreux acteurs nouveaux entrèrent en scène, et les proboscidiens en firent partie.

Le plus ancien proboscidien connu a été retrouvé dans le sud de l'Algérie. Il s'agit du crâne fossile d'un animal des marais remontant au début du Myocène, soit à quarante-quatre millions d'années. Il semble que l'animal mesurât moins d'un mètre. Cependant, l'anatomie de la tête présentait des signes certains de la présence d'une trompe préhensible, qui est la marque de tous les proboscidiens. Les biologistes raffolent de spéculations sur l'origine de la trompe. Dans quelles circonstances une telle structure représente-t-elle un avantage ? Le contexte écologique de la découverte de quelques proboscidiens ultérieurs indique qu'il s'agissait d'animaux aquatiques, ou semi-aquatiques, comme le spécimen algérien. C'est peut-être un indice essentiel. En spéculant, on peut penser que, peut-être, la sélection naturelle a favorisé l'évolution d'un organe qui pouvait récolter de la végétation, tandis que l'animal évoluait en eaux peu profondes. Une trompe rudimentaire, formée par les lèvres, le palais, les narines, pouvait convenir, dans un premier temps. Fantasme ou réalité, la trompe devint un organe important des proboscidiens, et son évolution s'accompagna de l'évolution des défenses. Quiconque a vu un éléphant déraciner un arbre sait combien la combinaison des défenses et de la trompe peut être puissante. Les défenses jouent également un rôle important dans les exercices d'intimidation entre mâles. (Les défenses des mâles sont beaucoup plus grandes que celles des femelles, ce qui n'est pas étonnant compte tenu de leur différence de taille.)

La moitié de l'histoire des proboscidiens s'est jouée en Afrique. Au cours de cette histoire, de nombreux groupes principaux sont apparus. Les descendants de ces groupes ont commencé il y a vingt-deux millions d'années leur expansion vers les grandes terres émergées du globe, à l'exception de l'Antarctique et de l'Australie. Le nombre d'espèces de proboscidiens connus à travers le monde à ce moment de la préhistoire s'élève dans l'état actuel des connaissances à 200. Cet animal extraordinairement réussi a effectué une véritable diaspora, et son groupe a dominé l'âge des mammifères. Mais deux espèces seulement survivent aujourd'hui, ce qui montre qu'aucune supériorité n'est éternelle : cela ne s'est jamais vu dans l'histoire de la vie, et cela ne se verra jamais, sachons-le.

Les animaux qui composent les principaux groupes de proboscidiens ont souvent été représentés dans les tableaux reconstituant de façon dramatique l'époque glaciaire. Nous pouvons donc aisément reconnaître le mammouth, et le mastodonte, représentants remarquables des faunes d'Amérique du Nord et d'Asie. On retrouve leur image dans les grottes peintes d'Europe, dont certaines remontent à 25 000 ans. D'autres nous sont moins familiers, comme les gomphothères, des géants balourds équipés de défenses dérivées d'incisives de la mâchoire inférieure. On les retrouve jusqu'en Amérique du Sud. Ils avaient également des défenses supérieures. Un autre groupe, les dinothères possédaient aussi des défenses inférieures, mais elle pointaient vers le bas. À l'inverse, là encore, des gomphothères, les dinothères ne possédaient pas de défenses supérieures. Nous avons dégagé plusieurs spécimens splendides de dinothères dans les gisements du lac Turkana où l'on retrouve également des hominidés. L'ancêtre immédiat des éléphants actuels est apparu avant l'ère glaciaire du Pleistocène, il y a deux millions d'années. Il est probable que l'éléphant d'Asie, *Elephas*, soit d'abord apparu en Afrique, avant de se répandre dans une grande partie de l'Ancien Monde.

Loxodonta, l'éléphant d'Afrique, est d'abord apparu dans les forêts denses de ce continent, quelque part au Pleistocène, il y a cinq à deux millions d'années. Il est curieux d'observer que les ancêtres immédiats des éléphants modernes sont apparus, en gros, en même temps que les premiers membres du genre *Homo*, dont l'espèce humaine moderne est le seul représentant.

Plusieurs espèces de proboscidiens africains se sont éteintes au Pléistocène. Un changement de l'environnement en est peut-être la cause. À la fin de la même ère, il y a 10 000 ans, les mammouths et les mastodontes furent rayés de la planète, peut-être par la main de l'homme, comme nous l'avons vu dans un précédent chapitre. *Loxodonta* et *Elephas* restèrent les seuls représentants des proboscidiens. Forgés comme ils le furent dans le même chaudron de l'évolution, à peu près au même moment, les humains et les éléphants devaient jouir d'une relation inégale, au moins du point de vue de ces derniers.

Si nous pensons aujourd'hui à ce qui reste d'habitat pour les éléphants, nous pouvons retenir l'Inde et certaines parties de l'Asie du Sud-Est, ainsi que des régions de l'Afrique subsaharienne. Quand nous songeons à la détresse de ces créatures, subissant les assauts de la population humaine qui grignote de plus en plus leur habitat, nous avons tendance à penser qu'il s'agit d'un méfait du monde moderne. Il n'en est rien, comme une lecture même rapide de l'histoire récente le démontre. Il y a quelques milliers d'années à peine, *Elephas* dominait les écosystèmes d'une grande partie de l'Afrique, pénétrant jusqu'en Chine et au Moyen-Orient. *Loxodonta* occupait toute l'Afrique, et pas seulement quelques parties de l'Est, du Centre et de l'Ouest, sa présence étant très réduite au sud, comme c'est le cas à présent. De même qu'aujourd'hui, l'expansion et l'essor inexorable de l'humanité combinés à la chasse à l'ivoire lui sont fatals.

Les hommes ont de tout temps été fascinés par la beauté – et les pouvoirs supposés de l'ivoire. La représentation sculptée préhistorique – la plus ancienne connue – un petit cheval, trouvé à Vogelherd en Allemagne – a été gravée dans de l'ivoire, c'est-à-dire dans une défense de mammouth. C'était le début d'un mode d'expression, semble-t-il, irrésistible qu'on retrouve dans les civilisations les plus anciennes du Moyen-Orient, puis en Égypte ancienne, en Crète et en Grèce. Ce sont les Romains qui ont élevé le travail de l'ivoire au rang de grand art, allant parfois jusqu'à la boursouflure. Ils en fabriquaient de petites figurines symboliques, en décoraient les objets d'usage courant, comme les peignes ; ils en faisaient un usage de marqueterie sur les grandes statues et sur les meubles, en faisaient des planchers et l'utilisaient même comme monnaie d'échange.

La demande d'ivoire devint énorme, avec sa conséquence immédiate : la population d'éléphants commença à diminuer. Au IIe siècle avant Jésus-Christ, on tua le dernier éléphant d'Afrique du Nord et on chassa les éléphants des parties est de leur habitat asiatique. Il semble que les Romains n'aient pas compris le lien entre leur consommation d'ivoire et la raréfaction de l'animal qui le fournissait. Dans son livre magnifique, *Le Destin des éléphants*, l'écrivain Douglas Chadwick remarque que « comparés aux sociétés modernes, les Romains étaient très ignorants de l'état des faunes dans les contrées lointaines. Alors que les éléphants disparaissaient à cause de l'exploitation de l'ivoire, Pline écrivait que le principal ennemi naturel de l'éléphant était le dragon [1] ». À vrai dire, des dragons d'un autre type vivaient tranquillement au loin, crachant un feu fatal en direction des pachydermes.

L'Empire romain, ainsi que d'autres civilisations puissantes de l'époque, exploitaient les éléphants d'une autre façon également. La force de l'animal était utile dans la construction et pour le transport, et leur puissance décisive à la guerre. Mais ces emplois n'ont eu qu'un impact mineur, comparés à la chasse pour l'ivoire. L'écologie de l'Eurasie fut bouleversée par la demande en bois sur lequel reposait le développement des nouvelles civilisations. La forêt, jadis extensive, commença à se fragmenter et à disparaître sous l'effet du défrichage. Les paysages actuels de l'Eurasie et, plus récemment, d'Amérique sont essentiellement artificiels. Ils sont le résultat du développement économique qui a forgé le monde industriel moderne. Il convient de s'en souvenir quand on fait des propositions pour sauvegarder les habitats sauvages africains.

Le 18 juillet 1989, peu après midi, le chef d'État kenyan, Daniel Arap Moi, a aspergé d'essence puis mis le feu à 2 500 défenses d'éléphants, provoquant l'incendie de plus de 15 millions de francs d'ivoire, envolés en fumée. 850 millions de personnes à travers le monde ont été témoins de ce bûcher hors de prix, soit sur place, soit à la télévision, soit encore, dans les jours qui ont suivi, dans les journaux et les magazines.

J'ai donné une interview à la chaîne américaine ABC dans l'émission *Good Morning America*, tandis que les flammes du brasier me léchaient le dos. Le message que je donnais était simple : n'achetez plus d'ivoire, ou les éléphants auront disparu sous peu.

J'ai mis en scène cet événement quatre mois seulement après avoir été nommé au Wildlife Conservation Department par le Président Moi. Mon premier objectif était de sauver les éléphants, car, à ce moment-là, le braconnage pour l'ivoire amenait peu à peu les éléphants vers une extinction rapide. Peu après avoir accepté cette fonction, je me suis trouvé confronté à une décision grave : que faire d'une grande cache d'ivoire qui avait été confisquée à des braconniers dans les quatre années passées ? Compte tenu de l'état désespéré des finances du département, à ce moment-là, l'idée de vendre l'ivoire sur le marché mondial semblait séduisante. Je savais tout ce que ces 15 millions de francs me permettraient de faire : notre équipement était insuffisant et en très mauvais état ; l'essence manquait, parfois complètement. Les unités anti-braconnage étaient moins bien armées que les braconniers. Oui, 15 millions pouvaient donner un énorme coup de fouet au département.

J'avais déjà vu d'innombrables victimes des braconniers, de grands corps gris boursouflés, couchés sous le soleil. On pouvait voir sur leur dos les excréments blancs des vautours racontant leur fin. Rapidement, les corps enflaient puis éclataient, tandis que la putréfaction transformait les entrailles en une pourriture putride pleine de gaz. Pis encore, j'avais vu leur face, de majestueuse qu'elle était devenir une bouillie rouge en quelques secondes, alors que les braconniers arrachaient les défenses, les découpaient à la scie tronçonneuse ou à la hache. Quel spectacle écœurant et bouleversant ! Ajoutons que, souvent, on pouvait trouver un petit, pâle et étonné, s'efforçant pathétiquement de relever sa mère assassinée.

L'urgence évidente de mettre fin à ce massacre devint une véritable obsession. Il fallait faire quelque chose, et vite. Avec 15 millions, on pouvait aller loin.

Puis je compris que je n'en avais pas besoin. Un soir, sous la douche, je pensai tout haut : « Non, nous ne vendrons pas les défenses. Nous allons les brûler dans un grand incendie publicitaire. » Rien ne pouvait davantage attirer l'attention sur le drame des éléphants. Ces 3 millions de dollars allaient faire une publicité sans égale. À ce moment-là, le débat sur le braconnage et le commerce de l'ivoire était arrivé à un tournant. J'espérais que ce spectacle appuierait dans la direction que je considérais comme la plus productive. Iain et Oria Douglas-Hamilton ont encouragé mon projet. Un week-end, alors que nous étions chez des amis dans un ranch à Naivasha, nous fîmes cette expérience simple consistant à jeter un morceau de défense dans une cheminée domestique. À la fin de la soirée, l'ivoire avait noirci, mais il n'avait pas brûlé. On se rendit compte qu'il faudrait une flamme bien plus forte pour enflammer une montagne de défenses. Un ami s'attela à la tâche de déterminer la quantité d'essence à verser sur les défenses pour que le feu ne s'éteigne pas en cinq secondes, mais qu'il n'emporte pas non plus le Président et ses ministres dans les flammes. Quel soulagement, cet après-midi de juillet, de constater qu'aucune de ces catastrophes n'était survenue. Il fallait encore que cet incendie réussi se traduise par des résultats politiques, et que, en retour, la bataille dans les plaines d'Afrique tourne à notre avantage.

Iain était depuis des années un « *Elephant Man* ». Il avait d'abord étudié le comportement des éléphants au parc national de Manyara, en Tanzanie, puis, plus largement, dans toute l'Afrique, réunissant des témoignages et des faits sur le braconnage. Il avait fait prendre conscience de ce phénomène en 1969, lorsqu'il avait procédé à un recensement aérien de la population d'éléphants du parc national du Tsavo, dans le sud-ouest du Kenya. Il raconte : « Les éléphants rouges recouvraient les étendues sauvages et arides, nous avons volé pendant des heures sans parvenir au bout de leur troupeau. Le jour suivant, j'ai volé jusqu'à la frontière est, et j'ai trouvé un troupeau de plus d'un millier de bêtes répandues dans le bush... Plus loin, on trouvait des éléphants dans tout le Kilifi, et jusqu'à l'océan Indien [2]. » Le rouge dont parle Iain renvoie au sol volcanique très riche de la région. Il enduit les animaux qui sillonnent l'habitat habituel des éléphants, un mélange de bois, de prairies et de points d'eau épars. Iain avait calculé qu'il devait y avoir au moins 40 000 bêtes dans et autour du parc, ce qui en faisait la population la plus importante du continent. Le Tsavo était un des hauts lieux des éléphants grâce, en partie, aux efforts de son garde, David Sheldrick. Amoureux de la nature et pleinement engagé, il avait recruté comme *rangers* des hommes du cru. Ils formaient une équipe solide, un groupe acharné de défenseurs des grands animaux sauvages.

Cependant, le Tsavo n'était pas un Éden équilibré et tranquille, naturellement harmonieux. Iain se souvient que « les baobabs géants du parc, trapus comme des colonnes de béton, nourrissaient et abreuvaient les éléphants pendant la saison sèche. Avec l'expansion des troupeaux pénétrant dans le bush, les éléphants plantaient leurs défenses comme des épées dans les troncs des baobabs, arrachant l'écorce pour atteindre la pulpe gorgée d'eau à l'intérieur. Un grand nombre de ces beaux et grands arbres étaient là depuis mille ans. En dix ans, un très grand nombre avait disparu [3] ». Il n'y avait pas que les baobabs qui souffraient ; bien d'autres arbres de la savane étaient détruits. « On aurait dit qu'un char d'assaut avait traversé certaines parties du parc », évoque Iain [4]. Sheldrick se retrouvait confronté à ce qui est le lot de tout conservateur d'un parc naturel. Comment gérer la faune ?

Ainsi posée, la question semble banale, mais comme je l'ai laissé entendre plus tôt, la réponse n'est pas facile, compte tenu de notre faible perspective temporelle sur les écosystèmes, et de notre maigre connaissance de leur fonctionnement.

Sheldrick s'efforça de comprendre l'étendue et la nature du problème. Il ne voulait pas arriver à l'extrémité de devoir réduire le troupeau, c'est-à-dire que des groupes de chasseurs abattent un nombre significatif d'animaux, pour en réduire la population. Les partisans de la réduction avancent qu'elle permet de maintenir l'équilibre entre la faune et la végétation dont ils se nourrissent. On avait déjà recours à la réduction dans certaines régions du continent. Contre son gré Sheldrick a dû assister à un abattage dans le Tsavo sur l'ordre de ses supérieurs du département. On tua 300 animaux. Sheldrick fut consterné par ce qu'il vit, et parvint à stopper le carnage. Il vaut mieux laisser la nature suivre son cours, décida-t-il, quitte à ce que de nombreux animaux meurent de faim de temps en temps. De toute façon, remarqua-t-il, l'action des éléphants ouvrait la savane à d'autres animaux, comme les zèbres et les antilopes qui prospéraient dans les habitats nouvellement créés. Le meilleur moyen de « gérer » la nature, avait-il conclu, c'est d'intervenir le moins possible. Je suis un fervent adepte de cette philosophie.

Le spectre du Tsavo a relancé la controverse sur la pertinence de la réduction. Ses partisans, la considérant comme une façon scientifique de gérer la faune et de maintenir son habitat, voyaient dans les opposants à la réduction des amateurs émotifs. Les opposants à la réduction disaient qu'il fallait laisser les cycles naturels se produire. Mais bientôt des événements, aussi bien naturels que provoqués par l'homme, ont enterré le débat : il y eut d'abord la sécheresse, puis le braconnage intensif.

Un an après le recensement du Tsavo par Iain, une sécheresse terrible s'abattit sur certaines parties de l'Afrique de l'Est. Les plaines et les savanes étaient grillées. Les éléphants, privés de feuillages, en étaient réduits à manger les arbres eux-mêmes. La savane en fut ravagée. « Bientôt, écrivit Iain, on eût dit que la savane avait subi un intense bombardement [5]. » Des animaux faméliques erraient à travers les plaines cherchant en vain de la nourriture et de l'eau. Ils commençaient à mourir à un rythme inquiétant. Rien qu'au Tsavo, au moins 10 000 éléphants périrent.

Les partisans de la réduction invoquaient les effets de la sécheresse comme justification d'une réduction artificielle des populations d'éléphants. « Elles auraient moins souffert de la sécheresse et l'habitat n'aurait pas été détruit », disaient-ils. Leurs opposants rétorquaient que « la sécheresse constituait un moyen naturel de contrôle des populations, et que l'habitat rebondirait, comme il le fait toujours naturellement, de façon cyclique ». Sur un point, au moins, les opposants à la réduction avaient raison : en quelques années la végétation avait repris dans le Tsavo et ailleurs, avec le retour de la pluie. Cependant les savanes du Tsavo étaient encore sous pression, car la population d'éléphants avait également rebondi, mais pour des raisons plus artificielles que naturelles. Fuyant l'escalade de braconnage dans la région, les éléphants venaient chercher une sécurité relative à l'intérieur du parc.

À peu près au même moment eut lieu une rencontre historique entre spécialistes des éléphants à Nairobi. Elle était organisée par Peter Jarman, chercheur au département de la Faune. Cette réunion était importante à plus d'un titre. D'abord, elle avança un chiffre pour la population d'éléphants au Kenya. C'était la première fois, en Afrique, qu'un pays essayait de faire un recensement des éléphants. Le chiffre était de 167 000. (En six ans, la population de tout le continent fut estimée à 1 million et demi.) La deuxième contribution majeure de cette rencontre a été de prendre conscience de l'étendue du braconnage pour l'ivoire au Kenya, et probablement ailleurs. On estimait les exportations d'ivoire d'Afrique, pour 1973, à 160 millions de dollars en tout, ce qui correspond à 200 000 éléphants morts. C'était un chiffre effrayant, et les conséquences pour l'avenir de l'espèce s'avéraient désolantes. Dans un contexte politique compliqué, cette prise de conscience était très importante pour mon pays ; le sujet allait également devenir très sensible pour d'autres nations africaines.

Mais, pour finir, le congrès n'aboutit qu'à mettre en lumière une série de problèmes. D'un côté, on tuait de plus en plus d'éléphants pour l'ivoire, il fallait les protéger. Mais, d'un autre côté, leur population était assez élevée, en beaucoup d'endroits, pour provoquer des dégâts, comme au Tsavo où ils traversaient les zones agricoles en détruisant les récoltes. En ces endroits, disait-on, il fallait contrôler leur nombre. Pendant quinze ans, ces conflits ont détourné l'attention du vrai problème : à savoir que tant qu'on trouverait de l'ivoire sur le marché, il aurait une valeur économique, et qu'on exploiterait cette source de richesse sans se soucier du devenir de l'espèce. Le prix de l'ivoire montait vertigineusement. L'avenir était clair, ou paraissait l'être.

Entre 1973 et 1989, il y eut des controverses entre spécialistes sur la conduite à tenir pour assurer la survie de l'espèce. C'était un peu comme jouer du pipeau pendant l'incendie de Rome. Ironie du sort, le principal joueur de pipeau, dans cette histoire, c'était l'organisation internationale responsable de la survie des espèces *. Un des points de friction touchait à l'impact réel du braconnage sur la population d'éléphants du continent.

Le second point concernait la faisabilité d'un commerce légal de l'ivoire, en interdisant le commerce de l'ivoire braconnée. L'ensemble du débat se politisa, ce qui obscurcit pendant un moment les aspects pratiques de la conservation que l'histoire contemporaine de l'éléphant met en lumière.

Le commerce de l'ivoire était bâti sur un monde de secrets et d'entourloupes. Les trésors arrachés à la dépouille des animaux massacrés partaient souvent clandestinement d'Afrique pour l'Extrême-Orient, l'Europe ou les Amériques. Que ce soit sous formes de bibelots, de bijoux, de figurines ou de sceaux personnalisés, l'ivoire gardait toute sa fascination pour l'esprit humain, la même

* CITES : *Commission on International Trade in Endangered Species,* Convention de Washington sur les espèces animales et florales menacées. *(N. d. T.)*

qu'il y a des milliers d'années. Hong Kong était la plaque tournante de ce commerce ; là, l'ivoire brut était sculpté, taillé en objets de valeur. Entre 1979 et 1989, plus de 4 000 tonnes d'ivoire ont atterri à Hong Kong, un tribut représentant peut-être un demi-million d'éléphants tués. Le prix de l'ivoire étant monté jusqu'à 250 dollars le kilo, ce commerce avait en main des centaines de millions de dollars de chiffre d'affaires, enrichissant considérablement certaines personnes. Avec tout l'argent qui circulait, il n'est pas étonnant que beaucoup aient trouvé des moyens de contourner les règlements destinés à contrôler ce commerce. Ce n'est pas mon intention d'entrer dans le détail de ces questions ici, d'autres l'ont fait avant moi. Mais il convient de répéter que la principale instance de contrôle, le secrétariat pour l'ivoire de la CITES, était largement financée par les dons des marchands d'ivoire eux-mêmes, ce qui n'a pas arrangé les choses.

Quand j'ai pris la charge du Wildlife Conservation Department, la controverse sur l'avenir de ce commerce faisait rage. Certains pays d'Afrique – Afrique du Sud, Zimbabwe et Botswana – étaient pour son maintien. Il s'agirait d'un petit commerce, fourni en ivoire par les animaux tués pour contrôler les populations. La CITES était un fervent partisan de cette solution. À l'autre bord, on trouvait un nombre de plus en plus grand de conservateurs de la faune, de plus en plus alarmés par le carnage qui se produisait sous les coups des braconniers.

Il y avait sur le marché davantage d'ivoire que la quantité autorisée. Les contrôles étaient de toute évidence inadaptés pour un commerce aussi lucratif. On manquait de données précises sur l'impact de ce commerce soi-disant contrôlé sur les populations d'éléphants. Ces données furent fournies par un recensement continental, une entreprise dans laquelle Iain Douglas-Hamilton joua un rôle majeur. Les données produites par Iain furent inscrites dans un rapport de l'Ivory Trade Review Group, une instance indépendante financée par une demi-douzaine d'organismes de conservation. Ce rapport, paru en juin 1989, allait révéler au public la situation des éléphants. Ces conclusions étaient étourdissantes. Permettez-moi de vous citer quelques chiffres, ils parlent d'eux-mêmes.

Dans les dix ans précédant 1989, la population des éléphants d'Afrique avait été réduite de moitié, passant d'environ 1,3 million à 625 000, et ce, pendant une période où, souvenons-nous, le commerce de l'ivoire était censé être sous contrôle. Ce recensement a également démoli une idée reçue, souvent mise en avant par les partisans du commerce, qu'il existait de grandes populations d'éléphants intactes dans les forêts d'Afrique centrale. Ces nombres, de toute façon, ne dévoilaient qu'une petite partie de l'histoire. Après tout, 625 000 paraît un bon chiffre, fort éloigné de l'extinction. Derrière ces chiffres, on devinait l'impact réel du braconnage. Les plus grandes défenses sont portées par les adultes mâles, qui sont donc les principales cibles des braconniers. En peu de temps, les éléphants reproducteurs se firent rares. Au Kenya, 22 % des adultes étaient des mâles ; dans certaines parties de la Tanzanie, seulement 1 %. Ce nombre devrait être de 50 %. L'effet sur la reproduction est dévastateur. Les femelles ne sont fertiles que deux jours seulement pendant les trois mois de leur cycle. La probabilité qu'une femelle rencontre un mâle se restreint – à pratiquement zéro dans le cas des populations de Tanzanie. Ainsi, bien que le chiffre de 625 000 paraisse bon, il cache un désastre à cause de l'interruption de la reproduction. Mais il y a plus.

Les grands mâles ayant disparu, les braconniers s'en prirent aux femelles adultes. On pouvait lire le résultat dans les entrepôts des marchands d'ivoire. En 1979, on avait tué 45 000 animaux pour 930 tonnes d'ivoire ; huit années plus tard, 35 000 animaux périrent, donnant seulement un tiers de la même quantité, soit 300 tonnes. Derrière la statistique glacée donnant la réduction de la taille moyenne de la défense – 50 à 25 kg – se cachait une amère réalité : de moins en moins de femelles survivaient.

La société des éléphants est matriarcale, les femelles âgées forment le nœud du groupe et sont les dépositaires de l'expérience et de la connaissance du monde. La disparition de ces femelles était un facteur de destruction.

Dans une population tanzanienne, par exemple, seulement 15 % des groupes sociaux possédaient une « matriarche », alors que, dans les populations normales, le chiffre aurait dû être de 75 % au moins. Ces troupeaux n'avaient plus de chef et devenaient plus vulnérables aux vicissitudes de l'environnement. Le chiffre de 625 000 cachait donc non seulement une rupture des liens de reproduction, mais également une rupture des liens sociaux. Le meurtre d'une femelle âgée met en danger la structure sociale du groupe dans le long terme. Il implique souvent la mort immédiate du jeune qui a encore besoin d'elle pour s'alimenter et se protéger. Tous ces éléments réunissaient les conditions d'un effondrement soudain de la population.

Certains pays subissaient plus que d'autres les conséquences du braconnage, bien sûr. Au Kenya, la population était décimée, passant de 167 000 animaux en 1973, à moins de 20 000 en 1989. Il restait à peine 5 000 éléphants au Tsavo. La situation était pire en Ouganda, où la dictature d'Idi Amin Dada avait causé de tels ravages que les éléphants avaient virtuellement disparu. La Tanzanie perdit 75 % de sa population entre 1979 et 1989. En revanche, des pays comme l'Afrique du Sud, le Botswana et le Zimbabwe ont vu les populations d'éléphants augmenter dans la même période. Cette disparité des situations a suscité de vives tensions parmi ceux qui déployaient leurs efforts pour éliminer complètement le commerce de l'ivoire. Dans chacun de ces pays, une gestion stricte de la faune conduisait souvent à des abattages. On faisait observer que non seulement ces abattages maintenaient l'équilibre entre les populations et les habitats, mais qu'ils étaient une source de revenus pour les habitants en raison de la vente de l'ivoire, de la peau et de la viande. À l'extérieur des parcs, les habitants, dans certains cas, étaient propriétaires de la faune et libres de l'exploiter dans certaines limites. « Exploitation » étant souvent synonyme de chasse « sportive ».

En Afrique du Sud, une population d'environ 7 500 éléphants du parc national Kruger était réduite annuellement d'environ 600 animaux. Cela rapportait en viande, peau et ivoire, environ 3 millions de dollars. Le département de la Faune du Zimbabwe ramassait 4,5 millions de dollars par an par ce biais. Une partie de l'argent allait aux parcs, et l'autre aux communautés locales. Dans tous les cas, les partisans du système avançaient que les habitants devenaient partie prenante de la protection de la faune, car ils en tiraient un bénéfice matériel. Cette politique constitue un exemple de ce qu'on appelle l'exploitation raisonnée, un thème de plus en plus chaudement débattu entre les responsables de la conservation des espèces. Je suis un partisan enthousiaste de l'idée que la faune doit être considérée sous l'angle économique. Il faut utiliser les éléphants et les animaux sauvages en général comme source de financement pour des écoles, des dispensaires et des installations agricoles. La question est : comment s'y prendre ?

J'ai toujours été dégoûté par la chasse, sous toutes ses formes. La notion de trophée m'est insupportable. Dans le cas des éléphants, la réduction, qui met sur le marché certaines parties des éléphants, me fait le même effet.

On ne peut pas passer ne serait-ce qu'une courte période en compagnie des éléphants sans se rendre compte de leur sensibilité, comme individus, et de leur complexité, en tant que groupe. Ce sont des créatures sociables intelligentes, qui communiquent et se comprennent à des degrés de subtilités qui peuvent surprendre chez un animal aussi grand.

Ce ne sont pas des animaux gauches et balourds ; ils sont aussi habiles et délicats physiquement que sophistiqués dans leurs comportements. Pour toutes ces raisons, je crois qu'on peut s'élever contre la réduction d'un point de vue strictement éthique. Dire non à la réduction, c'est reconnaître les droits de cette espèce, dans un monde où nous devrions coexister.

Bien sûr, cette coexistence n'est pas évidente. Si vous êtes fermier, et que vous venez de perdre toute votre récolte parce qu'un troupeau d'éléphants est venu, comme cela arrive parfois, traverser votre champ, votre point de vue est simple : « Ils n'ont pas à passer sur mes terres. Point final. » Et puisque 40 % des éléphants du

Kenya occupent des terres privées, et non des parcs, la question est loin d'être triviale. Les Occidentaux peuvent comprendre ce problème sans peine. Peu de fermiers américains tolèrent que des bisons viennent brouter leurs champs de maïs, ou que des loups s'en prennent à leur bétail. J'ai lancé une étude qui a montré que sur les 420 millions de dollars que rapporte le tourisme, chaque année au Kenya, 30 millions viennent des éléphants. Cela fixe la valeur de chaque animal, récupérable année après année, autrement que par la vente de ses morceaux. Les conservateurs et les gouvernements se trouvent confrontés au défi d'employer ce revenu pour le profit de la communauté, et pour garantir la coexistence pacifique entre les éléphants et les villageois.

Les éléphants sont de grands herbivores terrestres, ce qui rend plus audacieux un tel pari, car ils ont besoin de grands espaces où arracher chaque jour de grandes quantités de végétation. Les biologistes savent que plus la surface d'une zone de conservation est petite, et moins nombreuses sont les espèces qui y survivront. Parmi tous les vertébrés terrestres, l'éléphant est celui qui a le plus besoin d'espace. Si l'on compte seulement sur un parc pour assurer leur subsistance, et pour les tenir éloignés des terres privées, il faut que ce parc soit très grand.

Il est extrêmement difficile de trouver et d'entretenir une partie de campagne sauvage qui fasse l'affaire. Quand on peut trouver une telle surface, alors bien d'autres espèces, aux habitats plus petits, sont également protégées – appelons cela un effet de solidarité.

Le débat sur le futur du commerce de l'ivoire a culminé par une grande rencontre des pays de la CITES à Lausanne en octobre 1989. Les représentants de l'Afrique de l'Est insistaient pour mettre un terme au commerce de l'ivoire.

Techniquement, cela supposait d'inscrire les éléphants à l'Annexe 1, qui reconnaît que le commerce de l'espèce met l'espèce en danger critique d'extinction. Ils avançaient que le commerce contrôlé s'était révélé un échec : la tentation était trop grande pour les braconniers et les acteurs du marché noir ; les règlements étaient trop faciles à contourner. L'Afrique du Sud, le Botswana et le Zimbabwe demandaient un commerce limité, basé sur les produits de la réduction. Selon eux, si les habitants ne tiraient pas de bénéfices de la présence de la faune, ils perdraient leur motivation pour la protéger, ce qui conduirait à l'extinction des éléphants. Les sessions du congrès étaient tendues, car le problème avait pris des proportions très importantes. L'éléphant était devenu davantage qu'une simple espèce en péril : le symbole même de la volonté de la société de préserver la nature. Comme le biologiste David Western a pu le dire, l'éléphant était devenu l'étendard de la préservation des espèces. Si nous sommes incapables de sauver de l'extinction le plus grand des mammifères de la plaine, comment pourrons-nous sauver les autres espèces ?

Bien que je reconnaisse comme sage l'idée que les communautés locales tirent un bénéfice financier de la faune, je n'ai guère de doute qu'un commerce limité suffise à ouvrir la porte au braconnage, ce qui serait une catastrophe car l'éléphant n'apparaîtrait bientôt plus dans la liste des espèces en danger, mais dans celle des espèces disparues. Beaucoup d'autres partageaient cette conviction. Mais, quand la conférence commença, il était impossible de dire dans quel sens allait pencher le vote. Au bout du compte, les participants votèrent en faveur de l'inscription à l'Annexe 1, et une interdiction mondiale du commerce de l'ivoire fut effective à partir de janvier 1990. Le prix de l'ivoire sur le marché tomba de 120 dollars (600 francs français) la livre à seulement 4 dollars (20 francs français). J'aime à penser que les flammes que nous avons allumées ce jour de juillet 1989 ont lancé un signal flamboyant, qui influença les délégués le jour de ce vote crucial.

Il n'y a pas si longtemps, beaucoup considéraient l'esclavage comme éthiquement acceptable, mais ce n'est plus le cas. Il n'y a pas si longtemps, on considérait comme éthiquement acceptable la chasse « sportive » des chimpanzés et des gorilles, nos plus proches parents, mais cette époque est révolue. Je crois que l'éléphant a droit, de même, à notre respect et à notre protection.

J'ai expliqué mes objections, qui sont d'ordre éthique, à la réduction des populations d'éléphants, et j'y suis certes très attaché, néanmoins on peut en avancer d'autres. Les partisans de la réduction qualifient souvent leur méthode de « scientifique », avec un certain dédain, car c'est pour eux une gestion « scientifique » de la faune qui permet de maintenir l'équilibre des habitats de façon rationnelle. En fait, cette science est périmée : elle remonte à la vieille notion d'équilibre naturel, une vision statique du fonctionnement des écosystèmes. Je propose dans ce livre un message différent. Le changement dynamique, et non la permanence, est le trait distinctif de la chose naturelle, aussi bien sur les échelles de temps longues que courtes. C'est le message que j'ai tenté de faire passer tout au long de cet ouvrage. Pour réussir la conservation des espèces et la protection de la biodiversité, il nous faut saisir toute la mesure de cet élément, et en tirer parti. Une visite au parc national d'Amboseli au sud du Kenya servira de point d'orgue à cette question.

À tous égards, c'est un petit parc d'à peine 220 kilomètres de long, qui est dominé par la figure imposante du Kilimandjaro, un pic enneigé culminant à 5 700 mètres ; c'est la plus haute montagne d'Afrique. Quand les premiers explorateurs européens furent rentrés chez eux et eurent fait part de leur observation, peu voulurent les croire : « Comment était-il possible qu'on trouve un pic enneigé aussi près de l'équateur ? » Il y a seulement quelques années, les contemporains visitant la région, et ayant étudié une carte avant leur départ, auraient sûrement été surpris de constater que le « lac Amboseli » figurant sur la carte était principalement une plaine sèche, parsemée ici et là de collines basses. Ils n'auraient pas été déçus, cependant, car l'Amboseli offre une mosaïque d'habitats abritant la quintessence de la faune africaine. C'est un patchwork de savane, de plaines herbacées, de marais et de cours d'eau saisonniers où vivent des espèces animales innombrables. D'après Cynthia Moss, qui a étudié la population d'éléphants depuis 1973, on y trouve « des éléphants, des rhinocéros, des hippopotames, des girafes, des buffles, des zèbres et treize espèces d'antilopes, allant du minuscule dik-dik à une espèce de 600 kg appelée éland. Il y a quatre espèces de primates, trois grands félins, des chiens sauvages, deux espèces d'hyènes, trois de chacals, plusieurs espèces de félins de petites tailles, des mangoustes, des genettes, des écureuils, des lièvres et des espèces inhabituelles comme le protèle, le renard, la fourmi-ours, l'arbre hyrax, le tamanoir et le porc-épic. On a compté dans l'Amboseli plus de 400 espèces d'oiseaux [6] ». Un nombre illimité de touristes a pu photographier ces animaux, avec le superbe Kilimandjaro en toile de fond.

Le Kilimandjaro domine l'Amboseli et son énigmatique lac aussi bien visuellement que physiquement. La région était géologiquement bien différente, il y a cinq millions d'années. Pas seulement parce que le Kilimandjaro n'existait pas. À sa place un fleuve coulait vers le sud-est et traversait la plaine relativement plate qui constitue aujourd'hui l'Amboseli. Il finissait par se jeter dans l'océan Indien. À un certain moment, il y a quatre à deux millions d'années, l'activité volcanique a dressé la plaine et l'a fait pointer vers le ciel, pour former finalement la montagne actuelle. La montagne a fini par barrer le cours du fleuve et un grand lac de 500 km² s'est formé. Il a reçu pendant plusieurs millions d'années des quantités incalculables de sédiments et de cendres volcaniques. Pour finir, l'accumulation des débris a rempli le lac et dévié le cours de la rivière : ce fut pour l'Amboseli le début d'une longue période bien plus aride. Pour commencer, une alternance de sécheresses et d'inondations provoqua des oscillations de la population du bassin, jusqu'il y a quelque 10 000 ans. À ce moment, l'assèchement fut tel que seule la portion ouest du lac fut soumise à des inondations périodiques. C'est l'origine de l'habitat actuel.

Si l'Amboseli devait compter sur les pluies pour sa végétation, ce serait un désert. L'influence du Kilimandjaro sur le climat local a pour effet de réduire les précipitations sur l'Amboseli à trente centimètres par an, alors qu'elles sont bien supérieures sur les flancs de la montagne. Mais le Kilimandjaro redonne d'une main ce qu'il prend de l'autre. Des aquifères souterrains ramènent la pluie et la neige fondue de la montagne, qui voyagent sur quarante kilomètres à travers les laves poreuses et sourdent dans le bassin de l'Amboseli sous la forme de sources d'eau et de vie, fraîches et claires. Les marais, des étangs et des canaux naturels, nourrissent une végétation grasse allant des joncs au papyrus en passant par l'acacia et l'arbre à fièvre.

L'histoire géologique du bassin de l'Amboseli a une grosse influence sur la végétation qu'on y trouve aujourd'hui, et donc sur la faune qui peut y vivre. La longue période d'accumulation sédimentaire est la cause d'une teneur en sels élevée. C'est pourquoi, initialement, seules des plantes supportant des sels ont pu survivre, après que le lac s'est asséché. Pour finir, les pluies drainèrent les sels plus profondément dans le sol, ce qui permit à une végétation plus sensible aux sels de s'installer dans l'écosystème. Mais les sels sont toujours sournoisement présents : ils affleurent et remontent à l'occasion, lorsque les mouvements de l'eau changent, influençant la végétation moderne, tel un écho lointain du passé.

Je décris l'Amboseli d'aujourd'hui, d'une façon qui laisserait au visiteur l'impression d'une faune grouillant dans la prairie et les bois, dans l'ombre de la plus haute montagne d'Afrique. Il y a cinq millions d'années, le tableau eût été bien différent. Une rivière bordée d'arbres traversant une plaine inondable, et une ménagerie aux alentours, bien différente de la faune actuelle. Pas de montagne. Il y a seulement 10 000 ans, le paysage eût été encore plus différent. On aurait vu un immense lac brillant au pied de la haute montagne. La végétation et la faune y étaient riches, mais la végétation restreinte à des plantes tolérant les sels minéraux limitait le régime alimentaire des animaux. Il peut sembler banal d'insister sur les grands changements qui se produisirent sur de longues périodes de temps, mais si j'insiste, c'est parce qu'il est facile de tomber en admiration devant la majesté des sites actuels, et d'oublier que ces sites – comme nous-mêmes – sont éphémères à l'échelle de temps de l'évolution. Dans quelques millions d'années, le Kilimandjaro ne sera plus que l'ombre de lui-même, victime de l'érosion, du temps et du changement.

Je voudrais préciser deux autres points au sujet de l'Amboseli, qui illustrent de manière plus précise les schémas généraux de la conservation et de la biodiversité. Le premier est que des changements d'habitats spectaculaires peuvent se produire même sur des courtes échelles de temps. Je ne parle pas de l'apparition ou de la disparition d'un lac ou d'une montagne, mais de modifications plus modestes, liées le plus souvent à des changements de la pluviométrie. De toute façon, ces changements, si modestes soient-ils, peuvent avoir un impact énorme sur le type d'écosystème qui survit. Le second point est que la richesse de la mosaïque d'habitats, que j'ai décrite plus haut, occupée par des espèces animales nombreuses et variées, n'est pas un pur produit de l'interaction entre le sol et l'eau. Un autre élément a joué un rôle essentiel dans la mise en forme de l'habitat et l'émergence d'une grande diversité en cet endroit : *Loxodonta africana.*

En décrivant plus haut l'Amboseli contemporain, j'ai dit qu'il y a seulement quelques années, les visiteurs auraient été surpris par la différence entre la réalité et ce que laissait présager la lecture d'une carte. Au cours des dix années passées, la région a beaucoup changé. Elle est devenue bien plus sèche, et la couverture végétale s'est réduite. Les marais ont baissé, le papyrus a disparu, et, plus frappant encore, les bois ont été dévastés. Dans la partie centrale du parc, la moitié des espèces végétales qui y prospéraient dix ans auparavant s'est évanouie. Tel un spectre, la poussière flottait entre les troncs décharnés des arbres morts. Plusieurs espèces d'oiseaux, quelques petits mammifères et quelques grands herbivores étaient également partis. Les gazelles, les gnous, et les zébus – tous les animaux se nourrissant d'herbes – étaient encore nombreux, mais les animaux se nourrissant plutôt de feuillages, comme les girafes, les impalas, et les koudous étaient devenus rares. Le singe vervet autrefois commun s'était raréfié. Et la population de babouins avait diminué de plus de moitié. L'Amboseli n'était plus un Éden africain. Il est quasiment certain que plusieurs facteurs ont joué un rôle dans ces changements dévastateurs, bien qu'il n'y ait pas d'accord sur leur nature exacte. On montre souvent du doigt l'éléphant, étranglé entre le braconnage, à l'extérieur du parc, et l'appauvrissement de la végétation à l'intérieur. Évidemment, la vieille rengaine de la réduction de la population a refait surface.

Il est vrai que la population d'éléphants à l'intérieur du parc était élevée. La densité y était peut-être la plus élevée d'Afrique avec 750 individus sur 300 km^2. Il est également vrai qu'une bonne part de l'augmentation de la population était due à la pression des braconniers qui poussait les animaux à l'intérieur des limites du parc. Les animaux étaient à l'abri à l'intérieur du parc, et ils le savaient. Une telle densité d'animaux devait inévitablement peser sur la végétation : chaque individu a besoin de 180 kg par jour pour se maintenir en forme. Cette pression sur la végétation est encore plus forte lorsque l'eau vient à manquer, comme c'était le cas. Quoi qu'il en fût, je pensais qu'il était trop simple d'incriminer totalement la population d'éléphants dans la destruction de l'habitat de l'Amboseli. Il y avait de bonnes raisons de penser qu'on assistait là à une partie d'un cycle propre à la nature. Ainsi, lorsque l'explorateur Joseph Thomson traversa la région il y a un siècle, l'Amboseli ressemblait bien davantage à ce qu'il allait être en 1991 qu'à ce qu'il était même en 1981. Dans son livre *À travers Masailand*, paru en 1887, il qualifie la terre de « désolée et nue ». Selon ses propres termes, elle était « plate, poussiéreuse et dénuée d'arbres ». On aurait pu appliquer ces épithètes au parc tel qu'il était il y a quelques années. Cependant, il y avait beaucoup de gibier, mais, à coup sûr, bien moins que pendant les périodes plus verdoyantes. Quand bien même on ne connaîtrait rien de plus sur l'Amboseli que les descriptions des années 1880, 1980 et du début des années 1990, il faudrait bien conclure qu'une certaine forme de cycle est à l'œuvre, puisque l'Amboseli, de cuvette poussiéreuse, passe à une mosaïque verdoyante d'habitats. De fait, nous disposons de suffisamment de sources historiques pour savoir qu'au cours des siècles passés, la végétation du parc a énormément fluctué, passant des bois denses à des plaines dénudées, comme cela s'est également produit ailleurs en Afrique de l'Est. Ces fluctuations sont généralement la conséquence d'un changement de précipitation. Mais, dans le cas de l'Amboseli, les changements de pluviométrie ont parfois ramené au voisinage de la surface des sels minéraux anciens. Étant néfastes aux racines des arbres, ils provoquaient lentement leur mort. Je soupçonne qu'un changement de cette nature dans la distribution minérale souterraine est en partie responsable de ce que nous avons récemment observé au-dessus du sol. Je ne néglige pas l'impact d'une grande population d'éléphants sur l'habitat de l'Amboseli, ainsi que la pression exercée par des centaines de milliers de touristes qui l'accompagnent, mais je prétends que ce n'est qu'un facteur supplémentaire, et non la cause première. Si cela est exact, alors les efforts à court terme visant à améliorer la situation – comme, notamment, l'abattage sélectif des éléphants – sont sans doute vains. Il faut une main légère – et beaucoup de patience – pour gérer la faune avec sagesse aussi bien dans les périodes critiques que dans les moments les plus harmonieux.

Je me suis forgé cette philosophie très tôt au cours de mon mandat de directeur du Wildlife Conservation Department. L'Amboseli et son histoire semblaient montrer clairement que la nature est toujours changeante, un avertissement pour ceux qui essaieraient de la soumettre à leur volonté.

Pour enfoncer un peu plus le clou, l'Amboseli a encore changé. Au cours des trois dernières années, les pluies ont augmenté à nouveau. Les marais s'étendent, des lacs brillent là où une poussière spectrale tournoyait autour d'une terre calcinée. Des arbres et des buissons surgissent à profusion. La pression exercée par les éléphants est de moins en moins importante, car la fin du braconnage leur a permis de circuler en sécurité au-delà des limites du parc. Certaines espèces qui avaient disparu du parc réapparaissent. Ces terres au pied du Kilimandjaro nous donnent une leçon qu'il convient de retenir si nous voulons comprendre le flot de la vie dont nous faisons partie.

Quand on observe un éléphant en train de démolir un arbre ou de déraciner un jeune plant, il y a de quoi être impressionné par la puissance de destruction de l'animal. Il est sûr que les images de l'Amboseli, il y a quelques années, que j'ai décrites plus tôt, évoquent une destruction de masse. Mais les biologistes portent aujourd'hui un regard différent sur la puissance destructrice de l'éléphant et la voient plutôt comme une force de création. L'idée est aussi simple que profonde. La destruction des arbres dans la savane boisée permet aux buissons de survivre ; la destruction des buissons dans une savane buissonneuse crée de l'espace pour la prairie. Quiconque a visité une forêt dense n'a pas manqué d'être saisi par sa majesté, par les grands arbres qui se dressent au-dessus de soi, laissant parfois retomber des épiphytes. Pourtant, rapidement, on se sent envahi par une étrange sensation de calme. Où sont les grands animaux ? Ils ne sont pas là, ou, en tout cas, ils sont peu nombreux. On ne trouve aucun des ruminants ni ongulés qu'on peut voir dans la savane boisée ou dans les prairies.

Les biologistes commencent à comprendre que l'éléphant est un acteur clé du façonnage de la mosaïque d'habitats permettant aux autres espèces de prospérer : les mangeurs de feuilles, dans la garrigue nouvellement créée, les animaux brouteurs dans les nouvelles prairies. Les biologistes ont forgé l'expression d'« herbivore clé » pour décrire ce type d'espèces. De même qu'un arc s'écroule si l'on ôte sa clé de voûte, de même l'écosystème s'effondre si l'herbivore clé vient à s'éteindre. Norman Owen-Smith, biologiste à l'université de Witwatersrand, à Johannesburg, prétend qu'on peut observer un phénomène de ce genre, à grande échelle, dans un passé récent. Il est presque certain que la prédation par l'homme est la cause de l'extinction des grands herbivores américains, à la fin du Pléistocène, il y a 10 000 ans. Mais, comme le dit Owen-Smith, de nombreux mammifères plus petits, ainsi que des oiseaux, ont également disparu. Or, il est peu vraisemblable que ces espèces aient été pourchassées par des chasseurs probablement plus préoccupés par les mastodontes et les gomphothères. À la fin des mégaherbivores, la forêt a repris ses droits sur les clairières, le bush s'est reboisé, et les mosaïques de prairies sont redevenues des plaines à hautes herbes uniformes. Ces changements de végétation, dont on a la trace dans le matériel fossile pollinique, a dû restreindre l'habitat où vivaient les plus petits animaux, provoquant la cascade d'extinctions qu'on observe dans le matériel fossile.

On peut reconnaître le même type de phénomène localement, là où l'éléphant d'Afrique a été éliminé. En l'absence d'éléphant, des habitats riches, occupés par des grands animaux brouteurs d'arbres et de feuillages, se transforment en garrigues uniformes ou en bois qui abritent un nombre moins important d'espèces. On le voit dans le nord de l'Amboseli, par exemple, où le terrain est uniformément couvert de buissons épais. Les conséquences sont évidentes. Si, pour notre plus grande honte, nous manquons scandaleusement de volonté ou de prévoyance, l'éléphant s'éteindra, et bien d'autres espèces le suivront aux oubliettes de l'évolution. Le rôle essentiel de l'éléphant a été occulté par le tintamarre sur l'avenir du commerce de l'ivoire, sur la pertinence des réductions de population, etc., alors que c'est un élément vital de l'équation. L'éléphant n'est pas seulement une espèce en danger, ni seulement l'étendard des conservateurs, ni le banc d'essai de notre volonté de respecter et de préserver la nature : la survie de bien d'autres espèces qui constituent la diversité de la faune africaine dépend de sa survie. Tous ensemble, ils sont notre héritage des millions d'années de l'évolution.

Rien de plus, rien de moins.

LE FUTUR

Une synthèse des dernières découvertes de la biologie de l'évolution, de l'écologie et de la paléontologie nous révèle la véritable nature de la présence de *Homo sapiens* dans le monde : nous sommes un simple accident de l'histoire.

Homo sapiens est devenu l'espèce terrestre dominante. Malheureusement, notre présence est dévastatrice. Si nous continuons à détruire l'environnement au rythme actuel, la moitié des espèces terrestres aura disparu dès le début du prochain siècle.

Bien que *Homo sapiens* soit voué à l'extinction, comme toutes les autres espèces apparues au cours de l'histoire, une obligation éthique nous contraint à protéger la diversité de la nature, au lieu de la détruire.

CHAPITRE XII

UN ACCIDENT DE L'HISTOIRE

L'image que nous avons de nous-mêmes et du monde dans lequel nous vivons est en train de subir un véritable bouleversement. Le terme de révolution n'est pas trop fort pour décrire l'amplitude du phénomène. Dans les chapitres précédents, j'ai mis en place les éléments de ce bouleversement, de sorte que nous allons voir maintenant plus clairement le nouveau tableau d'ensemble qui commence à apparaître. Des traits séparés et confus sont en train de se réunir pour former une image plus nette, et nous découvrons dans cette image une conception du flot de la vie radicalement différente de celle qui a longtemps prévalu. Soyez patients, car nous devons ressasser quelques idées évoquées plus haut pour bien mettre en lumière, comme elle le mérite, cette nouvelle conception de la vie.

Il nous faudra du courage pour accepter cette nouvelle conception (un ensemble de conceptions, en fait), car elle exige que nous mettions au rebut des idées rassurantes sur notre place dans l'univers. Mais, en nous acceptant clairement tel que nous l'enseigne ce nouveau cadre intellectuel, nous serons plus que récompensés. D'abord, parce que nous progresserons ainsi vers une meilleure compréhension du monde, ce qui est depuis des millénaires l'une des principales motivations humaines, mais aussi, parce que nous pourrons forger de meilleurs outils pour entrer dans le prochain siècle, et au-delà. Cette partie du livre, la dernière, va traiter du futur immédiat, dans le grand dessein des choses. Permettez-moi de dire brutalement, et dès maintenant, que je suis convaincu que nous sommes au milieu d'une crise – dont nous sommes entièrement responsables – et, si nous négligeons d'y faire face avec hauteur, nous ferons peser sur les générations futures une malédiction d'un poids inimaginable.

Ce chapitre traitera de la révolution intellectuelle qui se produit autour de nous aujourd'hui même, et de ses conséquences sur notre perception du flot de la vie, ce flot qui nous emporte, nous et tous nos compagnons.

Les deux derniers chapitres expliqueront pourquoi l'histoire de l'humanité est parvenue à la croisée des chemins ; comment nous avons construit nous-mêmes ces voies, dont l'une conduit à une catastrophe sans précédent dans l'histoire de la Terre, et l'autre à une certaine harmonie avec la nature. Mon discours est intentionnellement alarmiste. Je vais également poursuivre dans ce qui fait l'originalité de ce livre : replacer *Homo sapiens* dans la perspective de l'histoire de la Terre, et, par extrapolation, dans la perspective de son futur. L'exercice n'est pas facile, car l'esprit humain est habitué à réfléchir en termes de dizaines d'années, au mieux de générations, et non de centaines de millions d'années, qui constituent l'échelle des temps de la vie sur la Terre. Quand, dans une telle perspective, on en vient à l'homme, c'est pour constater immédiatement notre importance dans l'histoire de la Terre, et, aussi, notre insignifiance. Une chose est certaine, un jour notre espèce ne sera plus, mais cette certitude n'arrive pas jusqu'à notre entendement.

Il faut dire assez franchement que la biologie de l'évolution, et l'écologie – deux disciplines sœurs –, ont été imprégnées au cours de ce siècle d'une vision sécurisante de la vie. Cette vision venait en droite ligne des idées révolutionnaires de Charles Darwin et Charles Lyell, l'un, grand naturaliste, l'autre, grand géologue. L'histoire de la Terre, dans le champ biologique aussi bien que dans le champ géologique, progressait continûment et graduellement, selon eux, au fil d'immenses périodes de temps. L'effet cumulatif continuel de minuscules changements façonnait les grandes formations géologiques de la Terre, comme les canyons les plus encaissés ou les plus hautes montagnes. La même lente accumulation de petits effets peuplait la surface de la Terre et le fond des océans d'une exubérante diversité, dont *Homo sapiens* n'était qu'un représentant parmi des millions.

Pour bien comprendre la force de conviction des modèles graduels de Darwin et Lyell, il faut se souvenir qu'ils venaient en réaction à une tradition antérieure selon laquelle la Terre et ses habitants étaient le fruit inopiné de crises périodiques, ou catastrophes.

Après chaque catastrophe survenaient des convulsions gargantuesques des continents, qui envoyaient le biotope existant aux oubliettes et le remplaçaient par une nouvelle équipe composée de formes de vies plus avancées.

Bien que tous les partisans du catastrophisme ne fussent pas mus par des motivations religieuses, cette hypothèse était en général sous-entendue : les forces de destruction, comme les forces de créations, étaient d'essence divine. Il était communément admis que la Terre, et les êtres vivants, n'étaient façonnés que par des forces de cette origine. Lyell montra que même les structures géologiques les plus importantes pouvaient se dresser lentement, sur des périodes de temps assez longues, tandis que Darwin formulait une théorie de l'origine de toutes les formes de vie reposant sur de lents processus s'accumulant au cours des temps. Ensemble, ils proposaient un nouveau cadre – le « gradualisme » – qui paraissait plus scientifique que le catastrophisme. La biologie et la géologie modernes étaient nées, accouchées par le concept général de gradualisme.

Un point supérieurement important, au centre de la thèse darwinienne, est que le flot de la vie est nourri par une lutte incessante pour la survie. Le plus apte survit et se multiplie, le moins apte succombe. Les espèces sont engagées dans une guerre constante, autant contre les autres espèces que contre leur environnement physique. La sélection naturelle offre une réponse à ces deux défis en façonnant des adaptations... adaptées ! La survie récompense les structures ou comportements réussis, l'extinction sanctionne les échecs. J'ai fréquemment cité Darwin, sur ce point, dans les chapitres précédents. Je vais le citer une nouvelle fois ici, dans une phrase qui résume un sentiment dont l'importance était apparente, au moment où elle fut écrite, et ce sentiment a gardé son importance pendant plus d'un siècle : « Comme la sélection naturelle n'agit que pour le bien de chaque individu, toutes les qualités corporelles et intellectuelles doivent tendre à progresser vers la perfection [1]. »

Cette vision des choses engendre deux concepts importants. Le premier est que l'histoire de la vie dont nous lisons les lignes dans les fossiles est le récit de cette lutte, évoquant une continuelle succession de perdants et de gagnants, des premiers temps jusqu'à nos jours. Comme la sélection naturelle façonne des adaptations en ajoutant bout à bout de minuscules incréments, la trajectoire de l'évolution est lente et continue. Le second concept renferme l'idée que, comme le flot de la vie se nourrit du succès de formes vivantes sans cesse supérieures, le sens et l'organisation de ce flot sont, en un sens, importants, inévitables. La succession des poissons, des amphibiens, des reptiles et enfin des mammifères, jusqu'à nous, reflète un développement du vivant, moins tel qu'il est, que tel qu'il devrait être. De ce point de vue, la chance, le hasard, ne jouent aucun rôle dans le sens et l'organisation du flot de la vie, et l'émergence, au bout du compte, de *Homo sapiens*, n'est pas davantage le fruit du hasard.

J'ai laissé entendre plus haut que cette conception traditionnelle était réconfortante, et l'on comprend pourquoi. Nous, humains, n'aimons pas les incertitudes, détestons le hasard, surtout quand il touche à notre existence. Nous ne voulons pas croire que notre existence n'est que le résultat d'un coup de dés de l'évolution. La conception traditionnelle que je viens d'évoquer nous apaise car elle avance que, premièrement, notre existence, en elle-même, est la preuve de notre supériorité, et que, deuxièmement, la vie menait fatalement jusqu'à nous. Souvenons-nous de cette phrase du paléontologue Robert Broom, dans son livre (1933) *The Coming of Man : Was*

It Accident or Design ? * : « Une bonne part de l'évolution semble avoir été faite pour aboutir à l'homme, aux autres animaux et aux plantes, de sorte que le monde lui soit propice [2]. » Cette affirmation est excessive mais résume bien le mode de pensée qui sous-tendait les travaux des chercheurs.

Il faut bien aujourd'hui reconnaître la fausseté de cette idée. La progression du simple au complexe à travers l'histoire de la Terre n'a pas été régulière. Il est vrai que les formes de vie les plus simples ont été les premières à apparaître. Mais, comme nous l'avons vu au chapitre II, cette simplicité a perduré en gardant en gros ses attributs, pendant des milliards d'années, sans que rien de plus complexe que des êtres unicellulaires n'apparaisse, et ce, pendant les 6/7e de l'histoire de la Terre. Quand, il y a 530 millions d'années, la complexité s'est manifestée, sous la forme d'organismes pluricellulaires, ce fut de manière explosive. En cinq millions d'années (un instant à l'échelle géologique), l'innovation évolutionniste a produit quantité de formes de vie multicellulaires. Le flot de la vie n'est pas linéaire, mais est extrêmement irrégulier. (En fait, nombre et, peut-être même, la plupart des innovations évolutionnistes se produisent au cours de changements rapides et explosifs, et non graduellement sur des périodes de temps longues ; c'est la théorie de l'« équilibre ponctué », mise en avant par Stephen Jay Gould et Niles Eldredge.)

La réalité de l'explosion du Cambrien n'était pas vraiment dérangeante, car on pouvait s'accrocher à l'idée que, si désordonné qu'il fût, le flot de la vie gardait une direction prévisible. Nous restions ainsi son résultat inévitable.

Toutefois, les découvertes touchant à l'histoire de la vie après l'explosion du Cambrien ont démoli ce raisonnement, comme nous l'avons vu au chapitre III. L'expérimentation sauvage de l'explosion du Cambrien a donné naissance à cent formes différentes de vie, ou architectures. Après quelques millions d'années, seule une frac-

* *« L'Émergence de l'homme : accidentelle ou programmée ? » (N. d. T.)*

tion de ces formes de vie était encore présente pour former les motifs du kaléidoscope que nous connaissons aujourd'hui.

Si les survivants avaient échappé à l'extinction en raison d'une supériorité intrinsèque, on pourrait se féliciter à l'idée que nous sommes les descendants de gagnants méritants. Cependant ce n'est pas le cas. Les gagnants n'avaient rien de franchement supérieur, et les victimes de cette première extinction de masse n'avaient rien d'évidemment inférieur. Comme l'a dit Gould récemment : « ce fut la plus grande loterie jamais tirée sur notre planète [3] », et il se trouve que nous descendons de l'un des heureux gagnants. Nous partageons le monde d'aujourd'hui avec les descendants d'autres heureux gagnants. Rejouez à la loterie et, au tirage, un autre groupe de gagnants sortira, donnant une famille différente d'architectures pour une vie moderne différente. Il ne fait guère de doute que certains animaux auraient été extrêmement exotiques si l'on en juge par les formes étranges de vie qui ont disparu au cours de la première extinction. Il nous faut donc admettre que le monde vivant dont nous faisons partie n'est qu'un monde parmi une multitude de mondes possibles, et non un seul, inévitable. Il n'est pour ainsi dire qu'un événement contingent dans l'histoire.

Un des aspects les plus importants dans la révolution intellectuelle actuelle réside dans la nouvelle perception de la nature même des extinctions. Souvenons-nous que Darwin n'évoquait pas de bon gré les extinctions de masse. Il expliquait les traces apparentes de morts en masse dans le matériel paléontologique par les pièges et par les imperfections des champs fossilifères. L'idée des extinctions de masse sentait trop le catastrophisme, théorie maudite pour lui. Peu à peu, l'existence d'extinctions de masse devint irréfutable, enfonçant encore un peu plus le « coin » dans la description lisse et régulière du cours de la vie. Comme nous l'avons vu au chapitre IV, cinq crises biotiques majeures ont ponctué l'histoire de la vie, anéantissant jusqu'à 95 % des espèces existantes en un clin d'œil à l'échelle géologique. Curieusement, même si les extinctions de masse furent reconnues comme des facteurs essentiels de l'organisation de l'évolution, elles restèrent un sujet d'étude négligé. Elles passaient pour des phénomènes complexes, difficiles à comprendre. Cependant, les biologistes supposaient que, quelles qu'aient été leurs causes, ces extinctions rendaient la lutte pour la survie encore plus âpre, expédiant plus que d'ordinaire un grand nombre d'espèces, en un court intervalle de temps, aux oubliettes de l'évolution.

On considérait les extinctions de masse comme étant de même nature que les extinctions normales, ou que les extinctions « de fond », mais qu'elles se produisaient seulement sur une plus grande échelle. Comme en temps normal, la survie, au cours de ces événements, récompensait les supériorités adaptatives, l'extinction sanctionnait les êtres mal adaptés. Toutefois, on a compris récemment que les extinctions de masse ne sont pas équivalentes à des extinctions « de fond » qui seraient seulement de plus grande ampleur. Cela constitue l'une des découvertes les plus importantes de la biologie de l'évolution de ce siècle. Quelles qu'en soient les causes, les extinctions de masse opèrent selon des règles différentes de celles qui prévalent pendant les extinctions de fond. L'évolution darwiniste, importante pendant les périodes d'extinctions « de fond », est mise en suspens pendant les crises biotiques. Lorsque ces événements se produisent, la survie ne dépend plus du niveau d'adaptation d'une espèce ou des clades (les clades localisés sont vulnérables ; les clades très répandus s'en tirent mieux, indépendamment du nombre d'espèces qu'ils renferment), ou de la taille des organismes (les grands organismes sont plus vulnérables que les petits). On ne peut pas ne pas en déduire que, durant les extinctions de masse, la survie d'une espèce donnée est autant affaire de chance que de « bons gènes », pour employer le raccourci cher à David Raup.

Comme on l'a dit plus haut, les mammifères ont survécu, là où les dinosaures sont morts ; ce n'est pas l'effet d'une supériorité intrinsèque, mais simplement un coup du sort. Il ne fait guère de doute que leur petite taille a contribué à leur survie. Bien entendu, toutes les lignées de mammifères n'ont pas réussi à traverser cet événement, il y a soixante-cinq millions d'années. Certaines se sont éteintes. Et le fait que la lignée des primates ait survécu, une fois encore, est le fruit du hasard et non celui d'une supériorité. Si *Purgatorius* avait figuré parmi les perdants, il n'y aurait eu ni prosimiens, ni singes, ni gorilles, ni chimpanzés – ni hommes, enfin.

Il nous faut donc admettre que, si spécifique que soit, à bien des égards, *Homo sapiens* – particulièrement en matière de créativité, et de conscience –, son existence n'était pas inévitable. Pis, elle était le résultat d'un certain degré de hasard. Certains auront du mal à l'accepter, mais c'est la stricte vérité. Comme je l'ai dit au chapitre V : « Nous ne sommes sur la Terre qu'une espèce parmi des millions, le produit d'un demi-milliard d'années de l'histoire de la vie. Nous sommes les heureux survivants d'au moins vingt crises biotiques, dont les cinq grandes extinctions. » Vu de notre paroisse, c'est l'un des enseignements les plus profonds de la révolution intellectuelle en cours, mais, pour le monde vivant dans son ensemble, ce n'est pas le plus important.

À une époque, on considérait les extinctions de masse comme des interruptions majeures du flot de la vie, qui portaient un coup fatal à nombre d'espèces sans façonner réellement l'évolution. Les biologistes pensaient que ce façonnage était l'œuvre de la sélection naturelle. Mais nous savons maintenant que les règles de vie et de mort sont différentes pendant ces crises. La survie suppose une part importante de chance. C'est ce facteur et non la sélection naturelle qui détermine quelles espèces survivent, et lesquelles disparaissent. Les extinctions de masse sont donc une des forces majeures œuvrant dans l'histoire de la vie. Parmi tous les faits qui façonnent, organisent, l'ensemble de cette histoire, elles sont la grande cause structurante. Comme l'observe David Raup : « Les extinctions et particulièrement les extinctions de masse sont un ingrédient vital de l'évolution des formes complexes de vie que nous observons [4]. » Cette prise de conscience est un élément essentiel de la révolution intellectuelle en cours. Mais il y a plus.

J'ai souvent employé la locution « quelles qu'en soient les causes », en évoquant les extinctions de masse. Cette périphrase est une façon d'admettre que la genèse de ces événements est extrêmement complexe, difficile à comprendre, c'est un des sujets les plus ardemment débattus parmi les biologistes de l'évolution et les paléontologues. J'ai décrit plus haut certains facteurs qui interviennent dans le débat, comme les changements globaux de température et la régression des niveaux des océans. Mais, ainsi que nous l'avons vu au chapitre IV, on ne peut nier aujourd'hui qu'un des événements au moins – l'extinction du Crétacé, il y a soixante-cinq millions d'années – et peut-être plusieurs d'entre eux (voire la totalité) ont été déclenchés par la collision d'un astéroïde géant, ou d'une comète avec la Terre. La prise de conscience que les extinctions de masse jouent un rôle aussi grand dans la mise en forme de l'histoire de la Terre est un grand moment dans l'élaboration de la théorie de l'évolution. L'idée que ces événements puissent être le résultat d'un impact avec un corps d'origine extraterrestre est véritablement excitante. Nous devons laisser de côté l'idée d'un monde darwinien façonné par des forces que nous pourrions comprendre et identifier à l'aide de notre expérience quotidienne, et accepter l'idée que le monde est la victime désarmée d'un univers étourdi. Envolée l'image d'un flot de la vie lisse et prévisible, dont les humains sont l'inévitable parangon. À la place, on découvre un monde erratique et imprévisible, où notre place est le fruit d'une grande part de chance. Le catastrophisme est de retour, et pour de bon.

J'ai qualifié la biologie de l'évolution et l'écologie de disciplines sœurs, dans le contexte actuel, mais je n'ai traité jusqu'ici que de la première. Un déplacement semblable s'est également opéré en écologie, et particulièrement en rapport avec la formation des communautés écologiques telles qu'on les observe. Au chapitre IX, j'avançais que, jusqu'à récemment, les écologistes pensaient que les communautés écologiques étaient comme elles sont, parce que c'est comme cela qu'elles devaient être. J'admets que c'est une façon simpliste de décrire leur pensée. Mais je veux dire par là qu'on retrouvait en écologie l'équivalent du caractère inévitable du flot de la vie, au fil de l'évolution telle que le présente Darwin. On tenait également pour acquis que, à l'échelle plus courte de la formation des communautés écologiques, les règles étaient les mêmes que celles qui produisaient l'adaptation par la sélection naturelle : les espèces devaient interagir entre elles produisant cette harmonie qu'est supposée rendre l'expression « équilibre de la nature ». Les écologistes pensaient que la composition particulière d'une communauté en un endroit donné reflétait les conditions propres à cet endroit, et que cela expliquait les différences avec d'autres communautés situées ailleurs et jouissant de conditions différentes.

Il est bien évident que l'interaction entre espèces au sein d'une communauté joue un rôle important dans sa mise en forme : les champignons nourrissent les racines des plantes, les feuilles des plantes nourrissent les insectes, les insectes nourrissent les oiseaux, et ainsi de suite. Il est également vrai que les espèces sont adaptées à des conditions physiques locales particulières. Mais, ainsi que je l'ai décrit au chapitre IX, les écologistes admettent maintenant que ces facteurs n'expliquent qu'une partie de l'organisation des communautés écologiques. De même que les biologistes de l'évolution ont dû accepter la part de hasard dans le flot de la vie, de même, les écologistes ont dû l'introduire dans leur domaine. Les membres d'une communauté écologique ne sont pas situés tranquillement à un point d'équilibre les uns par rapport aux autres, formant l'équilibre de la nature. La forme et le comportement d'une communauté sont en grande partie déterminés par des interactions chaotiques et par l'émergence de propriétés au sein de la communauté – comme la résistance aux invasions – qui défient toute explication simpliste. Dans un cas, on peut penser que les communautés sont prévisibles et statiques. Dans l'autre, on doit admettre que les communautés sont des entités dynamiques imprévisibles, et même un peu mystérieuses. Cet état dynamique contribue à la diversité biologique du monde, qui est le sujet de ce livre. Contrairement à ce qu'on pourrait croire, des changements perpétuels – la dynamique – produisent la stabilité à long terme des communautés ; essayez d'empêcher le changement à court terme et vous êtes certains de produire des effets négatifs à long terme.

Les êtres humains souhaitent ardemment que le monde naturel soit prévisible et, plus encore, qu'ils puissent prévoir leur existence et leur futur. Mais il est bien évident que, vu depuis la biologie de l'évolution et depuis l'écologie, notre monde n'est pas prévisible et nous sommes un accident de l'histoire. C'est le lieu de tous les possibles, influencé par des forces qui nous dépassent, et, dans certains cas au moins, hors de notre entendement.

Notre monde est moins certain que nous le pensions, mais il est d'autant plus intéressant.

CHAPITRE XIII

LA SIXIÈME EXTINCTION

Peut-être sommes-nous un accident de l'histoire, mais on ne peut contester que *Homo sapiens* soit aujourd'hui l'espèce dominante sur la Terre. Nous sommes apparus tardivement sur la scène de l'évolution, à une époque où la diversité de la vie sur cette planète était proche de son maximum absolu. Comme nous l'avons vu au chapitre X, nous sommes arrivés armés de la capacité de détruire cette diversité partout où nous allons. Heureusement doués de raison et de réflexion, nous allons vers le XXIe siècle en façonnant notre propre monde, un monde essentiellement artificiel où la technologie apporte le confort matériel (à certains, au moins) et où le temps nous est laissé pour nous consacrer plus que jamais à la création artistique. Malheureusement, notre raison et notre réflexion ne nous ont guère empêchés d'exploiter les ressources biologiques et physiques de la Terre, collectivement, à un degré jamais atteint auparavant.

Bien sûr, *Homo sapiens* n'est pas la première créature vivante à laisser un impact énorme sur le biotope terrestre. Il y a trois milliards d'années, l'émergence de micro-organismes fonctionnant par la photosynthèse a commencé à transformer l'atmosphère. La proportion d'oxygène, faible au début, est devenue relativement élevée. Elle a atteint son niveau actuel au cours du dernier milliard d'années. Ce changement a rendu possibles des formes de vie très différentes, dont les organismes multicellulaires. Des formes qui avaient prospéré quand l'environnement était pauvre en oxygène ont été réduites à occuper des habitats terrestres marginaux. Pourtant ce changement n'a pas été causé par une espèce unique, sensible, poursuivant sciemment ses objectifs matériels, mais par d'innombrables espèces dépourvues de sentiments, découvrant collectivement et inconsciemment de nouvelles voies métaboliques. La raison et la réflexion dont l'évolution nous a progressivement dotés nous ont donné une flexibilité de comportement telle que notre espèce est capable de se multiplier dans pratiquement tous les environnements terrestres. Ainsi, l'évolution de l'intelligence humaine a rendu possible une grande croissance de la population de sorte que, si on les réunit, les presque six milliards d'humains vivant aujourd'hui forment la plus grande partie du protoplasme terrestre.

Nous suçons le reste de la nature pour en tirer notre subsistance d'une façon jamais atteinte auparavant. La nature décline tandis que nous prospérons. Comme l'a dit Edward Wilson, nous sommes une « anomalie de l'environnement ». Les anomalies ne peuvent persister éternellement, et finissent par disparaître.

« Peut-être était-il écrit que l'intelligence viendrait par erreur à cette espèce, et serait fatale à la biosphère », ose avancer Wilson. « Peut-être est-ce une règle de l'évolution que l'intelligence se détruise elle-même [1]. » Et même s'il ne s'agit pas d'une « règle », peut-être est-ce là une conséquence presque normale. Notre préoccupation est la suivante : peut-on empêcher cette fatalité ?

Quand j'évoque la dégradation de l'exubérance de la nature, je fais bien sûr allusion à l'extinction des espèces, qui se produit en ce moment même sous l'effet de l'activité humaine. J'ai décrit au chapitre X les stigmates laissés par l'homme dans divers biotopes, alors qu'il conquérait de nouveaux environnements, au cours de la préhistoire, et du passé plus récent. En s'installant sur de nouvelles terres, les nouveaux venus éliminaient un très grand nombre d'espèces, par la chasse et le défrichage.

Certains chercheurs contemporains affirment que cet épisode n'a été que temporaire et que, malgré un accroissement massif de la population, il n'est pas juste de prétendre que l'extinction des espèces est un phénomène continu. Le lecteur s'est certainement aperçu, au ton des précédents paragraphes, que je ne suis pas du nombre. Je pense que l'extinction d'espèces par la main de l'homme se poursuit de nos jours, qu'elle s'accélère et atteint des niveaux alarmants.

Je vais expliquer dans la suite de ce chapitre sur quoi s'appuie mon analyse. Au dernier chapitre, je poserai la question de l'importance pour nous et pour nos enfants d'une éventuelle disparition de 50 % des espèces terrestres d'ici la fin du siècle prochain. J'évoquerai également une perspective à plus long terme, replaçant notre espèce dans un contexte géologique plus large en compagnie des autres habitants de la planète. J'avancerai que la révolution intellectuelle en cours, dont j'ai précisé les contours au précédent chapitre, nous a ouvert les yeux, et qu'il est impératif d'adopter un point de vue éthique vis-à-vis de l'impact de *Homo sapiens* sur la biodiversité, dont nous ne sommes qu'une partie.

Les humains mettent les espèces vivantes en danger de trois façons, principalement. La première consiste en l'exploitation directe, telle que la chasse. Des papillons aux colibris et aux éléphants, la passion de l'homme pour les collections et son appétit pour les créatures sauvages mettent de nombreuses espèces en danger d'extinction. Il y a ensuite les ravages biologiques consécutifs à l'introduction d'espèces étrangères dans un nouvel écosystème, que cela soit délibéré ou accidentel. J'ai évoqué plus haut les convulsions biologiques qu'a eues à subir l'archipel des îles Hawaii, suite à l'introduction par les premiers Polynésiens, puis par les colons européens d'une quantité innombrable d'espèces d'oiseaux ou de plantes. Un désastre de même ampleur est en train de se produire près du lac Victoria, en Afrique, où près de 200 espèces de poissons ont disparu dans les dix dernières années. Les époux Kaufman, écologistes à l'université de Boston, qui ont étudié ce phénomène de façon très approfondie, l'appellent « l'Hiroshima de l'apocalypse biologique, la preuve, l'avertissement que le pire est à venir [2] ». Plusieurs facteurs l'expliquent. Il y a, certes, la surexploitation par la pêche et la pollution. Mais le principal coupable, c'est la vorace perche du Nil, qui a été introduite dans le lac à des fins commerciales, il y a presque quarante ans.

Il y a, enfin, la destruction et la fragmentation de l'habitat (et particulièrement la déforestation inexorable des forêts tropicales humides) qui est de loin le plus important mode d'extinction causé par l'homme. Ces forêts ne couvrent que 7 % de la surface de la Terre, mais elles sont le chaudron de l'innovation, et abritent la moitié des espèces terrestres. La croissance continue de la population en tous les points du globe grappille chaque jour davantage les habitats sauvages, que ce soit par l'extension des terres agricoles, ou par la construction de villes et d'infrastructures routières pour les relier. À mesure que l'habitat se rétrécit, la capacité de la Terre à préserver son héritage biologique diminue.

L'écologiste d'Oxford, Norman Myers, a été le premier à attirer l'attention du monde sur la catastrophe en cours due à la déforestation. C'était le sujet de son livre *The Sinking Ark* *, publié en 1979. Myers estimait le rythme de la déforestation à 2 % par an. Si l'on continuait à couper les arbres au même rythme, le monde « allait perdre le quart de ses espèces avant l'an 2000 », écrivait-il. Un siècle de plus, et c'est un tiers des espèces restantes qui disparaîtrait. Les quinze années qui ont suivi la parution de *The Sinking Ark* ont vu se développer la controverse sur la réalité des chiffres. Les forêts disparaissent-elles au rythme qu'on avance ? Et quand bien même ce serait le cas, la moitié des espèces terrestres disparaîtrait-elle pour autant ?

Les pronostics de Myers (et de quelques autres) ont d'abord été accueillis avec politesse, puis une véritable prise de conscience s'est révélée parmi les biologistes et les hommes politiques. Des organisations de poids ont rendu des rapports très sérieux. Ainsi, le Club de la Terre avertit, dans une publication suivant l'ouverture d'une

* *« L'Arche coule. » (N. d. T.)*

grande conférence sur la biodiversité : « L'extinction des espèces en cours est une menace pour la civilisation qui ne le cède en gravité qu'à la menace d'une guerre thermonucléaire. » La conférence avait lieu à Washington, en septembre 1986. L'Académie des sciences américaine et la Royal Society de Londres ont récemment rendu un avis conjoint qu'on peut qualifier de retentissant : « Il ne fait pas de doute que le rythme global de transformation de l'environnement s'est récemment accéléré sous l'effet de la croissance de la population humaine... L'avenir de notre planète est en jeu. » Chaque biologiste, de son côté, s'exprimait avec la même emphase. Permettez-moi d'en citer deux des plus éminents. À la conférence de Washington, le biologiste de l'université de Stanford, Paul Ehrlich, a dit : « Il n'y a pas de controverse parmi les biologistes, on connaît bien une crise de la biodiversité. » Au même congrès, Edward Wilson affirmait que « quasiment tous ceux qui étudient les processus d'extinction reconnaissent que la diversité biologique est en train de passer par une sixième grande crise, entièrement provoquée, cette fois, par l'homme ».

Cependant, très récemment, on observe un retour de bâton. On accuse les Cassandre de l'Apocalypse d'avoir exagéré les faits, ou, pis, de les avoir fabriqués. Divers journaux ont publié des articles qui mettent en avant un certain scepticisme quant à la réalité du danger. Ainsi, la revue *Science* a dernièrement fait paraître un article intitulé « Les écologistes crient-ils au loup ? [3] ». Le 13 décembre 1993 paraissait dans *US News and World Report* un article intitulé « Les mythes de la fin du monde ». Ces articles, et d'autres, laissent entendre pour l'essentiel que, bien que les écologistes croient que de nombreuses espèces disparaissent ou soient en voie de disparition, ils ne le *savent* pas vraiment.

Julian Simon, de l'université du Maryland, soutient cette thèse depuis dix ans, et sa voix s'est faite encore plus forte récemment. Simon, le plus célèbre des anti-alarmistes, a écrit dans un article paru en 1986 que « les faits dont on dispose... ne justifient pas le degré d'inquiétude affichée... [4] ». Simon a répété ses propos en 1992 au cours d'un débat avec Norman Myers, à New York. « Les données actuelles sur les taux de spéciation observés... sont sans rapport avec... le danger supposé [5]. » Dans un article paru le 13 mai 1993 dans *The New York Times*, il était encore plus direct : partant des affirmations de divers écologistes selon lesquels les taux d'extinction actuels sont comparables à ceux observés lors des extinctions de masse, il les qualifie de « pure spéculation sans le moindre fondement scientifique [6] ». Ce professeur Simon est un docteur Pangloss de l'environnement.

Pourquoi ce scepticisme, chez des savants dont la spécialité est censée être la dynamique de la biodiversité ? Une raison en est peut-être que le message est tellement effrayant que les gens refusent simplement de l'entendre, ou bien, s'ils l'entendent, ils ne veulent pas le croire. Qu'une extinction de masse soit réellement causée par l'homme a vraiment quelque chose d'effrayant. Par suite, on a traité les prévisions des écologistes de « débordements de Cassandre de la biologie surmenées », comme le dit Thomas Lovejoy, de la Smithsonian Institution [7]. La disparité des prédictions est, à n'en pas douter, une autre cause de l'incrédulité. Entre 17 000 et 100 000 espèces, selon les savants, vont disparaître chaque année, pour l'extinction la plus imminente. Si les experts sont aussi peu sûrs d'eux, les esprits critiques se demandent, légitimement, comment on peut croire une seule de leurs paroles. Je reviendrai plus loin sur cette question.

Selon moi, il existe une autre raison, qui se rapporte à une incertitude d'une autre nature : une incertitude sur nous-mêmes. Si l'on admet le fait que les espèces peuvent disparaître aussi facilement que le décrivent les écologistes, alors peut-être le règne de *Homo sapiens* est-il moins sûr que nous voudrions le croire. Peut-être sommes-nous aussi voués à disparaître ? Nous n'aimons pas les incertitudes sur nos origines, et détestons encore plus les incertitudes sur notre avenir.

Souvenons-nous que les deux questions pertinentes sont les suivantes : est-on en train d'abattre les forêts tropicales au rythme dénoncé par Norman Myers et d'autres ? Le cas échéant, quelles en sont les conséquences pour les espèces qui y vivent ? La réponse à la première question est la plus simple, pour la raison essentielle qu'on peut l'observer directement.

L'estimation faite par Myers en 1979 d'un taux annuel de déforestation de 2 % reposait sur des observations partielles en diverses parties du globe, et sur des extrapolations au reste du monde. En chiffres bruts, cela fait 120 000 km^2 par an, soit plus d'une acre à la seconde. Des douzaines d'études, dans les années 1980 et au début des années 1990, ont tenté de valider ces affirmations. Certaines études ont conclu que le chiffre était surestimé, d'autres qu'il était sous-estimé. Maintenant, grâce à l'utilisation très importante d'images satellitaires de la surface du globe, la réponse ne fait plus guère de doute. Par exemple, deux rapports du début des années 1990, l'un par l'Institut des ressources du monde, à Washington, l'autre par l'Organisation des Nations unies pour l'alimentation et l'agriculture, ont donné des chiffres de l'ordre de 120 000 km^2 de forêts perdus chaque année (ce qui représente 40 % à 50 % de plus qu'il y a dix ans). À ce rythme, les forêts tropicales seront réduites à 10 % de leur couverture originelle peu après le tournant du siècle, et à la portion congrue vers 2050. Seuls des esprits délibérément obscurantistes peuvent nier ces chiffres.

Une telle réduction nuit déjà énormément à la survie des espèces forestières, mais les nouvelles sont, hélas, encore plus mauvaises. Une étude par satellite encore plus récente révèle que, même aux endroits où la forêt n'est pas défrichée, elle est souvent fragmentée en petits « îlots » écologiquement fragiles. Au cours d'une expérience mémorable commencée dans la forêt brésilienne vers la fin des années 1970, Thomas Lovejoy et ses collègues ont étudié la capacité de ces îlots à maintenir, selon leur taille, les espèces vivantes. L'entreprise comptait des îlots de 1 hectare à 10 000 hectares. C'est la plus grande expérience de biologie de l'histoire. Comme prévu, on a observé que les espèces disparaissaient plus vite et en plus grand nombre dans les îlots plus petits. Parmi les espèces vulnérables, il y a celles qui ont besoin de plus d'espace, pour différentes raisons. Et, comme nous l'avons vu aux chapitres précédents, l'extinction de ces espèces provoque souvent la disparition d'autres espèces, qui n'ont pas besoin, par elles-mêmes, d'un habitat étendu. Ainsi, trois espèces de grenouilles ont disparu très rapidement d'un îlot de 100 hectares, car cet habitat était trop petit pour abriter des pécaris, or, c'est la circulation des pécaris dans la boue qui crée les mares à grenouilles. De telles cascades d'extinctions peuvent s'étaler sur de nombreuses années après qu'un fragment de forêt a été isolé. D'autres espèces courent un plus grand risque d'extinction dans de petits îlots parce qu'un tel habitat ne peut pas en abriter une population suffisante. Des populations trop peu nombreuses peuvent s'éteindre brusquement sous l'effet d'une maladie, ou bien de perturbations externes, comme des orages, alors que des populations plus importantes tolèrent de tels événements.

Une découverte inattendue de ces expériences est que même des fragments forestiers assez grands sont moins résistants qu'on pourrait le penser. Cela est dû à l'effet dit « de bord ». Les habitats situés en profondeur dans la forêt sont mieux protégés des perturbations externes, alors que ceux qui sont situés à la lisière, entre la forêt et les pâturages, par exemple, sont davantage exposés aux vents et à des conditions microclimatiques qui peuvent varier énormément sur de courtes distances. En outre, ils peuvent plus facilement rencontrer des animaux étrangers à la forêt, des chasseurs, ou d'autres circonstances hostiles. Ainsi, les espèces animales et végétales situées jusqu'à 800 mètres à l'intérieur de la forêt courent un risque d'extinction. L'effet de bord reste donc important même pour des portions de forêts assez grandes. Cette découverte a pris une importance particulière avec les nouvelles études par satellite. Elles ont montré que l'abattage du bois a rendu vulnérable aux effets de bord une proportion de la forêt bien plus grande que ce qu'on imaginait. « Les conséquences pour la diversité biologique ne sont pas encourageantes. Elles poussent encore plus à limiter la déforestation de la forêt tropicale. » Ainsi s'exprimaient les chercheurs dans *Science* [8].

Dans cette équation, le paramètre clé est l'effet de la perte nette de forêt et de la fragmentation sur la survie des espèces. Avant de traiter cette question, il convient d'insister sur le fait que la réduction des habitats n'est pas un phénomène propre aux forêts tropicales. Une étude du National Biological Service américain a ainsi montré, dans un rapport paru en février 1995, que la moitié des écosystèmes naturels de ce pays s'était dégradée au cours de ce siècle, au point d'être en danger de disparition. Des communautés entières sont désormais sur le fil du rasoir. Dans une autre étude, parue quelques mois après la précédente, le même service remarquait que « si l'on n'y prend garde, les activités humaines continueront à altérer les écosystèmes et à réduire massivement les habitats, au point de mettre en péril les interactions entre espèces ». Il va de soi qu'il faut se préoccuper de l'avenir de notre héritage biologique, et agir en conséquence, dans tous les pays du monde, et non seulement dans les pays les plus pauvres, en voie de développement.

Comme je l'ai dit plus haut, la croissance mondiale de la population humaine porte atteinte aux habitats sauvages de deux façons : par la construction de villages et villes et l'infrastructure qui les accompagne, et par la production d'aliments. Les animaux et les plantes sont également touchés. La population humaine a connu une augmentation spectaculaire au cours de l'histoire récente, comme chacun le sait. D'un demi-milliard en 1600 à un milliard en 1800. Vers 1940, elle avait atteint presque trois milliards. Elle a encore doublé dans les cinquante dernières années, atteignant 5,7 milliards. Elle devrait doubler à nouveau d'ici à cinquante ans, pour atteindre plus de dix milliards. Si l'on veut que tous ces gens aient un niveau de vie supérieur au niveau de pauvreté qui est monnaie courante dans de nombreuses régions sous-développées du monde, il faudra que l'activité économique soit multipliée par dix au moins. À quel prix ?

Aujourd'hui déjà, l'homme consomme 40 % de la production primaire de la terre (la PPN, pour « production primaire nette »). C'est-à-dire 40 % de l'énergie totale récupérée par la photosynthèse, moins l'énergie consommée par les plantes pour leur propre croissance. En d'autres termes, *Homo sapiens* accapare quasiment la moitié de l'énergie permettant à toutes les espèces terrestres de survivre.

Pour les biologistes Paul et Anne Ehrlich, de Stanford, cela ne présage rien de bon : « Il est évident que la croissance de la population et la mobilisation des ressources qu'elle implique doivent entraîner une récupération de la PPN par les hommes, et une réduction de la PPN terrestre, affirme Paul Ehrlich. Les gens essaieront d'en récupérer la plus grande part, mais ils y perdront davantage en cours de route [9]. » Car chaque fois qu'on récupère 1 % de la PPN globale pour les besoins de notre espèce, dans les décennies à venir, 1 % supplémentaire sera perdu pour le reste de la nature. Au bout du compte, la production primaire diminuera en même temps que l'espace réservé aux producteurs, et nous serons pris dans une spirale descendante. La diversité biologique du monde s'envolera en fumée, emportant la productivité du monde naturel dont dépend la survie de l'homme. L'avenir de la civilisation est donc en jeu.

Tout le monde n'est pas convaincu par cette vision d'apocalypse, bien sûr, et particulièrement Julian Simon. Simon a fait un jour une des prédictions les plus osées et les plus optimistes de tous les temps, lorsqu'il a déclaré, au cours de son débat avec Myers : « Nous avons entre nos mains la technologie permettant de nourrir, d'habiller et d'alimenter en énergie une population sans cesse croissante, pour les sept prochains milliards d'années [10]. »

Des deux scénarios – la menace imminente d'une apocalypse, ou l'essor sans fin de l'humanité – il faut bien qu'il y en ait un qui soit faux.

Les écologistes calculent le devenir des espèces dans des habitats ayant subi une réduction de taille avec une méthode qui repose sur la théorie de la biogéographie insulaire ; celle-ci a été formulée en 1963 par deux biologistes de Harvard : Robert MacArthur et Edward

Wilson. Née en partie d'observations empiriques et en partie de modèles mathématiques, la théorie est à la source d'une grande part de la pensée écologique actuelle. « Nous avions remarqué qu'il existait une relation précise entre la surface des îles et le nombre d'espèces végétales et animales peuplant ces îles. Plus la surface était grande, plus l'île comptait d'espèces [11]. » MacArthur et Wilson retrouvaient cette relation dans tous les cas qu'ils étudiaient, depuis les îles Britanniques, jusqu'aux Galapagos, ou bien l'archipel indonésien. À partir de ces observations, ils ont échafaudé une règle arithmétique simple : en gros, le nombre d'espèces double lorsque la surface est multipliée par dix. La relation qualitative entre la surface et le nombre d'espèces – plus c'est grand, plus il y a d'espèces – est évidente intuitivement, la relation quantitative est déduite des observations empiriques.

Bien qu'elle ait l'air simple – voire simpliste –, la théorie semble solide. Néanmoins, il fallait la tester rigoureusement pour vérifier sa validité. C'est précisément ce que Lovejoy avait décidé de faire en lançant son expérience dans la forêt tropicale brésilienne. Cette expérience doit durer encore plusieurs dizaines d'années, et a déjà produit suffisamment de résultats pour qu'on puisse mettre de côté tout doute quant aux hypothèses de base de la théorie.

Le nombre exact d'espèces dans un habitat d'une taille donnée peut dépendre, à la hausse ou à la baisse – bien entendu –, de différents facteurs. 1 000 hectares de terres sans aucun relief abriteront probablement moins d'espèces que 1 000 hectares d'une terre au relief tourmenté. En effet, on trouvera bien plus de microhabitats dans un relief plus complexe. 1 000 hectares de terres tropicales abriteront certainement plus d'espèces qu'une même surface à une latitude plus élevée, pour les raisons que j'ai évoquées au chapitre VII. Tant que l'on compare des choses comparables – même latitude, même terrain –, la théorie de la biogéographie insulaire demeure un puissant outil prédictif. C'est d'ailleurs le seul, si l'on excepte un décompte de toutes les espèces, une par une, ce qui s'avère rarement possible. Lorsque Julian Simon explique

que le modèle mathématique de Wilson « ne repose sur rien d'autre que des spéculations [12] », et lorsqu'il balaie ses prédictions comme étant « un baratin de statisticien sur les disparitions d'espèces [13] », il paraît ignorer sciemment les faits qui sous-tendent la théorie.

Avec cet outil, comment analyse-t-on les conséquences d'une réduction de la forêt tropicale à 10 % de sa surface originelle ? La relation arithmétique qui est le fruit de cette théorie prédit que 50 % des espèces auront disparu. Certaines immédiatement, d'autres sur des périodes de plusieurs dizaines, voire plusieurs centaines d'années.

Si la plupart des écologistes prennent cette relation empirique comme guide, pourquoi les projections de disparition d'espèces d'ici à la fin du siècle prochain donnent-elles des résultats si différents ? Pourquoi un expert annonce-t-il que 17 000 espèces disparaîtront chaque année, quand un autre avance le chiffre de 100 000 ?

Les raisons sont nombreuses. La moindre n'est pas que l'incertitude est déjà grande sur le nombre d'espèces présentes sur la Terre. Comme je l'ai dit au chapitre VII, les estimations vont de 10 à 100 millions. En invoquant la même proportion de 50 % d'extinctions, on peut produire des nombres absolus différant d'un facteur dix suivant qu'on prend une estimation haute ou basse du nombre d'espèces.

D'autres facteurs viennent semer la confusion. Par exemple, on connaît très mal les tailles des fragments d'habitats qui échappent à la destruction ; on connaît également mal la taille de l'habitat couvert par chaque espèce. Supposons qu'un grand nombre d'espèces soient limitées à de petits espaces, alors plus de 50 % des espèces disparaîtront, et le nombre pourra approcher le pourcentage d'habitat perdu. Ainsi Lovejoy écrit : « Que les estimations soient si variables n'a rien d'étonnant, compte tenu de la difficulté à obtenir des informations précises. » Il ajoute ensuite cet argument clé : « L'important est que toutes les tentatives pour calculer des taux d'extinction aient produit de *grands* nombres [14]. » Peu de gens contestent le volume d'espèces vouées à la disparition, si la tendance actuelle persiste, c'est-à-dire, pratiquement la moitié. La moitié de toutes les espèces du monde. Un grand chiffre, à n'en pas douter.

Quand bien même nous prendrions un chiffre dans le bas de la fourchette, disons 30 000 espèces qui disparaîtraient chaque année, les conséquences resteraient ahurissantes. David Raup a calculé, à partir du matériel paléontologique, qu'au cours des périodes d'extinctions « normales » ou « de fond », il se produit en moyenne une extinction tous les quatre ans. Un taux d'extinction de 30 000 par an est donc 120 000 fois plus élevé que le taux d'extinction « de fond ». Cela soutient la comparaison avec les cinq grandes crises biologiques apparaissant dans l'histoire géologique. Sauf que cette dernière crise n'est pas provoquée par un changement global de température, par une régression du niveau des mers ou un impact d'astéroïde. Elle est causée par un des habitants de la terre. *Homo sapiens* est en train de provoquer la plus grande catastrophe depuis la collision de la Terre avec un astéroïde géant, il y a soixante-cinq millions d'années, qui élimina la moitié des espèces terrestres en l'espace d'un instant à l'échelle géologique.

Les chiffres que je viens d'évoquer concernent les taux d'extinction prévus pour le début du siècle prochain, si la destruction des habitats continue au même rythme qu'aujourd'hui. Non seulement les détracteurs émettent des réserves sur la validité de ces prédictions, mais ils mettent au défi les écologistes de produire des preuves formelles que le niveau d'extinctions causées par l'homme soit réellement alarmant. Il est vrai qu'en l'absence d'étude complète et globale, les écologistes ne sont pas en mesure d'avancer en guise de preuve une liste complète des espèces disparues. À vrai dire, les détracteurs supposent que les écologistes ne peuvent produire une telle liste, car aucune espèce (ou très peu) ne disparaît du fait de l'activité humaine.

Bien qu'il n'y ait pas d'étude exhaustive, un grand nombre d'études plus localisées, sur des habitats nombreux et variés, existent. Les détracteurs les balaient en les qualifiant de « simples anecdotes ». Prises toutes ensemble, ces études justifient amplement nos inquiétudes.

Je vais vous en donner quelques exemples. J'ai déjà cité la disparition massive d'espèces de poissons du lac Victoria. En soi, la disparition de 200 espèces en vingt ans est déjà bien supérieure au rythme de disparition « de fond », qui est d'une espèce tous les quatre ans. Si le taux d'extinction de fond s'applique aux oiseaux, par exemple, les écologistes ne devraient pas assister à plus d'une disparition d'espèce par siècle. Et pourtant, comme le rapporte Stuart Pimm, « dans la seule région du Pacifique, on voit s'éteindre une espèce par an [15] ». Pimm étudie la région de Hawaii, et s'intéresse particulièrement aux oiseaux. Les touristes s'imaginent sans doute que Hawaii est une sorte de paradis tropical ; les écologistes, eux, y reconnaissent les cicatrices de récentes extinctions catastrophiques. Depuis les premiers contacts avec l'homme, la moitié des espèces d'oiseaux a disparu, et la situation continue de se dégrader. Sur les 135 espèces d'oiseaux originelles, seules 11 ont des populations assez grandes pour garantir leur survie au siècle prochain. « Une douzaine... sont si rares qu'il n'y a guère d'espoir de les sauver », dit Pimm. « Une autre douzaine est classée, selon la loi, dans les espèces menacées – ce qui signifie que leur survie est incertaine [16]. »

Il y a un peu plus de dix ans, 90 espèces de plantes disparurent virtuellement en un instant, quand on défricha la bande forestière où elles croissaient, pour la convertir en terres arables. Cette crête, située dans les contreforts ouest des Andes, en Équateur, porte le nom de « Centinela ». Ce nom est devenu, parmi les écologistes, synonyme d'extinction catastrophique causée par l'homme. Par chance, deux écologistes, Alwyn Gentry et Calaway Dodson avaient visité cette crête en 1978 et avaient effectué le premier recensement botanique de ses forêts. Cet habitat abritait une biodiversité luxuriante. Gentry et Dodson y découvrirent 90 espèces encore inconnues, dont des plantes herbacées, des orchidées et des épiphytes, qu'on ne trouvait nulle part ailleurs. Centinela était une oasis écologique, où, en raison de son isolement, s'était développée une flore unique. En huit ans, la crête fut transformée en terres de culture, ses espèces endémiques étaient anéanties.

De même que la flore de Centinela pouvait être unique, il existe bien d'autres « archipels » écologiques. Le long des Andes, les crêtes de ce type sont innombrables. La plupart d'entre elles ont donné naissance à des espèces inconnues ailleurs. Ce qui rendit l'habitat de Centinela particulièrement célèbre, c'est qu'on en avait recensé les espèces végétales peu avant sa destruction. Chaque fois qu'on défriche un îlot écologique, des espèces sont anéanties presque instantanément. Les écologistes ont désormais adopté l'expression d'*« extinction centinélienne »* pour ce type d'événement. Deux points méritent qu'on s'y attarde.

Tout d'abord, lorsque des écologistes ont pu recenser les espèces d'un habitat avant et après une perturbation, ils ont presque toujours observé des disparitions d'espèces, souvent catastrophiques. Cependant, dans la très grande majorité des cas, la destruction des habitats se produit dans des zones dont ni la faune ni la flore n'ont été recensées. Il est plus que probable que d'innombrables espèces s'éteignent avant même que les écologistes n'aient eu connaissance de leur existence. Comment peut-on rendre compte de ce phénomène autrement que par des extrapolations ? Le deuxième point est que, comme les plantes de Centinela, de nombreuses espèces occupent un habitat réduit, particulièrement sous les tropiques, de sorte que la destruction des habitats provoque souvent leur destruction immédiate. Comme je l'ai dit plus haut, cela montre que le chiffre avancé d'une extinction de 50 % des espèces a plus de chances d'être sous-estimé que surestimé. La liste des preuves « anecdotiques » est longue : la moitié des poissons d'eau douce de la péninsule malaise, dix espèces d'oiseaux de Cebu, aux Philippines, la moitié des quarante et une espèces d'escargots arboricoles d'Oahu, quarante-quatre des soixante-huit moules côtières de la rivière Tennessee, et ainsi de suite. Ces faits sont anecdotiques en ceci qu'ils ne sont pas le fruit d'une étude systématique ; pourtant, ils sont largement probants. Essayant de chiffrer les extinctions connues pour voir si oui ou non nous sommes en présence d'une crise biologique dont nous sommes responsables, Stuart Pimm et deux de ses collègues ont analysé certains cas parmi les mieux connus et les plus documentés. Ces cas comprennent les moules et les poissons d'eau douce d'Amérique du Nord, les mammifères australiens, les plantes d'Afrique du Sud et les amphibiens du monde entier. « Qu'est-ce qui cause les extinctions ? » Voilà la question académique que posent Pimm et d'autres. Il répond : « Des cinq cas que nous avons étudiés, nous pouvons déduire que l'introduction d'espèces et l'altération physique des habitats sont les facteurs prédominants [17]. » Je ne vais pas entrer dans le détail des disparitions effectivement analysées, on les trouvera dans les articles de Pimm. Au lieu de cela, je vais me focaliser sur les conclusions de leur analyse.

Si les niveaux d'extinctions observés dans ces cas-là sont représentatifs d'espèces similaires à travers le monde, alors l'extinction en cours est 1 000 à 10 000 fois plus rapide que l'extinction « de fond ». Les sceptiques pourront contester que ces exemples ne sont pas représentatifs et prétendre que leur niveau d'extinction est bien trop élevé. Quand bien même, disent Pimm et ses collègues, on supposerait que ces extinctions attestées soient les seules qui se produisent dans ces groupes d'espèces à travers le monde – ce qui est hautement improbable – le taux de disparition est *encore* 200 à 1 000 fois plus élevé que le taux « de fond ». Il s'agit bien d'une extinction de masse. Les auteurs attirent l'attention sur le fait qu'aucune des extinctions qu'ils ont analysées ne se sont produites dans des zones où la densité de population était particulièrement élevée, ce qui souligne que le bras de la mort frappe à distance. À quel niveau d'extinction faudrait-il s'attendre là où l'humanité est très concentrée ? Pimm ajoute en conclusion de cette étude : « Ceux qui laissent entendre que les extinctions accélérées sont de pures inventions semblent curieusement oublieux des faits [18]. » Ou peut-être préfèrent-ils ne pas savoir.

Il semble bien que le seul moyen de démontrer que nous assistons à une crise biotique soit de recenser et de documenter tous les cas d'extinctions. C'est ce que les sceptiques exigent. Ne dit-on pas qu'il n'y a pas de crime là où il n'y a pas de cadavre ? De même, entend-on, si une population d'une certaine espèce survit quelque part, on ne peut dire qu'elle soit éteinte, même si l'étendue de son habitat naturel a été réduite par l'urbanisation. Certes, mais ce point de vue sous-estime l'amplitude et la complexité de la crise actuelle. Daniel Simberloff observe : « Il est important de reconnaître que, à moins que tous les individus d'une même espèce soient anéantis simultanément, par un météore ou un ouragan, l'extinction d'une espèce est un processus multi-étapes [19]. » Il en veut pour exemple le cas de la poule dont j'ai conté l'histoire au chapitre V. On avance en général qu'elle a disparu sous l'effet conjoint de la chasse et de la destruction de son habitat naturel par l'homme. Souvenons-nous que cet animal était très largement répandu, occupant pratiquement toute la côte est des États-Unis. La destruction de son habitat et la chasse avaient réduit l'espèce à cinquante individus en 1908. À ce moment-là, on établit une réserve pour les sauver de l'extinction. Pendant les vingt années suivantes, la population augmenta sérieusement. Mais, au bout du compte, l'espèce disparut, sous l'effet de calamités quasi bibliques, dont le feu et la peste.

Cette histoire nous enseigne qu'à partir du moment où la population de poules s'était réduite à un petit nombre, l'extinction finale devenait inévitable. Comme je l'ai dit plusieurs fois, une petite population est vulnérable à des fluctuations normales du nombre d'individus, conséquences de maladies ou de désastres. Une population de 1 000 individus peut supporter la mort brutale de 100 individus ; mais une fluctuation de cet ordre anéantit une population limitée à ce nombre. Dans le cas de la poule, sa survie ne tenait plus qu'à un fil, même après qu'on avait cessé de la chasser et de mettre à mal son habitat. Pour bien mesurer l'impact de l'activité humaine sur la biodiversité présente, il faut donc prendre en compte les populations ayant atteint des nombres si bas qu'elles sont à la merci de fluctuations stochastiques, ou en passe de le devenir. C'est exactement ce que Stuart Pimm fit lorsqu'il établit les chances de survie des oiseaux de Hawaii. Seules onze espèces sont certaines de connaître le prochain siècle. Les populations des 124 autres espèces ont déjà diminué, parfois dangereusement. Un décompte superficiel laisserait penser : il existe 135 espèces vivantes, il n'y a donc pas d'extinction à signaler. Simberloff décrit allégoriquement cette terrible situation : « Nombre de populations, dont les derniers survivants de certaines espèces, ont l'air en bonne santé, extérieurement, à condition de les comparer à des morts-vivants [20]. »

Je crois que les recensements « anecdotiques » d'extinctions à travers le monde, dont les écologistes nous informent, ne sont que les signes avant-coureurs d'une réalité catastrophique qui se fait jour en silence et, le plus souvent, hors de notre vue. Il est impossible de fournir des preuves documentées sur l'anéantissement de chaque espèce dont l'activité humaine scelle le destin, c'est pourquoi il nous faut être extrêmement attentifs à ces plaintes, à peine audibles, apportées par le vent : elles nous adressent un message important.

Nous dominons la Terre bien plus qu'aucune espèce avant nous. Mais *Homo sapiens* est en passe de provoquer une crise biologique majeure, une extinction de masse, le sixième événement de cette sorte au cours des 500 derniers millions d'années. Et nous-mêmes, *Homo sapiens*, faisons peut-être partie des morts-vivants.

CHAPITRE XIV

QUELLE IMPORTANCE ?

Certains prétendent que, puisque les écologistes ne sont pas en mesure de chiffrer exactement le nombre d'espèces en danger, il n'est pas encore temps de s'alarmer et de crier à l'effondrement de la biodiversité. Pour Paul Ehrlich, cela « revient à dire qu'il ne faut pas trop s'inquiéter de l'incendie dans l'unique bibliothèque génétique du monde, car on ne connaît pas, à un facteur dix près, le nombre de " livres " qu'elle contient, et parce que ceux qui travaillent sur l'incendie ne sont pas capables de dire si elle sera à moitié détruite dans dix ou vingt ans, ou bien si cela prendra encore cinquante ans ». Il ajoute, dans une lettre parue il y a peu dans *Science* : « Il semble qu'un petit nombre de savants ne soient pas disposés à appeler les pompiers tant qu'ils ne connaîtront pas exactement la température des flammes en chaque point du brasier [1]. »

J'ai une autre comparaison. Supposez qu'on ait découvert un énorme astéroïde en train de foncer vers la Terre. Beaucoup, à juste titre, seraient très inquiets car on a des raisons de penser que de tels impacts ont provoqué par le passé des extinctions de masse. Si je lis bien les arguments de Julian Simon et de ses partisans, il n'y aurait pas de raison de s'inquiéter, puisque les théories d'extinctions de masses consécutives à des impacts d'astéroïdes sont de pures spéculations, de pures conjectures, personne n'a jamais observé de telle extinction, et, de toute façon, l'astéroïde pourrait très bien nous manquer.

S'il n'existait aucun moyen de dévier cet astéroïde, les conséquences, si d'aventure Simon avait tort, seraient catastrophiques. Si Simon se trompe au sujet de la sixième extinction, quelles en seront les conséquences ? Quelle importance, pour nous et pour le reste du biotope, si la moitié des espèces disparaissent dans les oubliettes de la Terre au cours du prochain siècle ?

Il y a plusieurs réponses à cette question. Elles dépendent de l'échelle de temps considérée. Une réponse possible est que, dans le long terme, cela n'a aucune importance. En un certain sens, cette réponse est recevable, et beaucoup d'antialarmistes la mettent en avant. Je prétends que cette réponse fait fi de l'histoire de la vie, et ne tient aucun compte de la place que nous y occupons.

J'ai dit au chapitre VIII toute l'importance de la biodiversité. J'en ai relevé trois domaines importants : économique, écosystémique et esthétique. Je ne vais pas, ici, en répéter tous les détails, sauf pour rappeler que, si l'on reconnaît dans la biodiversité une richesse, alors on doit admettre que sa dégradation porterait atteinte à cette richesse. Si les animaux et les plantes représentent une source potentielle de nouveaux matériaux, de nouveaux aliments, de nouveaux médicaments, alors l'extinction des espèces en réduit les gisements. Si la chimie de l'atmosphère et des sols repose sur un réseau interactif d'animaux et de plantes, alors l'extinction des espèces diminue l'efficacité de ces « services ». Ajoutons que, la diversité des espèces nourrissant l'esprit humain de façon importante, la réduction du nombre des espèces nous atteint d'une façon difficile à objectiver. Mais dans chacun de ces champs, on est en droit de poser la question suivante : les espèces existantes sont-elles toutes nécessaires pour satisfaire nos besoins économiques, écosystémiques ainsi que notre désir esthétique ? Peut-on en perdre certaines sans que cette perte n'ait de conséquence ?

Selon Julian Simon, la réponse est évidente. Il évoque ainsi les espèces qui disparurent lorsque les émigrants défrichèrent les plaines du Middle West américain. Lors de son débat avec Norman Myers, il soutenait que : « Il paraît difficile de seulement *penser* qu'on se porterait beaucoup mieux si toutes ces espèces étaient encore là. Cela jette un doute sur l'intérêt économique des espèces qui pourraient disparaître ailleurs [2]. » Simon juge la valeur d'une espèce à l'aune de l'économie et de son intérêt pratique immédiat, comme le montre une remarque qu'il fit dans la suite de ce débat. « De récents progrès scientifiques et techniques – tels que les banques de semence et l'ingénierie génétique – ont rendu moins nécessaire le maintien des espèces dans leur habitat naturel [3]. » On peut mettre ce point de vue en balance avec une façon bien différente d'apprécier la valeur des espèces au sein de leur habitat naturel, qu'on trouve formulée par les époux Kaufman dans un chapitre de leur livre, *La Dernière Extinction.* « Une part de l'âme américaine s'est éteinte avec le pigeon migrateur, le bison des plaines et le châtaigner d'Amérique [4]. » Bien que je ne sois pas d'avis que toutes les espèces de la Terre *doivent* absolument être préservées, surtout si elles contrecarrent le développement du bien-être humain, je suis plus proche des Kaufman que d'un Simon. Les humains sont nés et se sont développés au sein de la nature ; parmi les éléments indispensables et indéracinables de l'esprit humain, il y a le goût et le *besoin* de la nature. Si nous laissons s'éroder la nature qui nous entoure, nous risquons de dégrader l'âme humaine.

Supposons qu'on puisse élever et former un esprit humain dans un monde qui aurait survécu au traumatisme d'un appauvrissement écologique. Supposons également que les technologies actuelles et futures puissent nous fournir toutes les ressources matérielles que nous tenons ou pourrions tenir du monde naturel, serions-nous pour autant capables de « nourrir, habiller, et fournir son énergie à une population sans cesse croissante pendant les sept milliards d'années à venir », comme le prétend Julian Simon ?

Il est vrai qu'au cours de l'histoire la qualité de vie s'est matériellement améliorée. Poursuivant le fil de cette histoire, Simon suppose que la même tendance peut se poursuivre indéfiniment dans le futur, et qu'il n'existe aucune limite à ce que les humains peuvent arracher à la nature sans nous ou lui faire du tort. En d'autres termes, il pense que l'on peut exploiter indéfiniment la nature, tout en maintenant son équilibre. L'Histoire, certes, est d'un grand secours pour préparer le futur, mais elle peut également nous aveugler, et nous cacher de nouvelles réalités. La science et la technologie ont bien amélioré notre confort matériel, cela ne fait aucun doute, mais ce confort pourrait bien nous cacher la réalité de l'environnement global. Ceux d'entre nous qui grandissent dans des environnements urbains artificiels ne voient plus la relation entre les entrées et les sorties *(inputs/outputs)* de l'économie naturelle de la Terre.

Ces entrées et sorties sont le fruit de toutes les interactions entre espèces, à toutes les échelles de la vie, des racines filamentaires des champignons, nécessaires à la bonne santé des radicelles des plantes, jusqu'aux cycles de l'eau, de l'oxygène et du gaz carbonique, à grande échelle. Ce sont les « services » écosystémiques auxquels j'ai fait allusion plus haut. Ils sont les éléments les plus évidents de la stabilité et de la bonne santé du biotope terrestre dans son entier, en tant que système dynamique complexe. Comment la stabilité et l'économie de ce système naissent-elles ? On n'en sait rien. Peut-on réduire la taille du système, en éliminant une fraction des espèces dans chaque secteur écologique ? Le système fonctionnera-t-il encore ? On n'en sait rien. Quelles sont ses composantes essentielles ? On ne le sait qu'imparfaitement. Quelles espèces, quels groupes d'espèces peut-on supprimer sans porter préjudice au système dont tous les organismes vivants, y compris nous-mêmes, dépendent ? Là aussi, nous ne disposons que de réponses partielles. Nous sommes tellement ignorants du monde naturel (duquel pourtant nous dépendons), que c'en est consternant. Mais cette ignorance n'est pas totale, ainsi que je l'ai montré au chapitre VIII. Nous savons que *Homo sapiens* n'est pas affranchi des règles qui régissent la vie de tous les autres organismes.

On ne sait pas quel est le degré de biodiversité nécessaire pour maintenir un biotope terrestre sain. Par conséquent, est-il plus responsable d'avancer que (1) : ne sachant pas si la totalité est nécessaire, on peut sans risque supposer que non ; ou bien (2) : il faut admettre la complexité du système, et supposer que nous avons besoin de sa totalité. La réponse est évidente, car le risque encouru si l'hypothèse (1) se révèle fausse est énorme. De toute manière, de nombreux écologistes, extrapolant à partir de la connaissance, certes incomplète, de la structure et de la dynamique des écosystèmes pensent que nous aurons besoin de leur totalité, ou, pour le moins, de la plus grande partie de ce dont nous disposons actuellement. En imposant à la biodiversité des contraintes économiques incessantes, nous risquons d'entraîner la nature vers un palier au-delà duquel elle ne pourra plus tenir. Au bout du compte, nous franchirons ce même palier à notre tour, si nous n'y prenons garde, *Homo sapiens* ne sera pas seulement la cause de la sixième extinction, il en sera aussi l'une des victimes.

Les humains vivent dans le présent. Nous observons le monde autour de nous et nous voyons bien qu'il est difficile d'appréhender les changements qui se produisent sur de grandes échelles de temps. Mais si nous voulons bien comprendre les processus biologiques que nos actes enclenchent, et si nous voulons entrevoir notre propre avenir, en tant qu'espèce, il faut tenir compte de cette perspective. Il faut donc nous pencher à nouveau sur le matériel paléontologique, car lui seul peut nous renseigner sur la dynamique des systèmes vivant à des échelles bien supérieures à notre expérience courante et aux possibilités de notre imagination.

Ce que nous enseigne de façon évidente la paléontologie est ceci : des effondrements catastrophiques de la biodiversité peuvent se produire dans l'histoire de la vie. Et, de fait, il s'en produit. En outre, ces crises du vivant peuvent être rapides, irréversibles et imprévisibles. Ce fait doit attirer notre attention sur une donnée importante du monde naturel dont nous faisons partie : les espèces et les communautés d'espèces ne résistent pas éternellement aux injures venues de l'extérieur ; elles sont vulnérables et peuvent disparaître, à jamais. Nous admettons volontiers que des collisions entre la Terre et des objets extraterrestres, ou bien d'autres changements globaux, sont susceptibles de provoquer des extinctions de masse, mais nous n'imaginons pas que nous puissions nous-mêmes être les fauteurs de tels troubles biologiques. Tous les jours, on défriche les forêts tropicales, on réduit les habitats sauvages. Ces processus ne sont pas si spectaculaires que des collisions avec des astéroïdes, mais, finalement, l'effet est le même. Insidieusement, une extinction de masse est en train de se produire. En poursuivant nos visées, nous traitons la nature comme si elle pouvait supporter tous nos assauts sans dommage. Ce faisant, nous mettons notre existence en péril.

Le matériel paléontologique montre que, tout au long de l'histoire de la Terre, la vie n'a jamais été un processus statique. C'est plutôt une dynamique. Les progrès n'en sont pas réguliers. Ils sont plutôt ponctués par des extinctions de masse dont les victimes – qu'on pense à des espèces individuelles, des groupes d'espèces ou des écosystèmes – ont disparu à jamais. L'extinction d'une espèce met fin à une longue chaîne génétique qui remonte à des milliards d'années. Chaque fois un matériel génétique unique disparaît de la surface de la Terre pour de bon. Chaque fois que l'activité humaine provoque l'anéantissement d'une espèce, nous portons collectivement, chacun d'entre nous, une part de responsabilité dans l'élimination définitive d'une partie – toujours unique – de la vie. Je prends cette responsabilité très au sérieux.

Les antialarmistes nous disent : mais regardez donc les fossiles, et vous verrez que la durée de vie des espèces est, de toute façon, limitée ; elle dure entre un et dix millions d'années en moyenne. (Les espèces les plus durables sont également les plus discrètes, les grands animaux comme les vertébrés terrestres ont des durées de vie plus courtes.) Certaines espèces achèvent leur bail dans le cours régulier des extinctions « de fond », d'autres disparaissent au cours d'événements cataclysmiques. Dans ces conditions, disent les antialarmistes, les tentatives pour sauver des espèces « sont peut-être bien une perte de temps, d'effort et d'argent, car elles disparaîtront de toute façon à long terme, quels que soient nos efforts [5] ». Stephen Jay Gould rétorque avec raison qu'avec des arguments pareils « on refuserait de soigner une maladie infantile facilement curable sous le prétexte que tous les êtres humains finiront bien par mourir [6] ». J'y reviendrai un peu plus loin. Cette idée recouvre un élément central d'une position éthique qui s'inscrit dans les temps géologiques, et prend en compte la place que nous y occupons.

La seconde leçon que nous transmet le matériel paléontologique est également importante. L'évolution est un processus de création magnifique et très puissant. Il remplit rapidement les blancs laissés après chaque extinction de masse. Après tout, la diversité de la vie avait atteint, à une époque récente, un maximum historique. Ce maximum venait après les rechutes qui avaient suivi, de façon répétée, les cinq grandes crises biologiques et plus d'une douzaine de crises de moindre envergure. Souvent, l'éclosion de nouvelles espèces après les extinctions s'accompagne d'une transformation des formes de vie dominantes. Nous sommes à l'ère des mammifères. Ceux-ci ont surgi après la déroute des dinosaures, il y a soixante-cinq millions d'années. Au cours de cette nouvelle ère, les primates sont devenus les créatures les mieux dotées mentalement. À leur sommet, on trouve *Homo sapiens*. Quand la sixième extinction aura pris fin, la diversité, comme chaque fois, reviendra, à supposer bien entendu que le responsable de cette destruction – *Homo sapiens* – cesse son œuvre. Et, s'il faut en juger d'après le passé, la diversité de la vie sera alors encore plus grande qu'aujourd'hui. Et qui sait quelles nouveautés l'évolution fera surgir ? Si la nature est capable de se remettre aussi triomphalement des extinctions de masse, peut-être est-il inutile de trop s'inquiéter si nous en causons une. La réponse à cette question dépend de l'échelle de temps que nous considérons.

Les extinctions de masse sont virtuellement instantanées. Dans le cas d'un impact d'astéroïde, elles se produisent en quelques années ou quelques siècles. Pour les extinctions liées à des causes terrestres, l'échelle de temps est plutôt de quelques milliers à quelques millions d'années. En revanche, la convalescence est lente, elle dure de cinq à vingt-cinq millions d'années. Lente, c'est-à-dire, à l'échelle humaine, non seulement en tant qu'individus, mais également en comparaison de l'espérance de vie d'une espèce comme la nôtre.

Il n'y a pas de raison de croire que la durée de vie moyenne de cinq à dix millions d'années qui s'applique pour les autres espèces ne s'applique pas à la nôtre. *Homo sapiens* traîne sur la Terre depuis peut-être 150 000 ans, de sorte que l'on peut être tranquille pour un million d'années (nous sommes de grands vertébrés terrestres), à moins, bien sûr, que notre faculté de destruction n'accélère notre fin. En outre, à un moment dans le futur, un astéroïde géant ou une comète viendra percuter notre planète, détruisant instantanément une majorité d'espèces, dont, peut-être, la nôtre. Ces dernières années, plusieurs petits astéroïdes sont passés diablement près. Ils sont les signes avant-coureurs de l'inévitable gros astéroïde qui, selon certains calculs, arrivera dans treize millions d'années. Si, chance inhabituelle, les descendants de *Homo sapiens* prospèrent toujours sur la Terre, les effets de cet impact élimineront la plupart d'entre eux, sinon la totalité, de la surface de la Terre. Et quand bien même certains survivraient à l'impact initial, la civilisation serait réduite en miettes. Elle pourrait ne jamais s'en relever. Il y a une chose dont nous pouvons être sûrs : le flot de la vie et les forces qui le façonnent nous enseignent qu'un jour nous ne serons plus, ni nos descendants. La Terre et ses habitants continueront sans nous.

Beaucoup éprouvent les plus grandes difficultés à imaginer un monde futur d'où *Homo sapiens* aurait disparu. Ceux-là préfèrent croire que nous casserons les règles biologiques et que nous serons éternellement là, ou, tout au moins, jusqu'à ce que notre planète cesse d'exister, dans quelques milliards d'années, lorsque l'expansion du Soleil aura brûlé notre atmosphère. Julian Simon est certainement un adepte de cette idée, puisqu'il évoque notre capacité à prospérer pendant les sept prochains milliards d'années. La réalité lui échappe. Il y en a d'autres qui se raccrochent à l'idée que nous pouvons fuir cette terrible extrémité en partant dans l'espace et en colonisant d'autres planètes. Dans cette hypothèse, peu importent les dommages que nous infligeons à la seule planète dont nous soyons sûrs qu'elle peut nous abriter. Toutes ces idées amusantes sont nées de la croyance arrogante que *Homo sapiens* est différent et (sans doute) au-dessus de la nature, de la croyance arrogante en notre invincibilité. S'il y a quelque chose à retenir de l'étude de l'histoire de la vie et de la dynamique collective des espèces, c'est que l'homme n'est ni différent, ni supérieur.

Je pourrais soutenir comme d'autres avant moi qu'il est de notre devoir, celui de nos enfants et des enfants de nos enfants, de ne pas détruire notre nid, de ne pas dégrader la merveilleuse diversité de la vie sur laquelle reposent notre survie et notre âme. Je pourrais également soutenir, comme d'autres avant moi, que puisque nous sommes la seule espèce sensible sur la Terre, il est de notre devoir de protéger toutes les espèces terrestres. Je pourrais dire aussi, comme d'autres encore, que toutes les espèces avec lesquelles nous partageons aujourd'hui ce monde ont droit à notre protection du simple fait qu'elles existent. Chacune de ces professions de foi est valable, qu'on les prenne ensemble ou séparément, elles nous intiment le devoir de reconnaître notre responsabilité dans la sixième extinction et d'arrêter dès que possible l'insidieuse destruction de masse qui renverra bientôt au néant cent espèces par jour, quatre espèces à l'heure.

Mais je voudrais ajouter un autre impératif que m'inspire la perspective globale de la vie sur la Terre, non pas, comme précédemment, du point de vue de l'homme, mais du point de vue des autres espèces naturelles.

À bien des égards, la sixième extinction ressemble aux catastrophes biologiques antérieures. Ainsi, les espèces les plus fragiles sont celles dont la répartition géographique est la plus limitée, celles qu'on trouve sous les tropiques ou aux alentours, ainsi que les espèces de grande taille.

Mais, à bien des égards aussi, elle est différente. D'abord, parce qu'un grand nombre de plantes sont en train de disparaître, ce qui est sans précédent. Mais, au bout du compte, lorsque cinq, dix ou vingt millions d'années auront passé, malgré ces dommages et les diverses altérations du biotope qui resteront, un rebond se produira. Comme l'a dit Gould : « À l'échelle des temps géologiques, notre planète saura prendre soin d'elle-même, elle laissera le temps effacer la trace des coups portés par l'homme [7]. » Si, dans le long terme, ce que nous faisons pendant que nous sommes là a si peu d'importance, pourquoi faudrait-il se préoccuper de la survie d'espèces qui, comme nous-mêmes, finiront par disparaître ?

Nous devons nous en préoccuper, car, aussi spéciaux que nous soyons, nous ne sommes qu'un accident de l'histoire. Nous ne sommes pas tombés du ciel, apparus au milieu de la merveilleuse diversité du vivant, avec le droit d'en faire ce que bon nous semble. Comme toutes les autres espèces de ce monde, nous sommes le fruit d'une longue série de hasards, qui remontent à cette extraordinaire « explosion » des formes de vie qui s'est produite il y a 500 millions d'années et, plus loin encore, qui prend ses racines dans l'origine même de la vie. Une fois que l'on a bien compris cette connexion qui nous relie au reste de la nature, un impératif éthique s'impose à nous, celui de protéger les autres espèces, non de leur faire du tort. C'est notre devoir, non pas parce que nous sommes la seule créature pensante sur Terre, ce qui nous conférerait une sorte de supériorité bienveillante, mais bien parce que, fondamentalement, *Homo sapiens* se trouve sur un pied d'égalité avec chacune des espèces de la Terre. Quand nous interprétons le biotope terrestre de façon holiste – c'est-à-dire comme un ensemble en interaction qui produit un monde vivant, stable et sain –, nous nous y retrouvons comme partie de ce tout, et non comme une espèce privilégiée qui a le droit de l'exploiter en toute impunité. Ayant admis que notre propre existence s'enracine dans la vie dans son ensemble, nous devons respecter les autres espèces et non les piétiner dans notre folle course pour satisfaire nos propres désirs.

Au nom de ce même principe éthique, le fait qu'un jour *Homo sapiens* aura disparu de la Terre ne nous donne nullement le droit de faire n'importe quoi tant que nous sommes ici.

Ce que je dis peut sembler idéaliste, je l'admets. Ma double carrière de paléontologue et de conservateur m'a donné un point de vue unique sur la diversité de la vie et la façon dont elle change au cours du temps. Mais je n'ai pas perdu de vue les aspects pratiques de la vie. J'ai vu les gens lutter pour leur survie en exploitant les seules ressources à leur disposition, à savoir, le monde naturel qui les entoure. Le plus grand défi des hommes, pour le siècle prochain, consiste à soulager leur lutte tout en mettant un terme à la destruction de ces ressources. C'est possible, mais à la condition d'admettre que les besoins des pays pauvres et ceux des pays riches sont différents. Nous échouerons si les nations les plus riches essaient d'imposer des solutions qui, dans les faits, maintiennent les citoyens des pays les moins développés dans une pauvreté permanente.

On a longtemps négligé l'étude des extinctions de masse, parce qu'elles étaient pleines de mystères, et parce qu'on n'y voyait de toute façon que de simples interruptions du flot de la vie. Aujourd'hui, on admet qu'elles constituent une des grandes forces créatrices qui façonnent ce flot. Elles joueront certainement le même rôle dans le milliard d'années à venir après que *Homo sapiens* et ses descendants auront disparu. Mais les extinctions de masse gardent beaucoup de leur mystère. Plus précisément, quelle est leur cause ? Comme l'a écrit David Raup, dans son livre *Extinction : malchance ou mauvais gènes ?* : « La réalité n'est pas agréable, il y a des milliers d'extinctions bien avérées dans l'histoire géologique et pour aucune d'entre elles nous n'avons d'explication solide [8]. » Chacune des cinq grandes extinctions a ses théories, certaines sont très convaincantes, aucune n'est prouvée.

Quant à la sixième extinction, inutile de chercher le coupable. C'est nous.

Notes

CHAPITRE II. *Le grand mystère de la vie*

1. Charles Darwin, *L'Origine des espèces* (Paris, GF-Flammarion, 1992), p. 362.
2. Andrew H. Knoll, « End of the Proterozoic Eon », *Scientific American,* octobre 1991, p. 64.
3. Darwin, *op. cit.*
4. Adolf Seilacher, « Precambrian evolutionary experiments : Vendozoa and Psammocorallia », in Pere Alberch and Gabriel A. Dover, eds., *The Reference Points in Evolution,* Fundancion Juan March, n° 255, Serie Universitaria, 1990, p. 480.
5. *Ibid.,* p. 49.
6. Simon Conway-Morris, « Burgess Shale faunas and the Cambrian explosion », *Science,* vol. 246 (1989), p. 339.
7. *Origin and Evolution of Metazoa,* Jerr H. Lipps et Philip W. Signor. eds, (New York : Plenum Press, 1992), p. 17.

CHAPITRE III. *Le grand ressort de l'évolution*

1. David Jablonski and David J. Bottjer, « The ecology of evolutionary innovation : the fossil record », in *Evolutionary Innovations,* M.H. Nitecki, ed. (Chicago : University of Chicago Press, 1990), p. 253.
2. Cité par Carol Kaesuk Yoom in « " Biologists " " Big Bang " took a mere blink of an eye », *New York Times,* pages scientifiques, page 1, 7 septembre 1993.
3. Jablonski and Bottjer, *op. cit.*
4. Jeffrey S. Levinton, « The Big Bang of animal evolution », *Scientific American,* novembre 1992, p. 84.
5. Stephen Jay Gould, « Treasures in a taxonomic wastebasket », *Natural History,* décembre 1985, p. 32.
6. Douglas Erwin *et al.,* « A comparative study of diversification events : the early Paleozoic versus the Mesozoic », *Evolution,* vol. 41 (1987), p. 1177.

7. Edward O. Wilson, *The Diversity of Life* (New York : W.W. Norton, 1992), p. 192.
8. C.D. Walcott, cité par Simon Conway-Morris et Harry B. Whittington in « The animals of the Burgess Shale », *Scientific American,* juillet 1979, p. 122.
9. Harry Whittington, cité par Roger Lewin in *Thread of Life* (Washington D.C. : Smithsonian Books, 1982), p. 107.
10. Simon Conway-Morris et Harry B. Whittington, *op. cit.,* p. 131.
11. Stephen Jay Gould, « Play it again, life », *Natural History,* février 1986, p. 20.
12. Charles Darwin et Alfred Russel Wallace, « On the tendency of species to form varieties », conférence donnée à la société Linné, 1er juillet 1858.
13. Simon Conway-Morris et Harry B. Whittington, *op. cit.,* p. 132.
14. Stephen Jay Gould, *Wonderful Life* (New York : W.W. Norton, 1989), p. 237.
15. *Id.,* « In touch with Walcott », *Natural History,* juillet 1990, p. 12.
16. Simon Conway-Morris, « Burgess Shale faunas and the Cambrian explosion », p. 339.
17. Stephen Jay Gould, « Play it again, life », *Natural History,* p. 24.
18. Simon Conway-Morris, « Burgess Shale faunas and the Cambrian explosion », p. 345.
19. Jeffrey S. Levinton, *op. cit.,* p. 91.

CHAPITRE IV. *Les cinq grandes extinctions*

1. Charles Darwin, *op. cit.,* p. 373.
2. *Ibid.,* p. 373.
3. *Ibid.,* p. 372.
4. *Ibid.,* p. 375.
5. *Ibid.*
6. David M. Raup, « Diversity crises in the geological past », in *Biodiversity,* E.O. Wilson, ed. (Washington D.C. : National Academy Press, 1988), p. 52.
7. *Id., Extinction : Bad Genes or Bad Luck ?* (New York : W.W. Norton, 1991), pp. 112-113.
8. Paul Wignall, « The day the world nearly died », *New Scientist,* 25 janvier 1992, p. 55.
9. Douglas H. Erwin, « The Permo-Triassic Extinction », *Nature,* vol. 367 (1994), p. 231.
10. Steven M. Stanley, *Extinction* (New York : Scientific American Library Books, 1987), p. 40.
11. Stephen Jay Gould, « The Cosmic Dance of Siva », *Natural History,* août 1984, p. 16.
12. David M. Raup, « Changing views of natural catastrophe », *The Great Ideas of Today* (Encyclopedia Britannica, Inc., 1988), p. 55.

13. William Clemens, cité par Richard A. Kerr, in « Huge Impact Tied to Mass Extinction », *Science,* vol. 257 (1992), p. 879.
14. Anthony Hallam, cité par Richard A. Kerr, *op. cit.,* p. 880.

CHAPITRE V. *Extinction : mauvais gènes ou malchance ?*

1. Charles Darwin, *op. cit.,* p. 400.
2. *Ibid.,* p. 116.
3. Stephen Jay Gould, « The Cosmic Dance of Siva », p. 17.
4. *Ibid.,* p. 18.
5. David Jablonski, « Causes and consequences of mass extinction », in *Dynamics of Extinction,* D.K. Elliot, ed. (New York : John Wiley and Sons, 1986), p. 209.
6. David M. Raup, « Extinction : bad genes or bad luck ? », *New Scientist,* 14 septembre 1991, p. 47.
7. *Id.,* « The role of extinction in evolution », ms. préparatoire de *Proceedings of the National Academy of Sciences,* à paraître, p. 18.
8. Stephen Jay Gould, « The Cosmic Dance of Siva », p. 18.
9. David Jablonski, « Background and mass extinctions : the alternation of macroevolutionary regimes », *Science,* vol. 231 (1986), p. 131.
10. J. John Sepkoski, Jr., « Phylogenetic and ecologic patterns in the Phanerozoic history of marine biodiversity », in *Systematics, Ecology, and the Biodiversity Crisis,* Niles Eldredge, ed. (New York : Columbia University Press, 1992), p. 84.

CHAPITRE VI. Homo sapiens, *apogée de l'évolution* ?

1. Charles Darwin, *op. cit.,* p. 548.
2. Alfred Russel Wallace, « The Limits of Natural Selection », in *Essays on Natural Selection* (London : Macmillan, 1871), p. 359.
3. Robert Broom, *The Coming of Man : Was It Accident or Design ?* (London : Witherby, 1933), p. 220.
4. Sir Arthur Keith, *A New Theory of Human Evolution* (London : The Philosophical Library, 1949), p. 161.
5. Sir Grafton Elliot Smith, *Essays on the Evolution of Man* (Oxford : Oxford University Press, 1923), p. 1.
6. Julian Huxley, « Evolutionary processes and taxonomy with special reference to grades », in *Systematics of Today,* Olav Hedberg, ed. (Uppsala : Uppsala Universitets Arsskrift, 1986), p. 35.
7. Stephen Jay Gould, « Play it again, life », *Natural History,* p. 19.
8. *Id., Wonderful Life,* p. 318.
9. *Ibid.,* p. 291.
10. *Id.,* « Eternal metaphors of paleontology », in *Patterns of Evolution as Illustrated in the Fossil Record,* Anthony Hallam, ed. (New York : Elsevier, 1977), p. 13.
11. *Id., Ever Since Darwin* (New York : W.W. Norton, 1977), p. 45.
12. Charles Darwin, *op. cit.,* p. 392.

13. George Gaylord Simpson, *The Meaning of Evolution* (New Haven : Yale University Press, 1949), p. 252.
14. *Id., Principles of Animal Taxonomy* (New York : Columbia University Press, 1961), p. 97.
15. Stephen Jay Gould, cité par Roger Lewin in *Complexity : Life at the Edge of Chaos* (New York : Macmillan, 1992), pp. 145-146.
16. Edward O. Wilson, *The Diversity of Life,* p. 187.

CHAPITRE VII. *L'infinie beauté des formes*

1. Charles Darwin, *op. cit.,* p. 548.
2. Michael A. Mares, « Neotropical mammals and the myth of Amazonian biodiversity », *Science,* vol. 255 (1992), p. 976.
3. Stuart L. Pimm et John L. Gittleman, *Science,* vol. 255 (1992), p. 940.
4. George Stevens, cité dans « Biologists disagree over bold signature of nature », *Science,* vol. 244 (1989), p. 527.
5. Michael A. Rex *et al.,* « Global-scale latitudinal patterns of species diversity in the deep-sea benthos », *Nature,* vol. 365 (1993), p. 636.
6. David Jablonski, « The tropics as a source of evolutionary novelty through geological time », *Nature,* vol. 364 (1993), p. 142.
7. Wallace Arthur, « The bulging biosphere », *New Scientist,* 29 juin 1991, p. 43.
8. John D. Gage et Robert M. May, « A dip into the deep seas », *Nature,* vol. 365 (1993), p. 610.
9. Robert M. May, « Biological diversity : differences between land and sea », *Transactions of the Royal Society,* Series B, vol. 343 (1994), p. 109.
10. *Ibid.*
11. Robert M. May, « How many species are there ? », *Science,* vol. 241 (1988), p. 1441.
12. Edward O. Wilson, « The biological diversity crisis : a challenge to science », *Issues in Science and Technology,* Fall 1985, p. 22.
13. Robert M. May, « How many species inhabit the Earth ? », *Scientific American,* octobre 1992, p. 48.
14. Edward O. Wilson, « The biological diversity crisis : a challenge to science », *Issues in Science and Technology,* Fall 1985, p. 230.

CHAPITRE VIII. *L'intérêt de la diversité*

1. David Ehrenfeld, « Why put value on biodiversity ? », in *Biodiversity,* E.O. Wilson, ed., p. 212.
2. *Ibid.,* p. 213.
3. Charles M. Peters *et al.,* « Valuation of an Amazonian rainforest », *Nature,* vol. 339 (1989), p. 656.
4. Hugh H. Iltis, « Serendipity in the exploration of biodiversity », in *Biodiversity,* E.O. Wilson, ed., pp. 102-103.
5. David Ehrenfeld, « Why put value on biodiversity ? », in *Biodiversity,* E.O. Wilson, ed., p. 214.

6. *Ibid.*, p. 213.
7. Charles Darwin, *op. cit.*, p. 548.
8. James E. Lovelock, « The Earth as a living organism », in *Biodiversity,* E.O. Wilson, ed., p. 488.
9. David Tilman et John A. Downing, « Biodiversity and stability in grasslands », *Nature,* vol. 367 (1994), p. 365.
10. Edward O. Wilson, « Biophilia and the conservation ethic », in *The Biophilia Hypothesis,* Stephen R. Kellert et Edward O. Wilson, eds. (Island Press : Washington D.C., 1993), p. 31.
11. Luther Standing Bear, *Land of the Spotted Eagle* (Lincoln : University of Nevada Press, 1933), p. 45.

CHAPITRE IX. *Stabilité et chaos en écologie*

1. Seth R. Rice, « Nonequilibrium determinants of biological community structure », *American Scientist,* vol. 82 (1994), p. 427.
2. Stuart L. Pimm, *The Balance of Nature* (Chicago : University of Chicago Press, 1991), p. 4.
3. Robert May, « The chaotic rhythms of life », *New Scientist,* 18 novembre 1989, p. 37.
4. *Ibid.*, p. 39.
5. Alan Hastings et Kevin Higgins, « Persistence of transients in spatially structured ecological models », *Science,* vol. 263 (1994), p. 1136.
6. William W. Schaffer et Mark Kot, « Chaos in ecological systems », *Trends in Ecology and Evolution,* vol. 1, septembre 1986, p. 63.
7. Michael P. Hassell *et al.*, « Species coexistence and self-organizing spatial dynamics », *Nature,* vol. 370 (1994), p. 290.
8. Ted J. Case, « Invasion resistance arises in strongly interacting species-rich model competition communities », *Proceedings of the National Academy of Sciences,* vol. 87 (1990), p. 9610.
9. *Ibid.*
10. Stuart L. Pimm *et al.*, « Food web patterns and their consequences », *Nature,* vol. 350 (1991), p. 669.
11. Jeremy B.C. Jackson, « Community unity ? », *Science,* vol. 264 (1994), p. 1412.
12. Brian Walker, « Diversity and stability in ecosystem conservation », in David Western et Mary Pearl, eds., *Conservation for the Twenty-first Century* (New York : Oxford University Press, 1989), p. 125.
13. *Ibid.*, p. 130.

CHAPITRE X. *Les destructions du passé*

1. Alfred Russel Wallace, *The Geographical Distribution of Animals,* vol. 1 (New York : Harper and Brothers, 1876), p. 151.
2. Alfred Russel Wallace, *The World of Life* (New York : Moffat, Yard, 1911), p. 264.
3. Richard Owen, *Paleontology, or a Systematic Study of Extinct Animals and Their Geological Relations* (Edinburgh : A. and C. Black, 1860), p. 399.

4. Charles Lyell, *A Second Visit to the United States of North America,* vol. 1 (New York : Harper and Brothers, 1849), p. 259.
5. Paul S. Martin, « Prehistoric overkill : the global model », in *Quaternary Extinctions : a prehistoric revolution,* Paul S. Martin et Richard G. Klein, eds. (Tuscon : University of Arizona Press, 1984), p. 367.
6. *Ibid.*, p. 370.
7. John E. Guilday, « Pleistocene Extinction and Environment Change », in *Quaternary Extinctions : a prehistoric revolution,* Paul S. Martin et Richard G. Klein, eds., p. 250.
8. *Ibid.*, p. 254.
9. *Ibid.*, p. 257.
9. Paul S. Martin, « Prehistoric overkill : the global model », in *Quaternary Extinctions : a prehistoric revolution,* Paul S. Martin et Richard G. Klein, eds., p. 384.
11. *Ibid.*, p. 323.
12. Jared Diamond, *The Third Chimpanzee* (New York : Harper-Collins, 1992), p. 321.
13. *Ibid.*
14. *Ibid.*
15. A. Berger, *Hawaiian Birdlife* (Honolulu : University Press of Hawaii, 1972), p. 7.
16. Helen F. James et Storrs L. Olson, « Flightless birds », *Natural History,* septembre 1983, p. 30.
17. *Ibid.*
18. Storrs L. Olson et Helen F. James, « The role of Polynesians in the extinctions of the avifauna of the Hawaiian Islands », in *Quarternary Extinctions : a prehistoric revolution,* Paul S. Martin et Richard G. Klein, eds., pp. 777-778.
19. David Tilman *et al.,* « Habitat destruction and the extinction debt », *Nature,* vol. 371 (1994), p. 66.
20. Storrs L. Olson, « Extinction on islands : man as a catastrophe », in *Conservation for the Twenty-First Century,* David Western et Mary Pearl, eds. (New York : Oxford University Press, 1989), p. 52.

CHAPITRE XI. *Histoire de l'éléphant moderne*

1. Douglas H. Chadwick, *The Fate of the Elephant* (San Francisco : Sierra Club Books, 1992), p. 35.
2. Iain et Oria Douglas-Hamilton, *Battle for the Elephants* (New York : Viking Penguin, 1992), p. 35.
3. *Ibid.*, p. 37.
4. *Ibid.*, p. 33.
5. *Ibid.*, p. 38.
6. Cynthia Moss, *Elephant Memories* (New York : William Morrow and Company, 1988), pp. 50-51.

CHAPITRE XII. *Un accident de l'histoire*

1. Charles Darwin, *op. cit.*, p. 548.
2. Robert Broom, *The Coming of Man : Was It Accident or Design ?*, p. 220.
3. Stephen Jay Gould, « The evolution of life on the Earth », *Scientific American,* octobre 1994, p. 89.
4. David M. Raup, « Geological crises in the geologic past », in *Biodiversity,* E.O. Wilson, ed., p. 55.

CHAPITRE XIII. *La sixième extinction*

1. Edward O. Wilson, « Is humanity suicidal ? », *New York Times Magazine,* 30 mai 1993, p. 26.
2. Les Kaufman, « Why the ark is sinking », in *The Last Extinction,* Les Kaufman et Kenneth Mallory, eds. (Cambridge : MIT Press, 1993), p. 43.
3. Charles G. Mann, « Extinction : are ecologists crying wolf ? », *Science,* vol. 253 (1991), pp. 736-738.
4. Julian L. Simon, « Disappearing species, deforestation, and data », *New Scientist,* 15 mai 1986, p. 60.
5. Julian Simon, in Norman Myers et Julian L. Simon, *Scarcity or Abundance ?* (New York : W.W. Norton, 1994), p. 35.
6. Julian L. Simon et Aaron Wildavsky, « Facts, not species, are imperiled », *New York Times,* 13 mai 1993, p. 23.
7. Thomas E. Lovejoy, « Species leave the ark one by one », in *The Preservation of Species,* Brian Norton, ed. (Princeton : Princeton University Press, 1986), p. 14.
8. David Skole et Compton Tucker, « Tropical deforestation and habitat fragmentation in the Amazon », *Science,* vol. 260 (1993), p. 1909.
9. Paul R. Ehrlich et Anne H. Ehrlich, « The value of diversity », *Ambio,* vol. 21 (1992), p. 225.
10. Julian Simon, in Norman Myers et Julian L. Simon, *Scarcity or Abundance ?,* p. 65.
11. Edward O. Wilson, *The Diversity of Life,* p. 220.
12. Julian Simon, cité par William K. Stevens in « Species loss : crisis or false alarm ? », *New York Times,* 20 août 1991, p. C8.
13. Julian Simon, in Norman Myers et Julian L. Simon, *Scarcity or Abundance ?,* p. 35.
14. Thomas E. Lovejoy, « Species leave the ark one by one », in *The Preservation of Species,* Brian Norton, ed., p. 14.
15. Stuart Pimm, « So many species in so little time », *The Sciences* (à paraître).
16. *Ibid.*
17. M.P. Nott *et al.,* « Modern extinctions in the kilo-death range », *Current Biology,* vol. 5 (1995), p. 3.
18. Stuart Pimm, « So many species in so little time », Manuscrit.
19. Daniel Simberloff, « The ecology of extinction », *Acta Palaeontologica Polonica,* vol. 38 (1994), p. 168.

20. *Ibid.,* p. 171.

CHAPITRE XIV. *Quelle importance ?*

1. Paul R. Ehrlich, « Population diversity and the future of ecosystems », *Science,* vol. 254 (1991), p. 175.
2. Julian Simon, in Norman Myers et Julian L. Simon, *Scarcity or Abundance ?,* p. 35.
3. *Ibid.*
4. Les Kaufman, « Why the ark is sinking », in *The Last Extinction,* Les Kaufman and Kenneth Mallory, eds., p. 2
5. Michael D. Copeland, « No red squirrels ? Mother Nature may be better off », *Wall Street Journal,* 7 Juin 1990.
6. Stephen Jay Gould, « The golden rule – a proper scale for our environmental crisis », *Natural History,* septembre 1990, p. 30.
7. *Ibid.*
8. David M. Raup, *Extinction : bad genes or bad luck ?,* p. 17.

Index

Aidem, Joan, 242.
Alaya, Francisco, 121.
Alvarez, Luis, 72, 73, 75, 76, 78, 80, 86.
Amin Dada, Idi, 267.
Aristote, 102, 103, 147, 207, 251.
Arthur, Wallace, 141.
Ashton, Peter, 136.
Ayala, Francisco, 121, 126.

Bambach, Richard, 92, 93.
Bottjer, David, 37, 38.
Broom, Robert, 104, 286.
Brown, Frank, 23, 24, 109.
Buzas, Martin, 215.

Cage, John, 144.
Calloway, C. Brad, 83.
Case, Ted, 209, 210, 211.
Chadwick, Douglas, 258.
Clemens, William, 75, 89, 91.
Clovis (peuple de), 226, 227, 228, 229, 234.
Connel, Joseph, 141, 142.
Conway-Morris, Simon, 34, 48, 49, 50, 51.
Cook, capitaine, 242.
Culver, Stephen, 215.
Cuppy, Will, 67.
Curtis, Garniss, 75.
Cuvier, Georges, 59, 60, 64.

Darwin, Charles, 28, 29, 30, 31, 33, 34, 36, 46, 57, 58, 59, 60, 62, 63, 64, 81, 82, 101, 102, 104, 120, 123, 129, 177, 198, 207, 209, 210, 234, 284, 285, 286, 288, 292.
Denis, Armand, 11.
Denis, Michaela, 11.
Diamond, Jared, 224, 237, 238.
Dodson, Calaway, 308.
Douglas-Hamilton, Iain, 252, 260, 261, 262, 265.
Douglas-Hamilton, Oria, 252, 260.
Downing, John, 182.
Drake, Jim, 213, 214, 215.

Ehrenfeld, David, 161, 163, 174, 175.
Ehrlich, Anne, 176, 181, 304.
Ehrlich, Paul, 176, 181, 299, 304, 313.
Eisner, Thomas, 167.
Eldredge, Niles, 287.
Elton, Charles, 162, 209, 212.
Erwin, Douglas, 41, 70.
Erwin, Terry, 152, 157.

Fossey, Diane, 106.

Gentry, Alwyn, 169, 308.
Gittleman, John, 135.
Gleick, James, 202.
Goodal, Jan, 106.

Gould, Stephen Jay, 38, 41, 45, 48, 49, 50, 51, 52, 69, 72, 82, 83, 85, 86, 89, 110, 111, 112, 113, 120, 121, 125, 127, 287, 288, 319, 322.
Graham, Russel, 231, 232.
Guilday, John, 232, 233, 240.

Haldane, J. B. S. , 148.
Hallam, Anthony, 75.
Hallam, Antoni, 79.
Hammond, Peter, 156.
Hastings, Alan, 204-205.
Hawksworth, David, 152.
Higgins, Kevin, 205.
Hutchison, G. Evelyn, 162.
Hutton, James, 60.
Huxley, Julian, 106.
Huxley, Thomas Henry, 106.
Hyatt, Alpheus, 120.
Hyatt, Charles, 120.

Iltis, Hugh, 173, 174.

Jablonski, David, 37, 38, 86, 87, 91, 139.
Jackson, Jeremy, 215.
James, Helen, 242, 243.
Jarman, Peter, 263.
Jerison, Harry, 123.

Kaufman, les, 297, 315.
Keith, sir Arthur, 104.
Klein, Richard, 234.
Knoll, Andrew, 33.
Kot, Mark, 205.

Lauwton, John, 182.
Leakey, Jonathan, 10.
Leakey, Louis, 10.
Leakey, Mary, 10.
Leatry, Philip, 10.
Levinton, Jeffrey, 40, 52.
Lewin, Roger, 18.
Linné, Carl von, 103, 147, 148.
Lovejoy, Arthur, 103.
Lovejoy, Thomas, 300, 301, 305, 306.
Lovelock, James, 177, 178, 181.
Lundelius, Ernest, 231, 232.
Lyell, sir Charles, 60, 61, 62, 63, 108, 223, 284, 285.

MacArthur, Robert, 162, 304, 305.
Mares, Michael, 135.
Martin, Paul, 226, 227, 229, 230, 235, 236.
May, Robert, 144, 146, 147, 156, 157, 180, 198, 203, 204, 206, 246.
Mendelson, Robert, 169.
Merck, société, 173.
Moi, Daniel Arap, 9, 14, 258, 259.
Moss, Cynthia, 271.
Myers, Norman, 298, 300, 301, 304, 314.

Nittecki, Matthew, 121.

Olson, Storrs, 242, 243, 244, 249.
Orians, Gordon, 185.
Osborn, Henry Fairfield, 121, 195, 199.
Ovide, 224.
Owen, sir Richard, 223, 226.
Owen-Smith, Norman, 277.

Peters, Charles, 169, 170.
Pimm, Stuart, 135, 196, 208, 209, 211, 212, 213, 214, 215, 308, 310, 312.
Pline l'Ancien, 251, 258.
Post, Mac, 208, 209, 211, 212, 213, 214.
Prance, Ghilean, 157.

Raup, David, 63, 67, 73, 78, 79, 81, 85, 86, 88, 89, 92, 289, 290, 307, 323.
Rice, Seth, 194.

Schaffer, William, 205.
Schopf, Thomas J., 86.
Seilacher, Adolf, 34.
Sepkoski, Jack, 41, 78, 79, 86, 93, 94, 95.
Sheldrick, David, 261, 262.
Simberloff, Daniel, 86, 311, 312.
Simon, Julian, 171, 173, 175, 176, 299, 300, 304, 305, 313, 314, 315, 320.

Simpson, George Gaylord, 122.
Smith, sir Grafton Elliot, 105.
Spencer, Herbert, 121.
Sprigg, R. C., 32.
Standing Bear, Luther, 186, 187.
Stanley, Steven, 70, 71.
Steadman, David, 244.
Stevens, George, 136, 143.
Swift, Michael, 182.

Teilhard de Chardin, Pierre, 108, 109, 127.
Thomson, Joseph, 275.
Tilman, David, 182, 203, 204, 246.

Ulrich, Roger, 185.

Valentine, James, 28, 41, 42, 44, 92, 95, 96.
Van Valen, Leigh, 82.
Vrba, Elisabeth, 116, 117, 140.
Walcott, Charles Doolittle, 45, 46, 47, 48, 111.
Walker, Alan, 23.
Walker, Brian, 181, 218, 219.
Wallace, Alfred Russel, 104, 222, 223, 224, 226.
Western, David, 270.
White, Gilbert, 207.
Whittington, Harry, 46, 47, 48, 49.
Wiens, John, 194.
Wignall, Paul, 68, 69.
Williams, Carrington, 151.
Wilson, Allan, 125, 126.
Wilson, Edward, 45, 127, 128, 135, 152, 158, 159, 185, 296, 299, 304, 305, 306

Louis Leakey tenant un crâne fossile de *Homo habilis* découvert dans la gorge de l'Olduvai. Au premier plan, une mâchoire de zinjanthrope ; à droite, un crâne de gorille.

(Avec l'aimable autorisation de la L.S.B. Leakey Foundation.)

La famille Leakey, dans les années 1950. De gauche à droite : Richard, Mary, Philip, Louis et Jonathan, et les éternels dalmatiens.

(Avec l'aimable autorisation de la L.S.B. Leakey Foundation.)

Wiwaxia corrugata, une des créatures énigmatiques des schistes du Burgess, mesurait entre deux et trois centimètres. Walcott la considérait comme un ancêtre des vers polychètes.

(Simon Conway-Morris, Université de Cambridge.)

Pikaia gracilens, le plus ancien chordé connu, ancêtre de tous les vertébrés, y compris les hommes. C'était un animal en forme de ruban et mesurant entre deux et trois centimètres. Walcott a emprunté son nom au mont Pika, proche du site de Burgess. Il le considérait comme un vers polychète.

(Simon Conway-Morris, Université de Cambridge.)

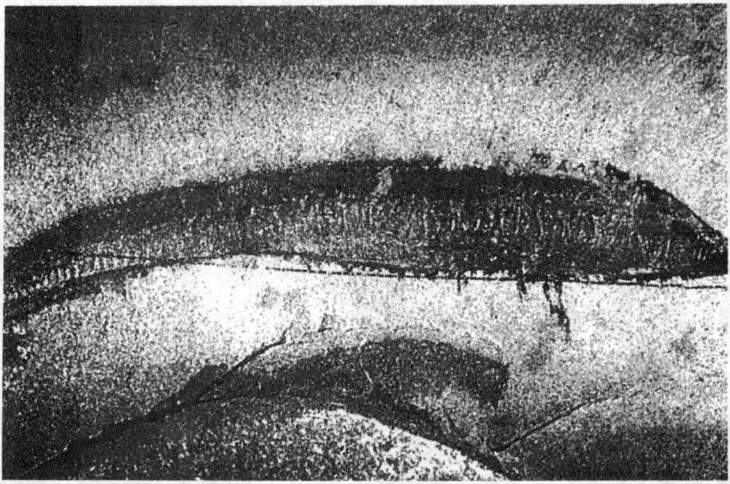

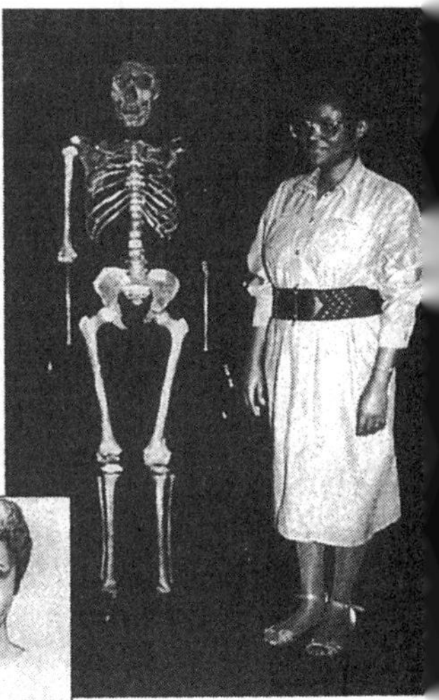

Emma Mbua, responsable des fossiles d'hominidés au Muséum national, à Nairobi, est photographiée à côté du squelette datant de 1,6 million d'années de l'enfant du Turkana, un membre de la famille *Homo erectus*. Il avait neuf ans quand il est mort. Emma mesure 1,60 m.

(Avec l'aimable autorisation d'Alan Walker.)

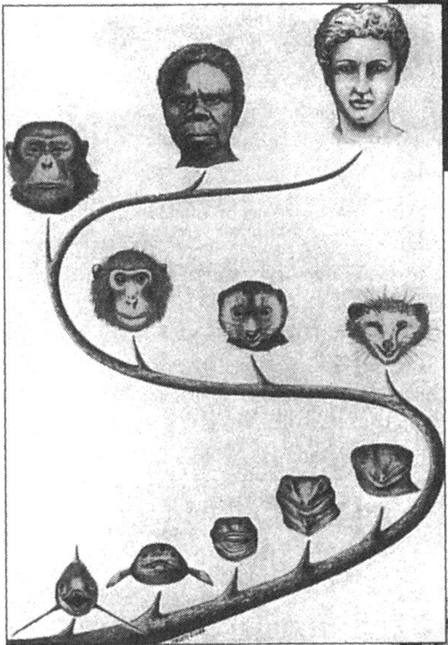

Dans le passé, on a pu voir de nombreux schémas d'évolution montrant une ascension progressive vers des formes de plus en plus évoluées, et culminant avec l'homme. Voici un tel schéma, extrait du livre de William K. Gregory *Our Face from Fish to Man*, publié en 1929.

(Copyright 1929, G. P. Putman & Sons.)

Bien que, parmi toutes les formes que prend la diversité de la vie, nous soyons particulièrement fascinés par les mammifères, il n'en existe que 4000 espèces.

Le *Ptaiochen pau*, ou moa-nalo, sorte de grande oie inapte au vol. C'est une des nombreuses espèces éteintes des îles Hawaï. On trouve des ossements de cet oiseau dans des trous de lave sur l'île de Maui.

(Avec l'autorisation de Julian Hume/Smithsonian Institution.)

La tortue géante des Galapagos a failli disparaître, d'abord sous les coups des baleiniers qui la chassaient pour sa viande au siècle dernier, puis sous l'effet des habitudes prédatrices des rats introduits involontairement dans les îles et qui mangent ses œufs.

(Avec l'aimable autorisation de Roger Lewin.)

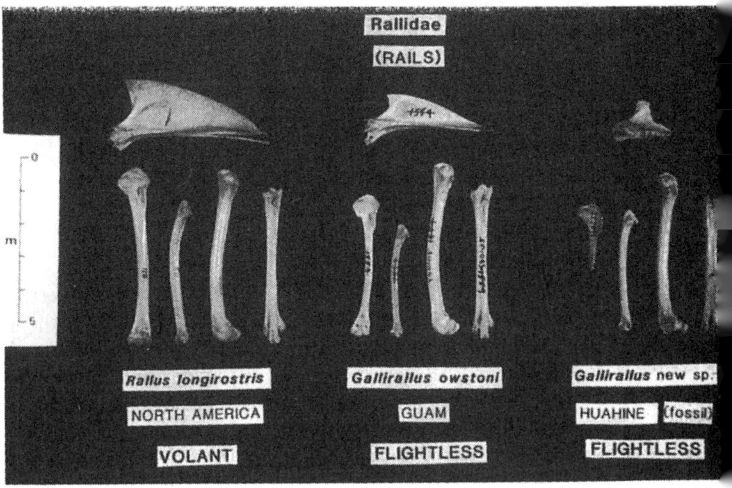

La découverte de dizaines de milliers d'ossements d'oiseaux sur les îles du Pacifique a permis de comprendre qu'une proportion significative d'espèces avait disparu lors de la première occupation par les Polynésiens. Il y a peu de temps encore, on s'imaginait que les biotopes de ces îles étaient restés intacts jusqu'à l'arrivée des Européens.

(Avec l'aimable autorisation de David Steadman.)

La concentration des éléphants dans le parc national de l'Amboseli a pu causer des dégâts considérables à l'habitat, mais la stabilité des habitats dépend de nombreux facteurs, et l'Amboseli ne déroge pas à la règle.

(Avec l'aimable autorisation de Roger Lewin.)

Des visions d'horreur comme celle-ci étaient courantes au Kenya mais ont cessé. On voit ici un éléphant, dont la défense a été arrachée, tué par des braconniers. L'interdiction mondiale du commerce de l'ivoire a joué un rôle essentiel dans l'arrêt de ce massacre. (Avec l'aimable autorisation de Joyce Poole.)

Le 18 juillet 1989, en début d'après-midi, Daniel Arap Moi, le chef de l'État kenyan, a aspergé d'essence puis mis le feu à 2500 défenses d'éléphants, embrasant ainsi pour plus de 5 millions de francs d'ivoire. 850 millions de personnes à travers le monde ont suivi ce coûteux feu d'artifice, certains en direct, d'autres à la télévision, d'autres encore dans la presse, les jours suivants. Alors que la chaleur lui léchait les épaules, Leakey donnait un entretien en direct sur la chaîne ABC dans l'émission du matin *Good morning America*. Son message était simple : n'achetez plus d'ivoire, ou bien l'éléphant sera bientôt en voie d'extinction. (Avec l'aimable autorisation de Joyce Poole.)

L'habitat de l'Amboseli passe par des cycles spectaculaires. Il est parfois très humide, parfois extrêmement sec.
(Avec l'aimable autorisation de Joyce Poole.)

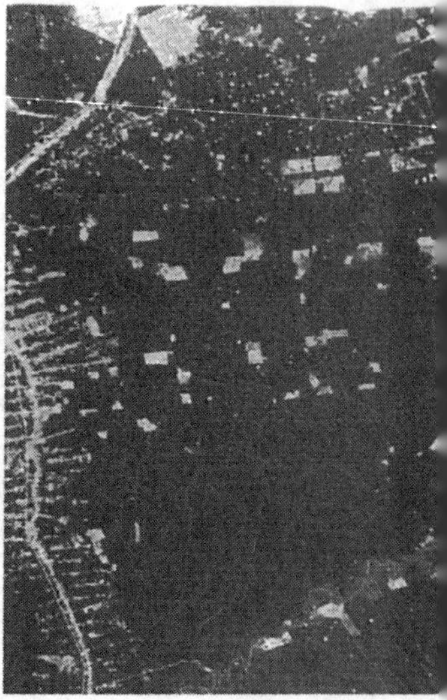

Une image de la forêt tropicale brésilienne prise par le satellite Landsat. Elle montre la fragmentation de la forêt sous l'effet de l'abattage des arbres. Cette fragmentation cause un nombre très élevé de disparitions d'espèces.

(Avec l'aimable autorisation de David Skole.)

On étudie des fragments isolés de forêt, comme celui-ci, au Brésil, afin de comprendre la dynamique des extinctions dans des habitats de tailles différentes. En général, plus un habitat est petit, plus rapide et plus complet est le processus d'extinction.

(Avec l'aimable autorisation de Thomas Lovejoy/Smithsonian Institution.)

La destruction de la forêt tropicale, en général pour une utilisation agricole à court terme ou pour l'élevage, entraîne des extinctions d'espèces à un rythme qui approche la centaine par jour.

(Avec l'aimable autorisation de Thomas Lovejoy/Smithsonian Institution.)

Table

Remerciements 7

Chapitre premier. Un point de vue personnel 9

LE TEMPS ET LE CHANGEMENT

Chapitre II. Le grand mystère de la vie 23
Chapitre III. Le grand ressort de l'évolution 37
Chapitre IV. Les cinq grandes extinctions 55
Chapitre V. Extinction : mauvais gènes ou malchance ? 81

LE MOTEUR DE L'ÉVOLUTION

Chapitre VI. *Homo sapiens,* apogée de l'évolution ? 101
Chapitre VII. L'infinie beauté des formes 129
Chapitre VIII. L'intérêt de la diversité 161

L'ÉQUILIBRE DE LA NATURE ?

Chapitre IX. Stabilité et chaos en écologie 193
Chapitre X. Les destructions du passé 221
Chapitre XI. Histoire de l'éléphant moderne 251

LE FUTUR

Chapitre XII. Un accident de l'histoire.............. 283
Chapitre XIII. La sixième extinction 295
Chapitre XIV. Quelle importance ?................. 313

Notes.. 325
Index.. 335

Achevé d'imprimer en octobre 2001
sur les presses de l'imprimerie Maury Eurolivres
45300 Manchecourt

Médiathèque municipale
93 - BLANC-MESNIL

N° d'Éditeur : FH142603.
Dépôt légal : janvier 1999.
N° d'Imprimeur : 01/10/89832.

Imprimé en France